Huanghuaihai Yumi

Yingyang yu Shifei

黄淮海玉米

营养与施肥

赵　鹏　王宜伦　主　编

孙克刚　张吉旺　魏建林　副主编

中国农业出版社

编 委 会

主　编：赵　鹏　王宜伦

副主编：孙克刚　张吉旺　魏建林

编　委（按姓氏笔画排序）：

王宜伦　任　丽　任佰朝

孙克刚　杜　君　张吉旺

张运红　赵　鹏　聂兆君

崔荣宗　魏建林

赵鹏，河南农业大学资源与环境学院院长，教授，博士生导师。中国植物营养与肥料学会教育委员会副主任委员，中国土壤学会教育委员会委员，中国农业生态环境学会理事，澳大利亚西澳大学地球与环境学院访问学者，主要从事作物养分高效利用和农田土壤环境保护研究。主持多项国家级、省级科研项目，发表论文40多篇，副主编、参编著作4部。获河南省科技进步二等奖2项，河南省科技进步三等奖1项，河南省教学成果二等奖1项。

王宜伦，河南农业大学资源与环境学院副院长，教授，硕士生导师。中国植物营养与肥料学会青年工作委员会副主任，教育工作委员会委员兼秘书，施肥技术专业委员会委员，河南省土壤学会常务理事、副秘书长，主要从事植物营养与施肥技术研究。主持参加省部级课题8项，发表论文80多篇，获河南省科技进步二等奖2项、三等奖1项，国家发明专利4项，参编著作6部。

前 言

玉米是世界三大粮食作物之一，总产、总面积居三大粮食作物第三位。玉米籽粒中含淀粉72%，蛋白质8.5%，脂肪4.9%，纤维素1.92%，糖分1.58%，矿物质1.56%，还含有维生素A、维生素B、维生素C、维生素D、维生素E、维生素K。玉米脂肪中富含亚油酸，可减少胆固醇在血管中的沉积，防止高血压、心脏病的发生，并对糖尿病有积极的防治作用。玉米被称为“饲料之王”，据不完全统计，以玉米为原料的工业产品达500多种。

我国玉米主要分布在东北、华北和西南，大致从东北的黑龙江、吉林、辽宁到河南、河北、山东、山西，经湘鄂西到云贵川，是一个斜长的玉米带。我国可分为六个玉米区，其中黄淮海平原是我国面积最大的玉米区，占全国玉米播种面积的40%。2014年我国玉米播种面积约3 667万 hm^2，平均单产5 818.5 kg/hm^2。

黄淮海平原是中国东部大平原的重要组成部分。位于北纬32°～40°，东经114°～121°，北抵燕山南麓，南达大别山北侧，西倚太行山-伏牛山，东临渤海和黄海，跨越京、津、冀、鲁、豫、皖、苏7省（直辖市），面积30万 km^2。黄淮海平原是中国第二大平原，地势低平，是典型的冲积平原，海拔多在50 m以下，由黄河、海河、淮河、滦河等所带的大量泥沙沉积形成。黄淮海平原地带土壤为棕壤或褐色土。从山麓至滨海，土壤有明显变化。沿燕山、太行山、伏牛山及山东山地边缘的山前洪积-冲积扇或山前倾斜平原，发育有黄土（褐土）或潮黄垆土（草甸褐土），平原中部为黄潮土（浅色草甸土），冲积平原上还分布有其他土壤，如沿黄河、漳河、滹沱河、永定河等大河的泛道有风沙土；河间洼地、扇前洼地及湖淀周围有盐碱土或沼泽土；黄河冲积扇以南的淮北平原未受黄泛沉积物覆盖的地面，大面积出现黄泛前的古老旱作土壤-砂姜黑土（青黑土）；淮河以南、苏北、山东南四湖及海河下游一带还有水稻土。黄潮土为黄淮海平原最主要耕作土壤，耕性良好，矿物养分丰富，在利用、改造上潜力很大。平原东部沿海一带为滨海盐土分布区，经开垦排盐，形成盐潮土。黄淮海平原大体在淮河以南属于北亚热带湿润气候，以北则属于暖温带湿润或半湿润气候。热量资源比较丰富，可供多种类型一年两熟种植。≥0℃积温为4 100～5 400℃，≥10℃积温为3 700～4 700℃。光资源丰富，增产潜力大。本区年总辐射量为4 605～5 860 MJ/（m^2·a），年日照时数北部为2 800 h，南部为2 300 h左右。7～8月光、热、水同季，作物增产潜力大。9～10月光照足，有利于秋收作物灌浆。年降水量为500～900 mm，集中于生长旺季，地区、季节、年际间差异大。

黄淮海地区气候土壤适宜玉米生长，但施肥还存在问题，主要有：

（1）过量施用氮肥。氮肥施用量偏高，有些地区纯氮超过375 kg/hm^2以上。

（2）重大量元素、轻微量元素。由于土壤中的微量元素长期得不到补充，其含量已不能满足作物的生长需要，即使N、P、K的施入比例合理也会影响作物的产量。

（3）农机农艺不配套。

（4）有机肥料投入减少，土壤保水、保肥能力下降。各地有机肥施用量急剧减少，农民过分依赖化肥，不愿意再花费力气积造农家肥，仅有的有机肥料也投入在了其他高效经济作物上。有机肥用量的减少，造成了土壤物理性质的恶化，土壤耕性、保水、保肥性能降低，导致对自然灾害的抵抗能力下降。

（5）施肥机具不配套，氮肥深施技术没得到很好推广，肥料利用率不高。

（6）缺少深耕深翻，耕层普遍较浅。长期以来使用小型农机具作业，很少使用大型深耕深松机具，致使耕层普遍在15 cm左右或更浅。活土层浅，土壤通透性明显降低，保水保肥能力差，土壤对水肥的调节能力降低，不利于玉米高产优质。

解决这些问题需要了解玉米营养特性和科学施肥。2014年在哈尔滨召开的全国植物营养学术研讨会议上，河南农业大学联合河南省农业科学院、山东农业大学、山东省农业科学院，提出编写《黄淮海玉米营养与施肥》，得到了中国农业出版社的大力支持。

全书共分十章，由河南农业大学、河南省农业科学院、山东农业大学、山东省农业科学院等单位长期从事玉米营养与施肥教学与研究的人员编写。具体分工如下：第一章黄淮海区域农业资源现状由张吉旺、任佰朝编写，

第二章玉米生长发育与生理特点由赵鹏、聂兆君编写，第三章玉米营养与施肥基本原理由魏建林、崔荣宗编写，第四章玉米氮素营养与合理施氮技术由张运红、孙克刚、杜君编写，第五章玉米磷素营养与合理施磷技术由任佰朝、张吉旺编写，第六章玉米钾素营养与合理施钾技术由魏建林、崔荣宗编写，第七章玉米中、微量元素营养与合理施肥技术由赵鹏、聂兆君编写，第八章玉米配方肥生产与应用由王宜伦、任丽编写，第九章玉米新型肥料与应用由张运红、孙克刚、杜君编写，第十章玉米高效施肥新技术由任丽、王宜伦编写。最后由赵鹏、王宜伦统稿。

为了编好这部书，编者以自己的研究内容为主，又吸纳了国内外最新成果。限于篇幅，对引用的国内外重要文献资料，有些列出，有些未能列出，在此一并表示感谢！

因编者学识和占有资料有限，书中错误和不妥之处在所难免，真挚期望同仁们不吝赐教。

编　者

2017年8月于郑州

目　录

第一章

黄淮海区域农业资源现状

黄淮海平原是中国高度集约化农区和重要粮食主产区，现有耕地 2 333 万 hm^2，约占全国的19%，冬小麦-夏玉米周年轮作（一年两熟）是主要种植模式，小麦和玉米产量分别占全国总产量的70%和30%左右，在中国粮食安全战略中具有举足轻重的地位。

第一节　黄淮海区域水热资源

黄淮海平原属暖温带季风气候，四季变化明显，年均温 8～15℃，农作物大多为两年三熟，南部一年两熟。南部淮河流域处于向亚热带过渡地区，其气温和降水量都高于北部。黄淮海平原在淮河以南属于北亚热带湿润气候，以北则属于暖温带湿润或半湿润气候。冬季干燥寒冷，夏季高温多雨，春季干旱少雨，蒸发强烈。春季旱情较重，夏季常有洪涝。年均温和年降水量由南向北随纬度增加而递减。

一、水资源

该地区属典型的季风气候区，年降水量为 500～600 mm，主要集中在 7～9 月，占全年降水量的70%以上，而地区年平均蒸散量超过 800 mm。在典型的小麦-玉米周年生产体系中，年降水仅能满足农业用水的65%左右，其中，冬小麦生长发育需水关键期降水稀少，只能满足小麦需水量的25%～40%，亏缺部分主要依靠地下水灌溉。该区降水量地域上大致呈南多北少的纬向分布特征，东部略多于西部。大部分地区降水量表现为减少趋势，山东地区的减少趋势较其他地区明显。河北省中南部的衡水一带降水量<500 mm，为易旱地区。黄河以南地区降水量为 700～900 mm，基本上能满足两熟作物的需要。平原西部和北部边缘的太行山东麓、燕山南麓可达 700～800 mm，冀中的束鹿、南宫、献县一带仅 400～500 mm。各地夏季降水可占全年50%～75%，且多暴雨，尤其在迎受夏季风的山麓地带，暴雨常形成洪涝灾害。降水年际变化很大，相对变率达20%～30%，京、津等地甚至在30%以上。

黄淮海地区是我国少数水资源严重不足的地区之一，其中尤以京津唐地区和胶东半岛水资源供需矛盾最为突出。全区水量供不应求，平均每公顷耕地占有水量 3 645 m^3，是全国公顷均占有量的14%。本区旱涝灾害频繁，春季少雨，干旱严重影响冬小麦返青和春作物适时播种；夏季多雨，常给秋季作物带来涝灾。受气候变化的影响，预计未来干旱缺水趋势将进一步加剧。梅旭荣等（2013）利用近60年的降水和气温资料分析发现，自20世纪80年代以来，黄淮海平原持续偏旱，京津地区、海滦河流域、山东半岛等近十年平均降水量比多年平均偏少15%～20%。尤其是最近几年，冬春干旱、夏秋高温等不利气象条件发生频率加快、强度增强，农业用水短缺呈加重态势，呈现频旱缺水多变的环境特征。

二、光热资源

黄淮海平原热量资源较丰富，可供多种类型一年两熟种植。≥0℃积温为4 100～5 400℃，≥10℃积温为3 700～4 700℃，不同类型冬小麦以及苹果、梨等温带果树可安全越冬。≥0℃积温4 600℃等值线是冬小麦与早熟玉米两熟的热量界限。≥0℃积温大于4 800℃的地区可以麦棉套种，大于5 200℃地区可麦棉复种。黄淮地区年均温14～15℃，京、津一带降至11～12℃，南北相差3～4℃。7月均温大部分地区26～28℃；1月均温黄淮地区为0℃左右，京、津一带则为－5～－4℃。全区0℃以上积温为4 500～5 500℃，10℃以上活动积温为3 800～4 900℃，无霜期190～220 d。

光资源丰富，增产潜力大。本区年总辐射量为4 605～5 860 MJ/m^2，年日照时数北部为2 800 h，南部为2 300 h左右。7～8月光、热、水同季，作物增产潜力大。9～10月光照足，有利于秋收作物灌浆和棉花吐絮成熟。张岩等研究认为，1952—2012年，我国黄淮海夏玉米区夏玉米生长季内光热资源总体呈光照减少、温度上升的趋势，尤其在20世纪90年代后，太阳辐射下降和温度升高的速率加快。

黄淮海夏玉米生长季内太阳辐射年下降幅度平均值为0.33%，中南部太阳辐射下降明显；温度年平均升高0.013℃，表现出由南向北温度升高幅度逐渐变大的特点。

第二节　黄淮海区域土壤资源

黄淮海平原耕作历史悠久，各类自然土壤已熟化为农业土壤，地带性土壤为棕壤或褐色土。各省份玉米生产土壤资源分布情况有所不同。

一、山东省土壤资源

山东省土壤主要有棕壤、潮土、褐土、砂姜黑土和盐土五个类型。其生产属性各具特点，分布规律比较明显。面积最大的土壤类型是潮土，占耕地总面积的48.1%，主要分布在鲁西北黄河冲积平原；其次是褐土，占耕地总面积的16.2%，主要分布在鲁中南山地丘陵区；再次是棕壤，占耕地总面积的15.0%，主要分布在胶东丘陵区和鲁中南山地丘陵区；砂姜黑土占耕地总面积的5.7%，集中分布在鲁中南山地丘陵区周围的几个大型洼地和胶东丘陵区的盆地中；盐碱土仅占耕地总面积的1.0%，插花斑状分布于黄河冲积平原潮土之中。综合考虑各种因素，全省宜农土壤可分为四级：一级主要为潮棕壤和潮褐土，占耕地面积的33.0%，多为高产田；二级主要为棕壤、褐土及砂姜黑土，占耕地面积的37.5%，多为中产田；三级主要是褐土、粗骨土及轻度盐化潮土，占总耕地面积的26.7%，多为低产田；四级主要是白浆化棕壤、盐化潮土，占总耕地面积的2.8%，是制约因素较多的低产田。

二、河南省土壤资源

由于气候、地貌、水文等自然条件的影响，加上农业开发历史悠久，河南省土壤类型较多，有潮土、粗骨土、风沙土、褐土、红黏土、黄褐土、黄棕壤、碱土、砂姜黑土、山坡草甸土、水稻土、新积土、盐土、沼泽土、中性石质土、紫色土、棕壤等17种，其分布概况如下：从地带性土壤来看，伏牛山脉主脊南侧海拔1 300 m以上，东接沙河与汾河一线以北，京广线以西为棕壤与褐土，棕壤多分布在海拔800～1 200 m，海拔800 m以下多为褐土；该线以南为黄棕壤与黄褐土，黄褐土靠北部与基部，黄棕壤在南部与上部，海拔1 300 m以上山峰有棕壤出现。在全省石质低山丘陵区广泛分布着石质土与粗骨土，京广线以东主要分布着非地带性土壤潮土与砂姜黑土，而砂姜黑土多分布在平原低洼处。黄河两侧与故道背河洼地多分布有盐渍化土壤与盐渍土，黄河故道沙丘多分布着风沙土。其他地区河流两岸多有潮土呈带状分布；南阳盆地低洼处有砂姜黑土的大面积分布；西峡与卢氏南部有东西呈带状的紫色土，其他山区有紫色砂页岩分布处亦有紫色土零星分布。河流两岸及河南北部有水源处亦有水稻土零星分布；在太行山前交接洼地及冲积平原中长期积水洼地有沼泽土零星分布；在伏牛山、太行山较高山峰，山顶较平坦处，往往出现山坡草甸土零星分布。

三、河北省土壤资源

河北省农田土壤面积为84 044 km^2，其中山区农田土壤面积23 414 km^2，平原农田土壤面积60 630 km^2。根据国际制土壤粒级分级和土壤质地分为沙质土、沙壤土、壤质土、黏壤土、黏质土五个级别。河北省农田以壤质土为主，依次以沙壤土、黏壤土、沙质土、黏质土为辅。山区农田沙质土、沙壤土、壤土、黏壤土、黏质土面积分别占总面积的2.1%、26.4%、12.0%、57.2%、2.3%；平原农田沙质土、沙壤土、壤土、黏壤土、黏质土面积分别占总面积的3.3%、18.6%、43.3%、27.3%、7.7%。

第三节　黄淮海区域玉米生产现状

一、种植面积

黄淮海区域是我国最重要的玉米主产区之一，除北京外，其他各省的种植面积和总产均有所增加，2015 年鲁、豫、皖、苏、冀、京、津 7 省（直辖市）玉米种植面积约 1 133 万 hm^2、总产约 6 480 万 t，较 2011 年分别提高 6.7%和 6.5%，其种植面积和总产分别占全国的 30%和 29%左右（表 1-1）。其中，山东省近几年来玉米播种面积约占全国的 9%；单产也基本稳定，多年平均 6 600 kg/hm^2左右，高于全国平均水平；总产约为 1 980 万 t，约占全国玉米总产量的 9.5%。近五年玉米种植面积稳定略增，单产徘徊，总产基本稳定；河南省玉米种植面积是仅次于小麦的第二大粮食作物，种植面积约占秋粮作物的 60%，玉米种植面积近 5 年呈递增趋势，增幅在 8.2 万 hm^2左右，2015 年超过 333.3 万 hm^2，单产维持在 350 kg 以上，总产递增，2015 年达 1 855 万 t；河北省玉米播种面积近五年来呈稳定且逐年略增趋势，年度间增长 0.44%～1.99%，2015 年种植面积和总产分别较 2011 年增长 6.5%和 6.9%左右。

表 1-1　2011—2015 年黄淮海各省玉米生产情况

省份		2011	2012	2013	2014	2015
山东	种植面积（万 hm^2）	299.6	301.8	306	312.7	317.4
	单产（kg/hm^2）	6 600	6 615	6 435	6 360	6 465
	总产（万 t）	1 979	1 995	1 967	1 988	2 051
河南	种植面积（万 hm^2）	302.5	310	320	328.4	334.4
	单产（kg/hm^2）	5 610	5 640	5 610	5 280	5 550
	总产（万 t）	1 697	1 748	1 797	1 732	1 854
河北	种植面积（万 hm^2）	303.6	304.9	310.9	317.1	323.3
	单产（kg/hm^2）	5 415	5 415	5 475	5 265	5 280
	总产（万 t）	1 642	1 650	1 704	1 671	1 707
江苏	种植面积（万 hm^2）	41.5	41.9	42.7	43.6	45.2
	单产（kg/hm^2）	5 460	5 490	5 070	5 475	5 580
	总产（万 t）	226	230	216	239	252
安徽	种植面积（万 hm^2）	81.9	82.3	84.5	85.3	
	单产（kg/hm^2）	4 425	5 205	5 040	5 460	
	总产（万 t）	362	428	426	466	
天津	种植面积（万 hm^2）			19.1	20.3	17.3
	单产（kg/hm^2）			5 325	4 995	5 850
	总产（万 t）			102	101	101
北京	种植面积（万 hm^2）			11.5	8.9	7.6
	单产（kg/hm^2）			6 570	5 640	6 480
	总产（万 t）			75	50	49
全国	种植面积（万 hm^2）	3 354.1	3 525.2	3 610.8	3 707.6	3 811.7
	单产（kg/hm^2）	5 748	5 898	6 094.5	5 817	5 890.5
	总产（万 t）	19 279	20 792	22 004	21 567	22 451

二、玉米品种及种植方式

黄淮海地区多为夏玉米，品种多为普通玉米，甜玉米、糯玉米、青饲玉米等专用型玉米面积小，只是零星种植。目前，黄淮海区域玉米生产缺少突破性品种，十几年来郑单958和浚单20一直是推广面积最大的品种，近几年登海605、伟科702等品种推广面积不断扩大，但整体上不能很好地满足机械化生产尤其是机收籽粒生产的需求（表1-2，表1-3）。

近年来，由于黄淮海地区玉米粗缩病大发生，加之规模化和机械化生产的需求，生产方式发生较大变化。以山东省为例，以夏玉米为主，春玉米大概20万 hm^2。夏玉米包括套种和直播两种方式，2008以来由于玉米粗缩病的大发生，以及机械化水平的不断提升，套种面积不断减少，近三年减少18.67万～21.67万 hm^2，其他均为夏直播。机械播种面积达90%左右，单粒精播迅速发展达70%左右，机械收获面积迅速扩大，已超过74%。2015年，山东省玉米“一增四改”技术推广面积达到260多万 hm^2，省财政补贴“一防双减”面积16.67万 hm^2（表1-4）。

表1-2　2011—2014年山东省玉米主推品种及种植面积（万 hm^2）

排序	2011		2012		2013		2014	
	品种	种植面积	品种	种植面积	品种	种植面积	品种	种植面积
1	郑单958	80.5	郑单958	85.5	郑单958	73.1	郑单958	62.5
2	浚单20	62.6	浚单20	48.1	浚单20	39.1	登海605	29.1
3	金海5号	26.8	农大108	25.7	登海605	22.2	浚单20	26.5
4	农大108	16.9	金海5号	20.9	农大108	21.7	聊玉22号	25.4
5	聊玉20	15.2	先玉335	17.4	聊玉22号	21.5	天泰33号	24.9
6	先玉335	15.0	登海605	13.3	天泰33号	19.7	农大108	18.3
7	中科11号	9.9	中科11号	10.7	金海5号	16.9	先玉335	15.9
8	登海3622	9.5	天泰16号	8.1	先玉335	16.2	隆平206	15.7
9	天泰16号	7.7	聊玉22号	7.9	隆平206	14.3	天泰55号	14.8
10	丹玉86	7.5	隆平206	7.3	中单909	10.1	金海5号	14.7

表1-3　2013—2015年河北省主要推广的玉米品种及种植面积（万 hm^2）

排序	2013		2014		2015	
	品种	种植面积	品种	种植面积	品种	种植面积
1	郑单958	82.3	郑单958	81.2	郑单958	80.6
2	浚单20	42.3	浚单20	37.7	浚单20	32.7
3	先玉335	17.0	先玉335	20.9	先玉335	20.3
4	邯玉66	12.9	中科11	9.2	登海605	8.8
5	中科11	8.1	蠡玉35	7.6	中科11	8.7

（续）

排序	2013		2014		2015	
	品种	种植面积	品种	种植面积	品种	种植面积
6	蠡玉 35	7.4	登海 605	7.1	伟科 702	7.0
7	石玉 7 号	5.8	纪元 128	6.1	蠡玉 35	7.0
8	石玉 9 号	4.5	伟科 702	5.8	农华 101	6.2
9	纪元 128	4.4	蠡玉 86	5.8	沃玉 964	5.7
10	伟科 702	4.1	农单 902	5.3	石玉 9 号	5.2
11	蠡玉 16	4.0	农华 101	5.2	蠡玉 86	5.2
12	农华 101	3.8	石玉 9 号	4.0	纪元 128	4.7

表 1-4　2013—2015 年山东省玉米种植方式变化

	2013	2014	2015
播种面积（万 hm^2）	3 061	312.7	317.4
春玉米（万 hm^2）	19.7	20.0	18.7
套种（万 hm^2）	21.7	18.8	18.7
精播（单粒机播）（万 hm^2）	198.0	222.7	220.0
普通机播（万 hm^2）	267.4	284.8	280.0
机械收获（万 hm^2）	207.3	228.2	235.3
一防双减（万 hm^2/万元）	13.3/2 000	16.7/2 500	16.7/2 500

三、玉米相关产业发展现状

目前，黄淮海地区是全国玉米深加工和饲料生产重要区域之一。以山东省为例，玉米深加工企业的玉米转化能力超过 1 500 万 t（占全国的 30%以上），而实际转化玉米 1 000 万 t 左右；山东、河南、河北和江苏的饲料用玉米需求常年 5 600 万 t 以上，超过全国的 42%。2009 年以来全国淀粉加工产业低迷，主要受粮食价格、市场和政策等因素影响，目前整个淀粉产业开工率不到 50%、饲料产业的开机率不到 30%，加工企业运行困难重重。玉米生产环节和加工企业之间严重脱节，没有形成一条完整的产业链条，缺少必要技术需求沟通。目前，玉米籽粒质量参差不齐，缺乏专用性，烘干籽粒淀粉变性，玉米成本高是主要制约因素，同样急需供给侧改革。

四、玉米生产的限制因素

黄淮海区域玉米生产的有利因素是光、热、水资源丰富，土地平坦，灌溉面积占 50%以上。除了干旱和涝灾频繁发生、北部地区热量资源不足等气候因素之外，主要限制因素包括：

1. 玉米育种和种子加工技术滞后

新品种选育技术滞后，条件设施不配套；种质资源研究滞后、共享率低；育种体系及方法差异，限制规模发展；优质高产专用玉米种质改良与新品种培育难以满足产业链延长的需求；种子质量急需提升；种业企业科技研发能力和力量有待加强；种业科技研发投入不足，结构不够合理。

2. 部分地区耕地质量提升缓慢，可持续增产能力较弱

黄淮海区域部分地区耕地土层薄、耕作浅、肥力低，农田土壤有机质含量在1.0%以下。由于水土流失、土地沙化、盐渍化、海水入侵以及重用轻养等问题，耕地质量总体提升缓慢，制约着粮食生产能力的提高。化肥、农药、农膜等投入粗放，造成农业面源污染较重。化肥施用量大，氮肥利用率低，农药利用率不足30%，农业用水浪费严重。

3. 传统栽培管理技术急需创新和提升

其原因主要有：①传统耕作方式使得土壤耕层变浅、肥力降低；②种植密度不合理，群体质量差；③麦套玉米种植制度制约玉米产量提高；④秸秆还田质量差；⑤成熟度差，品种产量潜力得不到发挥；⑥农机农艺配套技术不足。

4. 急需适应规模化经营的技术

农民科学种田水平、国家政策、农机装备、品种、生产和经营管理技术难以满足规模化生产的需求，急需适应规模化经营的政策和技术。

5. 玉米产业结构不合理

玉米产前、产中和产后脱节，缺少将品种选育与种子生产、生产资料研发、大田生产、产后加工统筹考虑。

五、黄淮海区域玉米生产组织方式和产业经营模式现状及发展趋势

当前，迫切需要尊重和保障农户生产经营的主体地位，培育和壮大新型农业生产经营组织，充分激发农村生产要素潜能。坚持依法自愿有偿原则，引导农村土地承包经营权有序流转，鼓励和支持承包土地向专业大户、家庭农场、农民合作社流转，发展多种形式的适度规模经营。结合农田基本建设，鼓励农民采取互利互换方式，解决承包地块细碎化问题。

山东省 人均耕地仅773 m^2，比全国平均水平少240 m^2，全省有47个县（市、区）人均耕地低于联合国粮农组织规定的533 m^2警戒线。山东省粮食种植主要是以家庭为单位小规模分散种植，生产效率低，抗风险能力差。截至2015年6月底，全省农村土地流转面积150万 hm^2，占家庭承包经营面积的24.1%。加上供销社、邮政等开展的土地托管服务，全省土地经营规模化率达到40%以上；全省农民合作社达到15万家；全省在工商部门登记注册的家庭农场4.1万多家。但是，受种粮效益低等因素影响，流转后的土地“非粮化”现象普遍。

河南省 玉米种植以普通种植户为主，占比在90%左右，规模种植户占比较少。

当前，河南省玉米规模化种植份额较低原因：一是因土地流转费用高，流转的土地主要用于经济作物、林果、药材和休闲农业；二是管理不规范，无论是合作社，还是家庭农场均缺少现代化的经营和管理；三是资金支持力度较小；四是经营风险较大，干旱、暴雨等自然因素可能造成玉米严重减产甚至绝收，没有仓储设施，霉变、生虫导致价格下滑。

河北省　玉米生产组织方式以家庭承包为主，近几年规模化经营模式主要有3种：承包大户或家庭农场、合作式农场、企业式农场。从目前情况看，承包大户、家庭农场或农机合作社、农资合作社经营相对较为成功，联合承包、企业式农场问题较多，诸如管理问题、从业素质问题、成本控制问题、利益分配问题等，经营状况一般。预计未来河北玉米生产组织方式和产业经营模式仍将以家庭承包、承包大户或家庭农场为主，农机合作社及农资合作社为辅，其他形式的将逐渐淡出生产。

规模化生产是玉米现代化生产的必然趋势。近年来，在国家和中央关于加快新型农业经营主体培育的政策鼓励下，种粮专业大户、家庭农场、农民专业合作社不断涌现，土地托管、公司参与的播种、肥料管理和病虫害防治专业化服务等服务组织和形式不断创新。无论新型经营主体培育还是经营服务形式创新都在推动土地流转或者土地经营规模不断扩大，但由于经营者的经济、技术条件和管理经验不到位，随之而来的农机具不配套、生产管理不到位、晒粮难等问题日益突出。另外，土地流转费用较高，山东省土地流转费用每年一般在7 500～16 500元/hm^2（表1-5），河南省一般为9 000～15 000元/hm^2，河北省12 000～15 000元/hm^2，安徽省地力稍差地块6 000～12 000元/hm^2、一般地块1 500～18 000元/hm^2，江苏省个别地块1 500～6 000元/hm^2，多数在9 000～15 000元/hm^2，土地流转费用过高导致种植效益显著低于普通种植农户，规模化种植的效益无法体现。

表1-5　2015年济宁市和聊城市土地流转费用

类型		流转面积（hm^2）	流转费用（元/hm^2）	备注
济宁市	种植大户	4 611.3	7 500～19 500	规模种植户种植面积为3.3～6.7 hm^2
	种植合作社	2 252.7	7 500～19 500	玉米农业合作社种植面积为67.7 hm^2以上
	家庭农场	24 285.6	7 500～19 500	家庭农场（认证）种植面积为6.7 hm^2以上
聊城市	种植大户	547.3	14 700～18 000	
	种植合作社	647.3	14 850～16 500	
	家庭农场	170.0	14 400～16 500	

参　考　文　献

丁一汇，任国玉，赵宗慈．2007. 中国气候变化的检测及预估［J］．沙漠与绿洲气象，1（1）：1-10.
国家统计局．2016. 中国统计年鉴［M］．北京：中国统计出版社．

蒋业放．2000．华北地区缺水分析［J］．中国水利（1）：23-25．
林耀明，任鸿遵，于静洁，等．2000．华北平原的水土资源平衡研究［J］．自然资源学报，15（3）：252-258．
梅旭荣，唐绍忠，于强，等．2013．协同提升黄淮海平原作物生产力与农田水分利用效率途径［J］．中国农业科学，46（6）：1149-1157．
潘根兴．2012．气候变化对中国农业生产的影响分析与评估［M］．北京：中国农业出版社．
谭方颖，王建林，宋迎波．2010．华北平原近45年气候变化特征分析［J］．气象，36（5）：40-45．
王朋．2014．气候变化对黄淮海地区农业需水影响研究［D］．郑州：华北水利水电大学．
杨锋．2008．河南省土壤数据库的构建及其应用研究［D］．郑州：河南农业大学．
杨建莹，陈志峰，严昌荣，等．2013．近50年黄淮海平原气温变化趋势和突变特征［J］．中国农业气象，34（1）：1-7．
杨瑞珍，肖碧林，陈印军，等．2010．黄淮海平原农业气候资源高效利用背景及主要农作技术［J］．干旱区资源与环境，24（9）：88-93．
于建营，杨志霞．2010．河北省土壤水资源分布特征分析［J］．南水北调与水利科技，8（4）：99-102．
虞海燕，刘树华，赵娜，等．2011．我国近59年日照时数变化特征及其与温度、风速、降水的关系［J］．气候与环境研究，16（3）：389-398．
郁凌华．2013．黄淮海夏玉米涝渍灾害影响评估［D］．南京：南京信息工程大学．
翟盘茂，潘晓华．2003．中国北方近50年温度和降水极端事件变化［J］．地理学报，58（S1）：1-10．
张凌晓．2011．黄淮海平原中低产田水土资源优化利用与管理模式研究——以山东地区为例［D］．泰安：山东农业大学．
张岩．2013．中国黄淮海夏玉米区玉米光温生产潜力时空演变特征模拟［D］．南京：南京农业大学．
中国农业年鉴编辑委员会．2011．中国农业年鉴［M］．北京：中国农业出版社．
Liu C M，Zhang X Y，Zhang Y Q. 2002. Determination of daily evaporation and evaportranspiration of winter wheat and maize by large-scale weighing lysimeter and microlysimeter［J］. Agricultural and Forest Meteorology，111（2）：109-120.
Zhang H，Wang X，You M，Liu C. 1999. Water-yield relations and water-use efficiency of winter wheat in the North China Plain［J］. Irrigation Science，19（2）：37-45.

第二章 玉米生长发育与生理特点

第一节　玉米生产概况

玉米（*Zea mays* L.），禾本科，玉米属，玉米种。俗称玉蜀黍、苞谷、苞米、棒子、玉茭等。

一、玉米的重要性

（一）重要的粮食作物

玉米是世界三大粮食作物之一，播种面积和总产量均居第一位，2015 年播种面积为 3 812 万 hm^2，总产量达 2.25 亿 t。

（二）营养价值高

玉米籽粒中含淀粉 72%、蛋白质 8.5%、脂肪 4.9%、纤维素 1.92%、糖分 1.58%和矿物质 1.56%，还含有维生素 A、维生素 B、维生素 C、维生素 D、维生素 E、维生素 K。玉米脂肪中富含亚油酸，可减少胆固醇在血管中的沉积，防止高血压、心脏病的发生，并对糖尿病有积极的防治作用。每千克玉米含热量 876 kJ，高于大米和面粉。

（三）著名的高产作物

玉米是 C_4 植物，光呼吸低，净光合率高出小麦、水稻等 C_3 植物 2～3 倍，这是其高产的生理基础。

近年来，我国玉米高产纪录不断刷新，2009 年单产为 20.4 t/hm^2，2011 年为 20.8 t/hm^2，2012 年为 21.2 t/hm^2，2013 年为 22.7 t/hm^2。2014 年紧凑型杂交种登海 618，6.67 hm^2 平均单产 17.3 t/hm^2；登海 661，0.67 hm^2 平均单产 20.0 t/hm^2。

（四）优良的精饲料

玉米是“饲料之王”，1 kg 玉米相当于 1.3 kg 大麦、1.35 kg 燕麦、1.5 kg 稻谷。玉米与肉、奶、蛋的关系非常密切，在配合饲料中玉米占 60%。玉米也是重要的青贮饲料，青贮 100 kg 玉米营养价值相当于 20 kg 精饲料。目前世界上生产的玉米70%～75%做饲料。杂食的猪、鸡、鸭、鹅对玉米的需要量最大，牛、羊次之。

（五）重要的工业原料

据不完全统计，以玉米为原料的工业产品达 500 多种。如酿造业的酒精、醋酸、丙酮、丁醇、葡萄糖等；食品工业的玉米糖（果糖糖浆，风味独特）等；医药工业的青霉素、链霉素、金霉素、维生素 E 等。

二、玉米的起源及生产概况

（一）玉米的起源

玉米起源于美洲大陆，具体起源地有 4 种说法：

（1）起源于墨西哥、危地马拉和洪都拉斯。至今当地有玉米野生的祖先——大刍草，并有花粉化石。

（2）起源于南美洲的秘鲁和智利海岸的半荒漠地带，在史前古墓中发掘出大量的玉米化石标本。“秘鲁”则是印第安哥地亚语，意思是大玉米穗。

（3）有两个起源地，最初起源中心在南美洲的亚马孙河流域；第二起源地是墨西哥和秘鲁。

（4）具有多个起源中心：软质种起源于哥伦比亚，硬粒种起源于秘鲁，爆裂种源于墨西哥，甜质种源于巴拉圭。

玉米种植在美洲有 4 000～5 000 年的历史。1492 年哥伦布发现新大陆，了解到当地有玉米并有文字记载。1496 年经欧洲传到世界各地，成为世界性栽培作物。

玉米传入我国的途径有 3 种说法：一是经由欧洲传向菲律宾再传入我国；二是经由欧洲传向麦加再传入我国陕、甘地区；三是经由欧洲传向印度再传入我国西南地区。

（二）玉米的生产概况

1. 世界玉米生产概况

玉米在世界分布较广，其北界可达北纬 45°～48°，青贮玉米可达北纬 58°～60°。南到南纬 35°～40°。除了南极洲外，各大洲都有玉米种植。

种植玉米较多的地区是北美，其次是远东地区。美国是玉米最大的生产国，其他主要生产国有中国、巴西、墨西哥、印度、菲律宾、罗马尼亚等。

2. 我国玉米生产概况

玉米传入我国以后，发展很快。1952 年全国种植面积 1 200 万 hm^2，平均单产 1 342.5 kg/hm^2；1994 年 2 000 万 hm^2，平均单产 4 963.5 kg/hm^2，高于世界平均水平。2015 年全国玉米播种面积约 3 800 万 hm^2，平均单产 5 892 kg/hm^2。玉米生产主要分布在东北、华北和西南，大致从东北的黑龙江、吉林、辽宁到华北的河南、河北、山东、山西，经湘鄂西到云贵川，一个斜长的玉米带。

我国可分为 6 个玉米区：①北方春玉米区：辽宁、吉林、黑龙江、内蒙古、宁夏、河北和陕西北部、山西大部，一年一季春玉米，占 27%。②黄淮海平原春、夏播玉米区：山东、河南、河北中南部、陕西中部、苏皖北部，我国面积最大的玉米区，占40%。③西南山地丘陵玉米区，占25%。④南方丘陵玉米区，占5%。⑤西北内陆玉米区，占3%。⑥青藏高原玉米区：栽培时间短，面积很小。

三、玉米的分类

按照不同的标准，玉米有不同的分类方法。

（1）根据玉米籽粒的形状、稃的有无、淀粉的性质等，分为硬粒种、马齿种、半马齿种、甜质种、蜡质种、爆裂种、甜粉种、有稃种和粉质种共九类。其中硬粒种角质淀粉在外，品质好，是老的农家种；马齿种角质淀粉在两侧，品质差，但产量高；半马齿种介于硬粒种和马齿种中间，是各地生产上普遍栽培的一种类型；甜质种乳熟时含糖量高达15%～18%，胚大，适于做水果、罐头；蜡质种属糯质，原产我国，江西、浙江有零星栽培；爆裂种籽粒小而坚硬，多为角质胚乳，加热时成爆米花；甜粉种上部为角质淀粉，下部为粉质淀粉；有稃种种子有稃，为原始类型，无栽培价值；粉质种为粉质淀粉，疏松，用于酿造，在我国很少。

（2）按籽粒的颜色可分为黄、白、杂3种类型。

（3）按生育期分为早熟种、中熟种和晚熟种。早熟种春播85～100 d，夏播70～85 d；中熟种春播100～120 d，夏播85～95 d；晚熟种春播120～150 d，夏播96 d以上。

（4）按株型分为竖叶型（也称紧凑型）、平展叶型和半竖叶型（也称半紧凑型）。竖叶型的具体指标为穗位上茎叶夹角20°～25°，穗位下茎叶夹角40°左右；平展叶型的具体指标为穗位上茎叶夹角35°以上，穗位下茎叶夹角50°以上；半竖叶型居于两者中间型。

（5）按用途分为食用、饲用、粮饲兼用。

第二节　玉米生长发育及器官建成

一、玉米的一生

从播种到新种子成熟为玉米的一生，所经历的天数称为生育期。主要经过种子发芽、出苗、拔节、孕穗、抽雄开花、吐丝、受精、灌浆直到新种子成熟。玉米生育期长短与品质特性有关，又与环境条件（播种期和温度等）有关。早熟种生育期短，晚熟种生育期长；同一品种夏播生育期短，春播生育期长。

（一）生育阶段

根据玉米的形态特征、器官的建成及生理特点，玉米的一生可分为3个生育阶段。①苗期阶段：从播种到拔节，包括种子萌发、出苗和幼苗生长等过程，其生育特点是分化根、茎、叶等营养器官；②穗期阶段：由拔节至抽雄，经历拔节、小喇叭口、抽雄等过程，其生育特点是营养生长与生殖生长并行；③花粒期阶段：从抽雄至籽粒成熟，经历抽雄、开花、吐丝、籽粒形成和成熟过程，此阶段以生殖生长为主。

（二）玉米的生育时期

在玉米的一生中，由于本身的量变、质变及外部环境的影响，形成了在形态、结构及生理上一些特征的变化，把新器官的出现称为生育时期。

玉米重要的生育时期包括出苗、拔节期、小喇叭口期、大喇叭口期、抽雄期、开花期、吐丝期和成熟期。出苗期为幼苗第一片叶出土 2～3 cm；拔节期为地上基部第一节间伸长 2～3 cm；小喇叭口期为拔节后 10 d，雄穗分化进入伸长期；大喇叭口期，棒三叶可见但未全展开，心叶丛生，上平中空，形如大喇叭。抽雄期，雄穗尖露出3～5 cm；开花期，雄穗主轴上小花开放；吐丝期，雌穗花丝吐出 2 cm；成熟期，苞叶松散、变黄，籽粒变硬有光泽，乳线消失，尖冠出现黑层。

以上各期的田间记载标准，均为 50％植株达到上述标准的时期。

二、玉米器官的形态特征及生理功能

（一）根

1. 根的分类

（1）胚根，又叫种子根，其功能为供应幼苗出土后 2～3 周内所需的水分和养分。胚根分为初生胚根和次生胚根。初生胚根为种子萌发时，首先突破胚根鞘伸出的幼根，垂直向下生长，长 20～40 cm。次生胚根是在中轴的基部长出 3～7 条幼根，实际是第一层节根。

（2）节根，不定根，着生于节间，居间分生组织基部分为地下节根和地上节根。地下节根，也叫次生根，发生在靠近胚芽鞘节上，随着茎的生长，按照向顶的次序生长，一般有 4～7 层，每层 4～6 条根，在节上呈轮生状态。地上节根又叫气生根、支持根，约 2～3 层，依据肥水条件，每层 10～20 条气生根。

玉米总根数约为 50～120 条，一般玉米的根总长可达 1～2 m。根长逐层减少，根粗逐层增加，但最上层又减少，根层间距逐渐加长。

节根中的气生根数与产量组成的相关性最显著，气生根是玉米根系发达和花后根系活力的直观诊断指标。

2. 根的生长

根的生长表现为重量和长度的增加，对维持地上部生长和功能来说根重比根条数更为重要。出苗时，根重占一生最大根重的 0.33％；到拔节时，根重占一生最大根重的 10％，抽雄散粉期达到最大。散粉后，根重降低，根系衰老。

3. 根的分布

玉米根的分布一般在深 1 m 左右，分布范围直径 1 m 左右，主要集中于茎秆周围 15～20 cm。不同根深部位根重所占的比例不同。在 0～20 cm，根重占总根重的 60％左右；0～30 cm，根重占总根重的 80％左右；0～50 cm，根重占总根重的 90％左右。

4. 根的功能

（1）吸收功能　玉米根有很多根毛，根汁液渗透压高，因此在吸收水分和养分时，一般较高层次的根吸收能力更强，从上至下，各层根的吸收能力呈递减趋势。0～20 cm水平范围内是吸收的活跃区。

（2）固定支持功能　根系在土壤中伸展，固定和支持玉米植株直立生长，抵抗风雨，进行光合作用等。

（3）合成功能　根是合成氨基酸和生理活性物质的重要器官，尤其是气生根合成功能更强。

5. 影响根系生长的因素

（1）品种　一般生育期较长的根层数也多。

（2）温度　根系最适地温24～25℃，过低根系停止生长，高于40℃则抑制生长。

（3）水分　水分适宜，根系生长迅速，过多不利于根系生长，尤其苗期。

（4）养分　根具有“向肥性”。土壤肥沃，根系发达；土壤贫瘠，根系生长不良。

（5）氧气　玉米为“中耕作物”，需氧多，中耕可以促进根系生长。

（二）茎

1. 茎的形态

玉米茎粗壮、高大，中部有髓，中实。根据茎的高低可将玉米分为矮秆型、中秆型和高秆型。矮秆型一般株高低于2 m；中秆型株高为2～2.7 m；高秆型的株高大于2.7 m。玉米茎秆有16～24个节，1～4节不伸长，1～6节密集地下；节间下部茎节上的腋芽长成的侧枝叫分蘖，应早除掉。

2. 功能

（1）支持作用　支持叶片均匀分布。

（2）输导作用　茎中的维管束是根与花、叶、果穗之间的运输通道。

（3）贮藏作用　可以贮藏糖分。

3. 影响茎秆生长的因素

（1）温度　最适温度24～28℃，低于10～12℃停止生长，高于30℃时随温度升高，生长速度降低。

（2）养分　需要氮、磷、钾充足且比例合适，缺钾时，节间易碎和倒伏，严重缺磷引起植株矮缩。

（3）光照　玉米是短日照作物，光周期和光照强度对茎秆都有影响，增加日照时数，可延长营养生长，茎节增多。

（4）水分　水分不足对地上部生长影响大于地下部，拔节到抽雄期缺水，易出现“卡脖旱”。

（三）叶

1. 形态结构

分为完全叶、不完全叶。完全叶可分为叶片、叶鞘、叶舌和叶环四部分。

（1）叶片　分为表皮、叶肉、维管束。常说的“棒三叶”是指穗位叶及上、下两叶；胚叶是指玉米最初的5～6片叶，叶面光滑。

（2）叶鞘　叶鞘肥厚、坚韧，紧包节间，有加固保护茎秆和贮藏养分的作用。

（3）叶舌　着生于叶片和叶鞘的交接处，无色薄膜，有防止雨水、病虫侵染的作用。

（4）叶环　叶片与叶鞘交接外侧。

2. 叶的生长

玉米叶片生长时，最初3片叶靠种子贮藏的营养，出现较快；4～6片叶则出现较慢，7～12片叶出现较快，之后叶片出现速度变慢。叶片生长状况通常以叶面积来判断。叶面积计算可采用系数法，计算公式为单叶面积（cm^2）＝叶片中脉长度（cm）×叶片最大宽度（cm）×0.75；单株叶面积＝$\sum$单叶面积。

按照大小和生长速度，一株叶片可分为4组：第一叶组（1～6叶）面积最小，生长速度慢，功能期短，30 d左右，供长中心是根，又叫根叶组；第二叶组（7～11叶）面积较大，生长速度快，功能期长，30～60 d，供长中心是茎秆和雄穗，又叫茎叶组；第三叶组（12～16叶）面积最大，生长速度快而稳，功能期最长，60～63 d，供长中心是雌穗，又叫穗叶组；第四叶组（17～顶叶）面积较小，生长速度下降，功能期短，40～45 d，供长中心是籽粒，又叫粒叶组。

3. 叶的功能

（1）光合作用　玉米属于C_4作物，光合效率高，棒三叶光合能力最强，对籽粒贡献最大。

（2）蒸腾作用　叶表面气孔对外交换，蒸散水分，降低叶温。

（3）吸收作用　叶表面气孔和表皮细胞能吸收液态矿质元素，有些肥料可以叶面喷施。

4. 影响叶片生长的因素

（1）光照　光周期和光照度对叶片数量和大小都有影响。

（2）温度　影响叶片数、出苗和生长速度及大小。31～32℃生长速度最快。

（3）施肥　施肥是促控叶片生长的重要手段，可显著增加叶面积和延长叶的功能期。

（4）水分　水分的多少直接影响叶片的寿命、功能和生长。

（四）花

玉米是雌雄同株异位、异花授粉作物，天然杂交率95％以上。

1. 雄花序

雄穗，属圆锥花序，主轴较粗，着生4～11行成对排列的小穗；侧枝较细，着生2行成对排列的小穗。

2. 雌花序

雌穗或果穗，为肉穗花序，由叶腋中的腋芽发育而成。变态的侧枝，果穗着生于侧枝的顶端。侧枝是由缩短的节和节间组成的，通常称穗柄。侧枝上每节生一变态叶，即苞叶。雌小穗基部两侧各着生一个短而稍宽的护颖，其中一个结实小花，包括内外颖和一个雌蕊及退化的雄蕊。雌蕊由子房、花柱和柱头组成。通常将花柱和柱头总称为花丝。

3. 开花、授粉与受精

（1）开花　抽穗后2～5 d开花。开花从主轴中上部开始，然后向上向下同时进行，分枝的小花开放顺序与主轴相同，一般第2～5天为盛花期，上午开花较多，午后开花显著减少，夜间更少。一天中7～11时开花最盛，其中7～9时开花最多。

雌穗抽出稍晚，穗柄短的比穗柄长的吐丝性好；苞叶短、苞尖紧的品种吐丝性好；在干旱、缺肥或遮光的条件下，容易出现雌雄开花不协调现象。

果穗基部以上1/3处的小花先抽丝，然后向上、向下伸展。因此，当果穗上下部位花丝抽出后，粉源不足时会出现果穗秃顶或基部缺粒现象。

顶部小花的花丝抽出的时间最晚。从第一条花丝露出苞叶到全部花丝吐出，约需5～7 d。花丝长度一般为15～30 cm，如果长时间不能受精，可伸长至50 cm左右，受精2～3 d后颜色变褐，并逐渐枯萎。

（2）授粉与受精　玉米开花时，胚囊和花粉粒都已成熟，雄穗花药破裂散出大量花粉。微风时，花粉只能散落在植株周围1 m多的范围内，风大时花粉可散落在500～1 000 m及其以外的地方。花粉借助风力传到花丝上的过程称为授粉。花粉落在花丝上10 min就开始发芽，30 min后大量发芽。花粉发芽形成花粉管进入子房达到胚囊，放出两个精子。一个精子与卵细胞结合，形成合子，将来发育成种子的胚；另一个精子与两个极核结合，将来发育成胚乳。胚囊内同时进行的这两个受精过程，称双受精，从授粉到双受精大约需18～24 h。

4. 影响开花授粉的因素

（1）温度　20～28℃开花最多，高于38℃或低于18℃雄花不开。

（2）湿度　最适宜的相对湿度65%～90%，小于60%开花少，大于90%易吸水膨胀破裂。

（3）花粉生活力与温、湿度关系较大　在温度28.6～30℃，相对湿度65%～81%时，花粉生活力可维持5～6 h，8 h后显著下降，24 h后完全丧失生活力。花粉暴晒在中午的强光下（38℃以上），2 h左右即全部丧失其生活力。植株健壮、生长势强的品种，花丝生活力强；杂交种的花丝活力比自交系的强；高温、干燥的气候条件比阴凉、湿润的气候条件容易使花丝枯萎而提早丧失活力。

（五）种子

1. 形态结构

玉米的种子由果皮、种皮、胚乳、胚四部分组成，种子的下端有一“尖冠”，去掉尖冠，黑色覆盖物即可出现。

2. 形成过程

（1）籽粒形成期　授粉后15～20 d，已初具发芽能力，此期末果穗穗轴已达正常大小，籽粒体积达最大体积的75%左右。籽粒呈胶囊状，胚乳呈浆水状。

（2）乳熟期　即乳熟初期—蜡熟初期，约经历20 d，胚乳开始为乳状，后变成浆糊状。此期末，果穗粗度、籽粒和胚的体积都达到最大，籽粒增长迅速。

（3）蜡熟期　即蜡熟初期到完熟前10～15 d。此期为粒重缓慢增长期，日增干重约在2%，籽粒水分含量逐渐下降，胚乳失水由糊状变为蜡状。果穗粗度和籽粒体积略有减少，籽粒内干物质积累还继续增加。

（4）完熟期　蜡熟后期，干物质积累已停止，主要是籽粒脱水过程，具有光泽，靠近胚基部出现黑层，呈现品种特征，完熟结束时，应及时收获。

3. 影响籽粒发育的因素

（1）温度　玉米灌浆期的适宜温度为20～24℃，温度明显影响抽穗到成熟的进程，昼夜温差对籽粒灌浆有明显影响。

（2）水分　水分的多少影响光合能力，影响营养器官中的物质向籽粒中运输。

（3）光照　玉米粒重约90%～95%来自授粉后的光合产物。

（4）肥料　适量供给氮肥，叶片功能期长，有粒大粒饱的效果，品质也有所提高。

三、玉米雌雄穗的分化过程

1. 雄穗分化过程

（1）生长锥未伸长期　生长锥突起，表面呈光滑的半球状圆锥体。

（2）生长锥伸长期　开始伸长，长度略大于宽度。

（3）小穗分化期　基部出现分枝突起，中部出现小穗原基。

（4）小花分化期　雌雄蕊形成期，两性花期。

（5）性器官形成期　雄蕊原始体迅速生长，雌蕊原始体已经退化。

2. 雌穗分化过程

（1）生长锥未伸长期　基部宽广、表面光滑的圆锥体。

（2）生长锥伸长期　长度大于宽度。

（3）小穗分化期　出现小穗原基。

（4）小花分化期　分化出小花突起，雌长雄退。

（5）性器官形成期　雌蕊花丝伸长，伸出苞叶。

3. 影响穗分化的因素

（1）温度　穗分化的适宜温度为20～23℃。

（2）光照　短日照条件下，玉米的穗分化过程加快，光质对穗分化也有影响。

（3）水分　缺水将降低雌穗小花原基出现的速度，减少小穗小花数目。水分不足还会使雄雌穗抽出的间隔时间拉长。

（4）肥料　氮磷钾配合使用，促进果穗生长。N素充足而缺乏P素时，穗分化速度迟缓，开花延迟，籽粒数少，空穗增多。

第三节　玉米高产的土壤、水分和肥料条件

一、高产玉米对土壤条件的要求

1. 土壤深厚，结构良好

玉米根系发达，垂直深度可达 1～1.5 m，水平分布在 1 m 左右，要求土层厚度在 80 cm 以上。耕层应具有上虚下实的土体构造。土壤大小孔隙比例适当，湿而不黏，干而不板。

2. 疏松透气

玉米对土壤空气十分敏感，土壤缺氧导致根系吸收养分水分的功能降低，造成减产。据研究，土壤空气中的含氧量在 10%～15%最适合玉米生长。土壤容重影响玉米产量，王群等研究结果表明，紧实胁迫下，不同类型土壤上玉米的根干重、根长度、养分累积量和分配量以及产量均呈下降趋势，各参数变化顺序均表现为：潮土>砂姜黑土>黄褐土；紧实胁迫下叶片中的养分分配比例高于茎鞘，养分转移率表现为黄褐土>砂姜黑土>潮土。降低土壤紧实度促进了玉米根干重和根长度的增加，增加了各类土壤上玉米单株和各器官中氮、磷、钾的累积量和玉米产量，其中黄褐土和砂姜黑土增加幅度较大，潮土较小；玉米叶片和茎鞘中的氮、磷、钾转移率随紧实度的降低而下降。

3. 有机质和速效养分含量高

玉米吸收的养分，有 3/5～4/5 依靠土壤供应。研究结果显示，7 500 kg/hm^{2}的高产田，有机质含量≥1%、碱解氮≥60 mg/kg、有效磷≥17 mg/kg、速效钾≥100 mg/kg；11 250 kg/hm^{2}的高产田，有机质含量≥1.5%、碱解氮≥70 mg/kg、有效磷≥25 mg/kg、速效钾≥120 mg/kg。

4. 壤土质地

沙质土的养分少，保水、保肥性差，通气好；黏质土含矿质养分丰富，但通透性差。壤质土兼有沙质土和黏质土的优点，适宜高产玉米栽培。

土壤质地影响根的生长，进而影响养分的吸收。李潮海等研究了不同质地土壤对玉米根系生长动态的影响，结果表明，轻壤土中玉米根系生长表现为“早发早衰”，拔节期前，根系生长速率大于中壤土和轻黏土，吐丝期根量达到最大值，之后开始衰老。轻黏土玉米的根系则呈现出“晚发晚衰”，拔节期前根系生长缓慢，灌浆期根量才达到最大值，灌浆至成熟期根系衰老的速率远小于轻壤土和中壤土。中壤土中根系在玉米整个生育期平均生长速率和根量的最大值显著高于轻壤土和轻黏土。

二、玉米的需水规律

玉米植株高大，干物质产出量高，生育期多处于高温季节，因此绝对耗水量很

大。玉米全生育期需水量与品种特性、产量水平、气候有关。夏玉米耗水量一般在1 860～4 440 m^3/hm^2。一般每生产1 kg籽粒需水0.6 m^3。

玉米生育期各阶段的需水量不同。中国农业科学院农田灌溉研究所刘战东等在河南省鹤壁市的研究结果表明，高产条件下，夏玉米全生育期土壤水分维持在田间持水量的80%左右；全生育期需水量为417.30 ～507.45 mm。各生育阶段需水量分别为：苗期16.80～33.75 mm，占全生育期需水量3.31%～8.09%；拔节期94.35～130.8 mm，占22.61%～25.78%；抽雄期92.85～108.15 mm，占18.30%～25.92%；灌浆期181.05～267.0 mm，占43.39%～52.62%。夏玉米日需水强度呈抛物线形，苗期较小（0.65～1.41 mm/d），拔节到抽雄达到最大（11.61～12.02 mm/d），抽雄到灌浆后需水强度逐渐减小（3.63～4.49 mm/d）。

三、玉米的需肥规律

1. 玉米整个生育期内对氮磷钾养分的需求量

夏玉米一生中吸收的氮素最多，钾次之，磷最少。一般每生产100 kg玉米籽粒，需要吸收氮素（N）2.59 kg，磷素（P_2O_5）0.48 kg，钾素（K_2O）2.17 kg。N∶P_2O_5∶K_2O大约为5.4∶1∶4.5。

2. 玉米不同生长时期对养分的需求特点

玉米喜肥水、好温热、需氧多、怕涝渍。中国农业大学研究表明，夏玉米对氮磷钾的吸收比较集中，到夏玉米孕穗期氮的吸收量占总吸收量的85.59%，磷的吸收量占总吸收量的73.12%。

高产夏玉米出苗至拔节期氮的相对吸收量为7.3%，拔节期至大喇叭口期为37.2%，大喇叭口至吐丝期为14.5%，吐丝期至吐丝后15 d为32.7%，至此累积吸收量已达总量的91.7%；对磷的相对吸收量出苗至拔节期为4.06%，拔节期至大喇叭口期为26.88%，大喇叭口至吐丝期为6.59%，吐丝期至吐丝后15 d为17.43%，吐丝后15～30 d为33.51%；对钾的吸收，出苗至大喇叭口期的累积吸收量占总吸收量的74.33%，吐丝后30 d达到最大吸收量。

据河北农业大学崔彦宏、张桂银等研究，夏玉米对钙的第一个吸收高峰在大喇叭口至吐丝期，第二个吸收高峰在乳熟末期；对镁的第一个吸收高峰在大喇叭口至吐丝期，第二个吸收高峰在吐丝后15～30 d；对铁的最快吸收期在拔节至大喇叭口期；锰的最快吸收期在拔节期至大喇叭口期，其次是大喇叭口期至吐丝期；铜的最快吸收期在拔节期至大喇叭口期，其次是大喇叭口期至吐丝期；锌的最快吸收期在大喇叭口期至吐丝期，其次是拔节期至大喇叭口期。

参　考　文　献

崔彦宏，张桂银，郭景伦，等.1993.高产夏玉米硫的吸收与再分配研究［J］.玉米科学，1（1）：48-52.

崔彦宏，张桂银，郭景伦，等 . 1993. 高产夏玉米镁的吸收与再分配研究［C］. 1993 年第一届全国青年作物栽培、作物生理学术会文集：211-215.
崔彦宏，张桂银，郭景伦，等 . 1994. 高产夏玉米钙的吸收与再分配研究［J］. 河北农业大学学报，17（4）：31-35.
崔彦宏，张桂银，郭景伦，等 . 2003. 夏玉米铜的吸收与器官间的分配研究［J］. 华北农学报，18（1）：41-43.
崔玉亭，韩纯儒，龙牧华 . 1997. 小麦-玉米集约高产条件下土壤有机质培肥目标探讨［J］. 中国农业大学学报，2（5）：25-29.
李潮海，李胜利，王群，等 . 2004. 同质地土壤对玉米根系生长动态的影响［J］. 中国农业科学，37（9）：1334-1340.
李潮海，李胜利，王群，等 . 2005. 下层土壤容重对玉米根系生长及吸收活力的影响［J］. 中国农业科学，38（8）：1706-1711.
刘战东，肖俊夫，刘祖贵，等 . 2011. 高产条件下夏玉米需水量与需水规律研究［J］. 节水灌溉（6）：4-6.
沈其荣 . 2000. 土壤肥料学通论［M］. 北京：高等教育出版社 .
谭金芳 . 2011. 作物施肥原理与技术［M］. 第 2 版 . 北京：中国农业大学出版社 .
王群，李潮海，郝四平，等 . 2008. 下层土壤容重对玉米生育后期光合特性和产量的影响［J］. 应用生态学报，19（4）：787-793.
王群，张学林，李全忠，等 . 2010. 紧实胁迫对不同土壤类型玉米养分吸收、分配及产量的影响［J］. 中国农业科学，43（21）：4356-4366.
于振文 . 2003. 作物栽培学各论：北方本［M］. 北京：中国农业出版社 .

第三章 玉米营养与施肥基本原理

第一节 玉米必需营养元素

对植物生长发育具有必需性、不可替代性和作用直接性的化学元素，称为植物必需营养元素。

玉米要正常生长发育，除需要从水和空气中吸收大量的碳、氢、氧 3 种非矿质的必需营养元素外，还需要从土壤中吸收多种必需的矿质元素，其中氮、磷和钾需求量较多，被称为“肥料三要素”，硫、钙和镁为中量元素；硼、锌、钼、铁、锰、铜、氯和镍等 8 种元素需要量很少，称为微量元素。玉米植株所吸收矿物质元素的种类和数量，随玉米的品种、生育期、植株的部位和栽培环境的不同而有所变化。

玉米植株通过根系将土壤中的矿物质元素吸收到植物体内，运输到需要的部位进行同化利用，在体内合成各种有机化合物，并在不同生育期的各器官中进行有机物质的合成、转移和贮存。玉米成熟后，各种有机化合物主要转化为贮存形态，分布于各器官组织中。这些矿物质元素，既是玉米植株细胞结构物质的组成成分，又是玉米植株生理功能的调节者，并参与一些酶的活动，起到一定的电化学作用，即离子浓度平衡、大分子的稳定和胶体的稳定等作用。

第二节 玉米对养分的吸收与利用

玉米植株对养分的吸收主要依靠根部从土壤中吸收，地上器官也可进行一定的养分吸收作用。土壤中只有一部分矿物质溶解在土壤溶液中，大部分矿物质元素被土壤胶粒吸附，或者形成不溶解于水的物质。吸附在土壤胶粒的矿物质，除一部分靠近根系的可以直接进行接触交换外，大部分必须进入土壤溶液才可以与根细胞的表面离子进行交换并进入细胞。这些非溶解状态的物质，必须先溶解到土壤溶液中才能被吸收。

玉米根部对矿物质元素的吸收过程包括 4 个步骤：①离子从土壤胶粒到土壤溶液的转移；②离子从土壤溶液到根表面的转移；③离子进入根部；④离子从根部到植株

地上部分各个器官的转移。对各种矿物质的吸收，受玉米植株内部和外部多种因子的影响。外部因子有：有效离子的特性和浓度，温度，光照，土壤水分、通气状况，其他离子的存在，pH 等。内部因子有：根系的特性和范围，离子的有效自由空间，蒸腾速度，离子交换的数目和浓度，呼吸速度和内部离子状况，苗龄和生长速度等。土壤溶液中矿物质离子通过根系截获、养分扩散和质流 3 种方式达到玉米根系附近，玉米根系将其周围土壤溶液中的矿物质元素吸收到根中，然后运转到植株体其他所需要部位。

玉米根系表面的矿物质离子通过离子交换和扩散作用，先进入根系细胞的表面自由空间，然后再由表面自由空间进入细胞质，玉米根系是代谢比较活跃的器官，在进行呼吸作用时产生的 CO_2，可以与 H_2O 反应产生 H_2CO_3，在原生质表面离解成 H^+ 和 HCO_3^-，然后与土壤中的阳离子和阴离子进行离子交换，使土壤中的阳离子（Ca^{2+}、Mg^{2+}、Fe^{2+}、Na^+、K^+ 等）和土壤中阴离子（NO_3^-、$H_2PO_4^-$、SO_4^{2-} 等）进入表面自由空间，其中一部分被吸附在原生质的表面上。矿物质元素进入表面自由空间或吸附在细胞质表面以后，通过载体分子（透过酶）、扩散作用、化学渗透等途径透过细胞膜进入细胞质。根细胞对植株体生长所需要的矿物质离子的吸收，基本上主要靠细胞内部代谢过程提供的能量进行，属于细胞的主动作用。

矿物质元素进入根细胞后，经过皮层、内皮层和导管周围的细胞进入导管，然后随着蒸腾液流上升，运输到玉米植株地上部的各个器官，大部分被运输到生长点、正在展开的幼叶和正在生长的果穗等生长最旺盛的部位，而水分则主要运送到蒸腾器官——叶片。玉米根系吸收的矿物质元素也有一部分会在根部进行加工，合成为一些较为复杂的化合物，然后同根直接吸收的一些分子状态有机物质如尿素、氨基酸等一道，沿韧皮部的筛管向地上部分转移。还有一部分矿物质在根系中合成为大分子化合物如蛋白质，直接为根系生长发育提供物质基础。

矿物质元素离子从根毛进入皮层，通过内皮层而进入导管。导管中的离子可以向其周围的组织运输，也可以随蒸腾流向上运输。在矿物质离子的侧向运输中，形成层和木质部中的射线是重要途径。离子进入筛管后，运输方向和叶片光合产物运输方向相同，向玉米植株的下部运输。从筛管运到根部的离子，可以再次进入根部导管，从根部导管输送到地上部去。导管的水和离子持续不断地向叶肉细胞运输，在不使叶肉细胞渗透压增加到很高的条件下，叶片可以利用与输入相同的输出速率把离子再运出去。输出的离子经过叶脉里的筛管向下运输，参与植物体的离子循环；也可能有一部分离子沉淀在叶片中。叶片中的离子可以被雨水、露水淋溶出来，再回到土壤，被根系再吸收。

玉米的地上部分也可以吸收矿物质元素，这种过程称为根外营养。玉米地上部分吸收矿物质的器官主要是叶片，所以也称叶片营养。将各种矿物质元素通过溶液喷施在玉米叶面，通过叶片吸收以补充植株体生长所需。这种补充矿物质元素方式，其效果主要取决于溶液能否很好地吸附在叶片上和矿物质元素能否从叶面进入表皮细胞

（或保卫细胞）的细胞质中，所以叶面喷肥时，要尽量使喷施的矿物质溶液更好地吸附在植株叶片的表面上，然后矿物质元素可以通过气孔或者角质层的裂缝进入表皮细胞（或保卫细胞）。

第三节　玉米主要营养元素失调症状

一、氮素失调症状

缺氮时玉米叶片反应最明显，幼叶生长缓慢，叶片呈淡黄绿色，下部叶片提早衰老。叶片退色，从叶片的尖端开始，沿其中脉向叶鞘处发展，形成一个倒V形，叶片中部较边缘部分先变成黄色，如图3-1所示。在缺氮的情况下，老叶中的蛋白质分解，产生可溶性氮化物并转移到旺盛生长的部位。这些叶子的变黄是由于叶绿体蛋白质的分解造成的。所以老叶子首先出现症状，然后蔓延到幼叶，影响的程度可以作为缺氮的指标。当缺氮达到最大程度时，则叶片死亡，变成褐色，随后解体脱落。另外由于水分供应不规律也会导致表面缺氮的现象，因大部分的有效氮素是在土壤的上层，如果灌溉或下雨间隔太长，表层土壤首先干旱，因而植株不能吸收足够的氮素。在这种情况下，植株的缺氮症状就不能表明土壤缺氮，只能说明植株没有能力去吸收干土层中的氮素。

A

B

图3-1　玉米缺氮叶片

氮肥过多也是不利的，氮素过多的玉米叶呈深绿色，植株软弱；叶子大、分蘖多，营养体过于繁茂，生殖器官发育不良，生长期延长，机械组织不发达，因而容易倒伏，还会使气孔开放过大，病菌容易侵入，对病、虫及冷害抵抗力下降。

二、磷素失调症状

玉米缺磷的典型表现为幼苗生长缓慢矮缩，茎秆细小，叶片不舒展，生长初期叶片和茎暗绿带紫色，叶尖干枯进而成暗褐色，如图 3-2A 所示。授粉时期缺磷，则抽丝缓慢，授粉不良，成熟时果穗卷曲，穗行不整齐，秃顶严重（图 3-2B）。因缺磷时玉米往往根系发育差，植株生长慢。尤其在苗期，由于植株根系小，不能充分吸收土壤中的磷，这个时期若供应足够的磷，不仅能促进幼苗生长，并且能增加后期籽粒数。如果这个时期缺磷，即使后期供给充足的磷也难以补救。缺磷时玉米幼苗茎和叶带有红紫的暗绿色，从叶尖端部分沿着叶缘向叶梢处变成深绿而带紫色，这是由于植株组织中蛋白质合成的降低和组织中糖浓度增大造成的，因为高浓度糖可以促进花色素苷的合成而使植株呈紫色。孕穗至开花期缺磷，糖代谢与蛋白质合成受阻，果穗分化发育不良，穗顶缢缩，甚至空穗，花丝伸出延迟，导致受精不良，容易出现秃顶、缺粒与粒行不整齐等现象。后期缺磷，影响营养物质的重新分配与再利用，成熟延迟，降低产量和品质。任何时期缺磷都会使玉米植株积累硝态氮、蛋白质合成受阻，干物质生产速度明显降低。

磷过量时会导致玉米成熟早，降低产量，还会导致锌、铁和镁等元素的缺乏。

A

B

图 3-2　玉米缺磷叶片与果实

三、钾素失调症状

玉米生长缺钾时，幼苗表现为发育缓慢，叶片淡绿色或者出现黄色条，尖端或者边缘成为坏死组织，从叶尖部分沿着叶缘向叶鞘发展，然后向叶中心发展，以致使整个叶片枯死，但中脉仍保持绿色，如图 3-3A 所示。成熟期植株具有同样的症状但叶片的边缘变褐更为显著。叶片的症状首先从下部老叶表现。当供钾不足时会引起叶片中的转化酶、过氧化氢酶和过氧化物酶活性增强，而抑制叶片和根中丙酮酸和谷氨酸脱羧酶的活性。钾本身并不直接影响硝酸还原酶的活性，但缺钾植株中硝酸还原酶活性较高，是因为植株硝酸盐含量较高，诱导增强了硝酸盐还原酶的活性。缺钾影响了多种酶的活性而影响植株生长。当缺钾时间延长则植株生长矮小，茎秆细弱，节间缩短，果穗发育不良，顶端特别尖细（图 3-3B）；果穗则秃顶严重，籽粒淀粉含量减少，千粒重降低，茎中还会积累铁化合物，阻碍养分向根部运输，不利于碳水化合物聚合，造成机械组织不发达，蛋白质含量减少，茎秆松软，组织解体等现象。从而使根系发育不良，出现早衰等现象，并易感茎腐病和倒伏。

A

B

图 3-3　玉米缺钾叶片与果实

钾过量时会抑制玉米植株对钙、镁的吸收，引起钙、镁缺乏。

四、缺钙的症状

玉米缺钙时，生长顶端发黑并且凝胶化，叶子不能展开，上部叶子扭曲黏附在一起，甚至叶缘呈锯齿状缺口；茎基部膨大并有产生侧枝的趋势，生长受到抑制，整株严重矮化，轻微发黄（图 3-4）。玉米缺钙一般出现在 pH 低于 4.5，土壤可交换钙量少于 0.02 mmol/g 的沙性土壤，或含钾、镁太多的土壤。在中性或弱酸性土壤中，很少发现缺钙。植株含钙少于 0.2％才表现出典型的缺钙症状。

图 3-4　玉米缺钙植株

五、缺镁的症状

玉米缺镁时在苗期表现为上部叶子发黄，后来叶脉间出现由黄到白的条纹，如图3-5所示。由于老叶中的镁向嫩叶中转移，所以基部老叶表现为从叶尖沿着叶子边缘由红变紫，在叶脉中间呈黄色或橙色条纹。严重缺镁时，叶尖和边缘死亡，并且整个植株都可能出现脉间条纹，条纹出现后形成念珠状白色坏死斑点，呈现鳞状。植株发育矮小。缺镁主要发生在酸性沙土和降水量大的情况下，黏土一般不缺镁。含钾量高，或者施用过多石灰，也能引起玉米缺镁。

图3-5　玉米缺镁叶片

六、缺硫的症状

玉米缺硫则生长受阻，发育不良，植株矮小，叶片表现与缺氮近似，整株呈暗淡绿色到淡黄色，如图3-6所示。上部幼叶嫩叶的叶脉颜色较其余部分淡，因而呈现条

图3-6　玉米缺硫植株

纹状。在下部叶片和茎秆上可以看到红颜色，这是由于花色素苷的积累造成的。缺硫会导致植株成熟推迟。玉米缺硫叶绿素含量下降、叶绿体片层显著减少，基粒堆积，结构受到破坏。玉米缺硫，硝酸盐还原酶活性下降，蛋白质合成减弱，水解加强，导致植株体内非蛋白氮积累。

七、缺锌的症状

玉米缺锌时在出苗后2～3周下部叶片中脉两侧出现暗淡黄色的条纹，从叶片的基部向中部和尖端发展，叶的中脉和边缘仍然保持绿色，如图3-7所示。严重缺锌时，有条纹的部分会坏死，变成一个宽的退色带，叶中脉和叶边缘一般还是绿的，有时叶片边缘和茎秆出现红色或褐色。缺锌更严重情况下，整个植株变成淡绿色，生长缓慢，在抽雄以前就可能死亡。出现一些不受精或不正常灌浆的果穗。由于缺锌时玉米新生的叶子近白色，所以也称为“白芽病”。当植株长大以后，随着植物根系的长大，扩大了根系接触土壤的面积，缺锌的情况可以得到一定的改善。在土壤中有机质少，pH高，土壤湿度太大或地温低，或新开垦的土地情况下，容易造成玉米缺锌现象。另外磷会抑制锌由根向植株地上部分运转，所以缺锌时增施磷肥可能会加重缺锌。

A

B

图3-7　玉米缺锌植株

八、缺锰的症状

锰供应不足时，玉米所有叶片颜色较正常叶片浅，出现与主脉平行的条纹，呈灰黄色和绿色，如图3-8所示。严重缺锰时出现长的白色条纹，其中央变成棕色，进而枯死，脱落，玉米茎秆较正常植株细。缺锰玉米植株叶绿体超微结构严重受损伤。一种是在叶绿体中，大多数基粒由少量片层组成，基质片层发育不良，有的呈片段，有的已消失；另一种是叶绿体变形、膜系统严重破坏，被膜消失，基粒排列不整齐，片层融合，基质片层膨胀，有的呈小泡，并出现大淀粉粒。一般在泥炭土、腐殖土、土壤pH高或有机质含量高的沙质土上引起玉米缺锰的可能性较大。

图 3-8　玉米缺锰叶片

九、缺铜的症状

玉米缺铜症状最先出现在最嫩的叶片上，如图 3-9 所示，叶片刚长出就黄化。严重缺铜时植株矮小，嫩叶缺绿，老叶像缺钾一样出现边缘坏死。缺铜的植株茎秆软，易弯曲。叶绿体超微结构发育也受影响，表现多数基粒不发达，由少数片层组成，而基质片层发育较多。玉米缺铜的情况是比较罕见的，偶尔出现轻度缺铜时表现为顶端叶片不能展开，但这种症状出现后大约两周可以恢复正常生长。缺铜玉米植株的后代叶片缺绿、根发育不良、节间不能伸长、即使施用铜肥也不能使已表现缺绿的叶恢复正常，只有新长出的叶片表现正常。正常植株的种子储存有铜，具有部分克服缺铜症状的能力，而缺铜植株的种子却没有这种能力。

图 3-9　玉米缺铜叶片

十、缺铁的症状

玉米缺铁的特征是上部幼叶叶脉之间的组织失去绿色变白，形成特殊的条纹，如图 3-10 所示。严重时叶脉之间的组织坏死，下部叶子变成棕色，叶片边缘坏死，茎秆变软和易弯曲，生长严重受阻，植株严重矮化。玉米是需铁较少的作物，生产中缺铁情况比较少见，只有在土壤紧实、潮湿、通气性差，pH 高或气候较冷的条件下，才有可能出现缺铁症状。

图 3-10　玉米缺铁植株

十一、缺硼的症状

玉米缺硼时分生组织开始枯萎，症状首先出现在最嫩的叶上，不能展开或又薄又小，叶脉间出现形状不规则的白色斑点。继而由叶组织产生的蜡质可能导致这些白斑联结形成白色条纹。节间不伸长，植株矮小，根部变粗。严重缺硼时，生长点停止生长，生殖器官发育不良，甚至不能抽雄抽丝，果穗瘦小，籽粒皱缩，排列也不整齐（图 3-11）。

十二、缺钼的症状

在缺钼时玉米种子萌发慢，幼苗扭曲，甚至早期死亡。幼叶先萎蔫，老叶叶尖和边缘先干枯，叶片上出现黄褐色斑纹，边缘焦枯并向内卷曲。玉米缺钼时叶绿体发育不正常，有的外形有突起，内部大部分基粒和基质片层发育正常，少部分基粒和基质片层受到破坏；有的多数基粒片层融合成一团，基质片层模糊，普遍存在淀粉粒。

A　　　　　　　　　　B

图 3-11　玉米缺硼植株与果穗

十三、采用缺素症进行营养诊断的可行性

通常利用玉米植物矿物质元素缺乏症状作为营养诊断方法，但也存在着很多不足之处：

(1) 在症状出现以前，实际上植物体内就已经缺乏某种矿物质元素，到出现症状后被人们发现再采取措施，就有些晚了。

(2) 植物在不严重缺乏某种矿物质元素，但已经影响到植物生长发育和产量的情况下，由于矿物质元素的缺乏程度不足以产生明显的症状，无法发现植物缺乏什么元素。

(3) 植物缺乏某种元素往往与另外一种元素有关，有可能是因另外一种元素过量导致的。如果只是依据这种症状而断定缺乏某种元素，进而采取一些相应措施也没有什么效果。

(4) 不同的矿物质元素的缺乏可以导致一些类似的症状。不同的水分供应、低温、病虫害等也可以导致类似缺乏矿物质元素的症状。故单纯依靠出现的症状有时难以准确诊断出玉米植物所缺的矿物质元素。因此，利用缺乏症状来鉴定玉米矿物质营养状况，只能作为一个参考，更需要在缺乏症状出现之前进行正确的生理诊断，在缺乏矿物质元素的初期就采取措施。

第四节　科学施肥的基本原理

施用肥料是提高作物产量的重要手段，夏玉米是需氮较多的作物，一般情况下施氮可增产 30%左右，氮、磷配合施用夏玉米增产 47%左右，氮、磷、钾配合施用夏玉米增产 60%以上。但是，在不合理施肥的情况下，随着肥料投入量的增加，易形成土壤养分失调，土壤理化性状变差，肥效降低，肥料资源浪费，破坏生态环境的现象。合理施肥是培肥土壤，提高作物产量，保护生态环境，发展可持续农业的重要措施。为了充分发挥肥料的增产效果和提高肥料的经济效益，必须掌握合理施肥的基本原理和施肥原则。现代施肥理论是建立在矿质营养学说、养分归还学说、最小养分律、报酬递减律及因子综合作用律的基础上。五大定律解决了作物需要什么养分，为什么施肥，应该施入什么肥料等问题。

一、矿质营养学说

矿质营养学说由李比希提出，认为植物生长发育不是以腐殖质为原始营养物质，而是以矿物质为原始营养物质。矿物质进入植物体内不是偶然的，而是为植物生长、发育并形成产量所必需的；植物种类不同，对营养的需要量也不同，需要量的多少可通过测定营养正常的植物的组成来确定。该学说否定了当时流行的腐殖质营养学说，指出了植物所吸收的原始养分，确定了应该施入何种营养物质，为正确施肥增产奠定了基础。

二、养分归还学说

由于不断地栽培作物，土壤中的作物生长所需养分物质必然造成损耗，使得这些养分物质在土壤中缺乏。如果不把作物从土壤中所摄取的养分物质归还给土壤，那么，最后土壤会变得十分贫瘠。通过施肥的办法，使土壤养分的损耗与营养物质的归还之间保持一定的平衡，这就是养分归还学说。养分归还学说的要点是：

（1）随着作物的每次收获必然要从土壤中取走大量的养分。例如每公顷产 13 500 kg玉米的超高产情况下，从土壤中摄取养分的量分别为 N：205 kg，P_2O_5：37 kg，K_2O：194 kg。

（2）如果不正确地归还养分于土壤，地力必然会下降，造成土地产量降低，甚至劳而无获。

（3）要完全避免土壤因作物生长发育而消耗营养物质是不可能的。但是恢复土壤中所消耗的营养物质是可能的，办法就是施肥。

三、最小养分律

所谓“最小养分律”，就是在作物生长过程中，如果出现了一种或几种必需营养元素不足时，按作物需要量来说，最缺的那一种养分，就是最小养分。而这种最小养分往往会影响作物生长或限制作物产量。作物产量的提高常常取决于这一最小养分数量的增加。最小养分律的要点是：

（1）最小养分是指按照作物对养分的需要来讲，土壤供给能力最低的那一种。

(2) 养分最小的元素是限制作物生长和产量的关键因素。

(3) 要想提高产量，就必须增加这种养分的数量。

(4) 该元素增加到能满足作物需要的数量时，这种养分就不再是最小养分了，而另一种元素又会成为新的最小养分。

(5) 反过来说，如不是最小养分的元素，数量增加再多，也不能进一步提高产量，而且还会降低施肥的效益。

最小养分律是指导施肥的一个重要基本原理，它告诉我们，施肥一定要因地制宜，有针对性地选择肥料种类，缺什么养分，就施什么养分。这样不仅可以较好地满足作物对养分的需要，而且由于养分能平衡供应，作物对养分利用也较充分，从而达到增产、节肥和提高施肥效果的目的。

四、报酬递减律

在农业生产实践中，施肥和产量的关系表明：作物产量水平较低时，随着肥料用量的增加，产量逐渐提高，当产量达到一定水平后，在其他技术条件（如灌溉、品种等）相对稳定的前提下，虽然产量随着施肥量的增加而仍有提高，但作物的增产幅度却随着施肥量的增加而逐渐递减。这种趋势反映了客观存在的肥料经济效益问题。即随着施肥量的增加，每一增量肥料的经济效益就有逐渐减少的趋势。也就是说，在一定土地上所得到的报酬，开始是随着该土地投入的肥料费用的增加而增加，而后随着投入的费用进一步增加而逐渐减少。这就是所谓“报酬递减律”。

按照报酬递减这一施肥原理，说明不是施肥越多越增产。运用这一原理，在施肥实践中应注意投入（施肥）与报酬（增产）的关系，找出经济效益高的最佳方案，避免盲目施肥。

在玉米生产中，由于玉米的生物产品大部分被人们利用，土壤中的矿物质元素就会因此而逐渐不足，因此施肥就成为保持和提高土壤肥力，提高玉米产量和质量的重要措施之一。肥料不足可以影响玉米产量的提高，但肥料过多，方法不当，也不能达到增产的目的，因此要合理施肥，根据多种矿物质元素对玉米各种生理活动所起的作用和玉米不同生长发育阶段需要多种矿物质元素的规律，应适时适量地进行施肥，以获得玉米高产的目的。

五、因子综合作用律

因子综合作用律指出：作物高产是影响作物生长发育的各种因子（如空气、光照、水分、温度、养分、品种、耕作条件等）综合作用的结果，在各因素中必然存在一个起主导作物的限制因子，产量也在一定程度上受该种限制因子的制约，并且产量常随这一因子的克服而提高。只有在各因子在最适状态时产量才会最高。

综合因子分为两类：一类是对农作物生长产生直接影响的因子，即缺少该因子时，作物不能完成生命周期，如光照、水分、空气、温度、养分等。另一类是对农作物形成产量影响很大，但并非不可缺少的因素，如台风、暴雨、病虫害等。

施肥效果同样有赖于其他因子的配合。因子综合作用律重视各种养分之间的配合施用，既要协调各营养元素之间的比例，又要最大限度地满足作物需求。同时，注重施肥措施与其他农业措施及环境因子的密切配合。

近30年来，由于电子计算机技术、生物技术、信息技术及学科之间的交叉研究，通过多层次、多学科多领域对植物营养学进行了深入广泛的研究，推动了植物营养与肥料学的发展。主要体现在如下方面：

（1）在重点研究植物营养的生理学、生物化学的基础上加强了植物营养生态学的研究，将植物、土壤、大气作为一个整体系统来进行研究。

（2）在保证植物营养元素平衡与优质高产的同时更加注重农产品品质对人体及动物健康的研究。

（3）施肥由早期的缺啥补啥发展到平衡施肥，并重视微量元素肥料的施用。

（4）更加重视施肥与土壤环境的关系，发展可持续农业成为当前农业生产研究的重点。

第五节 科学施肥的基本原则与依据

一、施肥的基本原则

1. 培肥地力原则

耕地作为农业生产中最基本的生产资料，是农作物生长发育的场所。耕地的可持续利用是农业发展的基础。地力水平是耕地能够支持农作物生长的能力。在外部环境与人类社会生产活动的影响下，地力水平不断发展变化。人类活动不仅对地力水平的变化方向、变化速度产生作用，而且决定了农业生产的发展趋势与水平，进而又对人类的生存方式及生活质量产生影响。如灌溉不当导致土地盐碱化，植被的破坏造成大面积的水土流失，草原过度放牧造成沙化和荒漠化。总之，对土地一味地进行索取，用而不养的掠夺式经营会使地力下降，使土地这一宝贵的自然资源的农业利用价值降低甚至丧失，最终导致农业生产无法持续下去。施肥是培肥地力最直接有效的途径。

施用有机肥可以提高土壤有机质含量，促进团粒结构形成，特别是水稳性团粒结构的形成，改善土壤的吸水保水性、吸热保温性，同时提高土壤的孔隙度，协调土壤水、肥、气、热间的矛盾。在土壤化学性质方面，由于有机肥腐殖质中存在较多的负电荷，阳离子交换量比土壤矿质黏粒大10～20倍，所以施用有机肥可提高土壤阳离子交换量，改善土壤保水保肥能力。有机质中的腐殖酸盐和有机酸具有较高的缓冲性能，可以调节土壤pH，减轻某些有害元素的活性和危害。有机肥除了本身含有较多的微生物外，它还含有微生物生命活动所需的营养物质与能源物质，进而提高土壤微生物活性，加速微生物参与的有机质矿化过程与土壤有机质的腐殖化过程。施用有机肥不仅可以直接供给作物所需要的有机、无机养分，并且可以改良土壤理化性质，改善土体构型。

化肥中的养分含量较高，多为速效性养分，在施入后可在一定时期内显著提高土壤有效养分的含量，对于提高作物产量与品质具有较大的作用。在中低产条件下施用化肥所产生的效应最为明显。但不合理地长期大量施用化肥，不注重各养分均衡施肥，不注重配施有机肥，则会出现肥效低下、降低土壤肥力、降低产投比的现象，导致土壤有机质含量降低、土壤板结、土壤盐碱化等。如长期施用氯化铵、硫酸铵等生理酸性肥料则会导致土壤酸化。

化肥作为农业生产中的主要生产资料之一，需要合理应用。国内外许多长期试验结果表明，合理施用化肥能使土壤肥力有所提升。奚振邦、沈善敏的研究表明：化肥培肥土壤的作用可分为直接作用和间接作用两个方面。对于不同种类的化肥，其有效成分在土壤中的留存期及转化过程不尽相同，它们对于培肥地力的直接作用也不同。根据 Glanding 的研究，长期施用氮肥虽不会显著提高土壤全氮含量但可提高土壤供氮能力，并且土壤供氮能力与氮肥施用量呈正相关。磷肥在施入土壤后，由于绝大多数土壤对磷素具有强烈的吸附固定能力，虽然大量磷以非活性磷状态固定于土壤中，但非活性磷与有效磷存在动力学平衡，当作物吸收有效磷库中的磷时，非活性磷库中的磷可以不同的速度与方式释放出来补充有效磷库。所以，被土壤吸附固定的肥料磷并没有完全失去对作物的有效性，反而使土壤的持续供磷能力得到提升。钾肥施用于不同土壤对于培肥地力的效果相差较大，对于温带地区的黏质土，由于其富含 2∶1 型黏土矿物对钾离子有较强的吸持能力，残留于土壤中的肥料钾很少随水流失，施用钾肥可以扩大土壤有效钾库，进而增强土壤供钾能力；对于缺乏 2∶1 型黏土矿物的热带、亚热带土壤，由于其对钾素的吸持作用很弱，残留于土壤中的钾随水流失，所以在这种土壤中施用钾肥对于提高土壤供钾能力效果较差，只能少量多施。施用化肥的间接作用主要表现在化肥的施用不仅提高了作物产量，同时也增大了农家肥和有机质的资源量，使归还土壤的有机质数量增加，从而起到培肥土壤的间接作用。在施用有机肥提高土壤养分供应能力，增加土壤养分库的作用中，有相当大部分是化肥的间接作用。

2. 协调营养平衡原则

施肥是调控作物营养平衡与土壤养分供应平衡的有效措施。作物的正常生长发育有赖于体内各种养分的含量是否适宜。在不同作物的各生育期及各组织器官中，各养分的最适含量有明显差异。如果某种元素含量低于其适宜的临界值，就需要通过施肥来调节该养分在作物体内的含量水平，从而保证作物正常生长发育对该养分的要求；如果作物体内某一营养元素过量，则可以通过施用其他元素加以调节，使其在新水平下达到平衡。不同作物不仅对各养分供应量有不同需求，而且对各养分的供应比例也有一定要求。通过作物的营养诊断，来确定不同养分的缺乏程度，并以此指导施肥，是最有效的作物营养平衡调控措施。施肥也是调控土壤营养供应平衡的基本方法，土壤作为植物养分的供应库，其各种养分的有效数量和比例一般与作物的需求相差甚远，这就需要通过施肥调节土壤有效养分含量以及各种养分的比例，以满足作物的需要。一般耕地土壤若长期不施肥，其自身的养分供应能力低下，养分之间也不平衡，无法满足现代高产作物的需求。

3. 产量与品质相统一的原则

化肥与有机肥都具有增加作物产量的作用，但两者的性质不同，在增加作物产量方面表现出的效果也相差较大。化肥对作物的增产作用是毋庸置疑的，联合国粮农组织 1981 年对 62 个主要谷物生产国的统计结果表明，单位面积施肥量和单位面积谷物产量之间有显著的相关性。中国国家统计局资料（1999）也表明，化肥年投入量与粮食年总产量之间有密切关系。但随着化肥施用量的增加，所施养分的生产系数有下降的趋势。有机肥的速效养分含量比化肥少，为当季作物提供的养分较少，因此对当季作物的增产作用较小，但从长远肥效来看，有机肥通过改善和培肥土壤所达到的增产效果不低于化肥，甚至可以超过化肥的增产效果。英国洛桑试验站（Braodbalk）长期小麦施肥试验结果（1850—1992 年）表明，在试验前期厩肥区产量低于化肥区，但在 1930 年以后，该试验的大多数年份中厩肥区产量超过化肥区产量。

施用肥料不仅可以影响作物产量，而且也在一定程度上影响了农作物的品质。农产品的品质包括营养品质、加工品质、商品品质等。这些品质虽主要取决于作物本身的遗传特性，但很大程度上受养分供应、管理措施、土壤性质等外界环境的影响，其中养分供应对作物品质起着重要作用，养分平衡是改善农产品品质的基本保障。如氮素、钾素均可提高禾谷类作物产品的蛋白质含量，但氮素同时也会减少产品中碳水化合物及油脂含量；磷素可以增加作物绿色部分的粗蛋白含量，促进蔗糖、淀粉及脂肪的合成，改善果蔬类产品的外观等；中微量元素含量本身就是农产品品质的重要指标之一，但过量施用也会对农产品质量产生一定的负面影响。因此在施肥追求增加作物产量的同时应兼顾农产品的品质。

对于不同作物，最佳品质施肥量与最高产量施肥量的关系并不一致。随着施肥量的增加，有些作物的最佳产品品质施肥量出现在最高产量施肥量之前，一些作物与之相反，还有一些作物的最佳产品品质施肥量与最佳产量施肥量相差不大，产量与品质可以同步达到最佳状况。大多数作物的最佳品质与最大产量不同步出现。一般选择原则为：当对产品品质要求较高时，以不引起产量显著降低的同时实现最佳产品品质；当对产量要求较高时，以不引起产品品质显著降低的同时实现最佳产量为目标。当产量与品质的矛盾较大时，在有利于品质改善的前提下提高产量。无论哪一种情况，均应以保证产品中有害物质含量不超过安全界限为基本原则，不能对人、畜产生危害。

4. 提高肥料利用率减少生态环境污染

肥料利用率是衡量施肥是否合理的一项重要指标，受施肥技术、土壤类型、栽培技术、作物种类、气候条件等因素的影响。一般情况下磷肥的利用率明显低于氮肥和钾肥，但磷肥后效高且后效期长，以长期肥效计算，磷肥利用率与氮、钾肥接近或更高。

施肥技术是影响肥料利用率的主要因素之一。长期不合理施用化肥可引起土壤酸化或盐碱化。氮肥可导致中性和酸性土壤 pH 下降，含钾、钠的肥料有可能使干旱、半干旱地区的 pH 上升。过量施用含 NH_4^+、K^+ 等一价阳离子的化肥会使土壤胶体分散，进而使土壤理化性状恶化，水、肥、气、热等因素失调，造成土壤肥力下降。施入土壤中的铵态氮肥易形成氨气，尤其是在偏碱性的土壤中，以氨气挥发的氮素是氮肥损失的主要途径之一，另外土壤中的氮还可通过反硝化过程生成氮氧化物进入大气。大气中增加的氨、氮氧化物等又随降水进入陆地水体，同时土壤中的氨及氮氧化物也可通过降水淋洗作用进入陆地水体，造成陆地水系污染。大气中的氧化亚氮则是温室效应较强的气体，它还可以与臭氧作用破坏臭氧层。土壤中的硝态氮由于不易被土壤吸附，会有部分硝态氮经淋洗作用进入地下水，对地下水质产生难以恢复的环境危害。过量施用氮肥还可增加农产品中硝酸盐及亚硝酸盐的含量，对人体健康产生危害。磷肥的过量施用也对农田地表及地下水系中的磷素增加有重要影响，易形成水体富营养化。提高肥料利用率，降低化肥施用量不仅可以增加产投比，提高农业生产效益，还可降低农业生产的环境风险，实现农业可持续发展。

施肥量与施肥方法对肥料利用率有显著影响。如：施肥量与肥料利用率存在着明显的负相关；在石灰性土壤中，铵态氮肥深施覆土比表施或浅施的利用率高，而磷肥集中施用比均匀施用时的利用率要高。不同的肥料品种利用率也有差异，一般情况下，硫酸铵的利用率比尿素和碳酸氢铵的高，石灰性土壤上钙镁磷肥的利用率低于过磷酸钙；有机肥和无机肥配合施用的利用率要高于单施无机肥。有机肥和化学氮肥配合施用时，化肥氮提高了有机肥氮的矿化率，有机肥氮提高了化肥氮的生物固氮率，减少化肥氮的损失，增加了土壤中氮素的积累，延长了化肥氮的残效，提高了肥料利用率。有机肥与化学磷肥配合施用能使化肥磷在土壤中保持有效状态的量与时间均得到增加。同时，过磷酸钙和有机肥配施还有利于减少有机肥中氮的挥发；各种养分的配合施用可以充分发挥养分元素之间的互促作用，从而提高肥料利用率。

二、施肥的主要依据

要做到合理施用肥料，应全面考虑作物营养特点，土壤条件及肥料特性等因素，最大限度地满足作物对各种养分的需要，从而优质获得高产。

（一）作物营养特性

各种作物对养分都有一定的要求，只有在这些要求获得满足时，作物才能正常生长发育。不同种类的作物对各种养分的需要和比例是不同的。就玉米而言，不同品种之间或同一品种的不同生育期，对养分的吸收也不一样，玉米各生育期养分吸收量如表 3-1 所示。作物从种子萌发到形成种子这一生长周期中，要经过几个生长发育阶段，每个阶段对营养元素的种类、数量和比例有不同的要求，其中有两个极其重要的时期，一个是作物营养临界期，另一个是作物营养最大效率期。

表 3-1　玉米不同生育期各养分吸收量

生育期	吸收养分的百分比（%）		
	N	P_2O_5	K_2O
幼苗期	5	5	5
孕穗期	38	15	22
开花期	20	21	37
乳熟期	11	35	15
完熟期	26	21	21

1. 作物营养的临界期

作物在生长发育过程中，有一个时期对某种养分的要求非常迫切，若该养分供应不足或过多，都将给作物的生长发育带来极为严重的影响，即使以后再施入大量这种养分，也难以弥补损失。这个时期叫做作物营养的临界期。一般作物的营养临界期多在苗期，例如，磷的营养临界期出现在大多数作物的幼苗期，所以说，加强苗期营养是很重要的，尤其在严重缺肥、地力水平很低的情况下，苗期施肥更显得重要。但必须注意，苗期一般需要养分较少，特别是氮肥，应根据土壤肥力状况、播前施肥情况及苗情合理施用，也应注意不同养分、不同作物的营养临界期不同。

2. 作物营养的最大效率期（强度营养期）

作物生长发育过程中在施肥量合理的前提下肥效最高的时期，称为作物营养的最大效率期。大多数作物的营养最大效率期出现在生长中期，从外部形态来看，是作物生长最旺盛、吸收水分和养分的能力最强的时期。这时若能满足作物对养分的需要，则增产效果非常显著。不同作物营养最大效率期不同，如玉米氮素的最大效率期是在大喇叭口至抽雄初期。

植物的营养临界期和营养最大效率期是作物的两个关键施肥时期，在这两个时期如能及时供给作物养分，对提高作物产量起着决定性作用。

（二）施肥与土壤的关系

作物所需要的营养主要从土壤中吸取，土壤的特性对于作物营养与施肥非常重要。为了使肥料发挥最大效益，必须根据土壤性状，选择适宜的肥料品种，确定合理的施肥方法。

1. 土壤有机质和养分状况与施肥的关系

在有机质和全氮量高的土壤上，土壤微生物活动旺盛，氮的有效程度高，应该薄施氮肥，多施磷、钾肥。在有机质含量少，全氮量较低的瘦土上，应大量施用有机肥，迅速增加土壤有机质，提高肥力，再根据作物生长状况，追施速效化肥。

2. 土壤质地与施肥的关系

沙质土壤质地较粗，松散，结构不良，保水保肥力差，养分供应量少，供应速度快，养分容易漏失，肥效期短，但土壤温度易于上升。因此，基肥宜多施肥力长久的半腐熟猪粪、牛粪等冷性肥或其他半腐热的有机肥料，并且要深施。追肥应遵守“少吃多餐”的原则。黏性土壤土质较细，黏重，块状结构多，保水保肥能力强，但通透性差，土壤温度上升慢，基肥应多施羊、马粪等热性肥料或其他腐熟程度较高的有机肥料。使用化肥次数可减少，每次追肥量可大些。

3. 土壤酸碱度与施肥的关系

土壤的酸碱度是指土壤酸碱性的强弱程度，是影响土壤肥力的主要因素之一。一般作物在中性或近于中性的土壤生长最好。黄淮海平原地区多是石灰性土壤，pH 多在 7 以上，但很少超过 8.5，多为中性至微碱性，也有些山地土壤为中性或偏酸性。土壤酸碱性影响到土壤营养物质的有效性，土壤中氮素的有效性在 pH 6.0～8.0，钾的有效性在 pH 6.0～10 较高，磷在中性和近于中性的微酸性环境中有效性最高。土壤的酸碱度对磷的有效性影响极大，土壤过酸或过碱时，磷素都易被固定成迟效态。钙、镁、铜、锌、铁等在碱性条件下有效性亦大大降低。酸性土壤宜施用化学碱性肥料或生理碱性肥料；碱性土壤宜施用酸性肥料或生理酸性肥料。了解土壤的酸碱性，便于施肥时选用适宜的肥料种类和确定适当的施肥方法，充分发挥各种肥料的作用，提高肥料的利用率。

（三）施肥与肥料特性

有机肥、无机肥具有不同的特性，进入土壤后其转化方式与途径、肥效相差较大。有机肥料有机质含量高，具有肥劲稳、肥效缓慢但持久的特点，常与化肥配合施用，适合用做基肥。长期施用有机肥可提高土壤养分含量，改良土壤理化性质。未经腐熟的有机肥施入土壤会与作物产生争氮效应，在分解过程中形成对作物有毒害作用的物质，因此有机肥在使用时必须施用腐熟过的有机肥。有机肥的施用方法可分为全层施入法与集中施入法。全层施入土壤即把有机肥撒满地表再通过耕地将肥料翻入全层土壤中，该方法适用于有机肥较多的情况。集中施入法即通过开沟将有机肥施入作物根系附近，该方法适合在肥料较少和土壤肥力较低的情况下应用。

无机肥料肥效持续期短，肥劲强，可分为氮肥、磷肥、钾肥、复混肥、复合肥及各种微量元素肥料。氮肥分为铵态氮肥、硝态氮肥、酰胺态氮肥等。铵态氮肥中氮元素以 NH_4^+ 存在，遇碱性物质易形成氨气造成氮素损失。酰胺态氮肥是指氮素以酰胺基形式存在或分解过程中产生酰胺基的肥料，目前应用最广的酰胺态氮肥为尿素。其施入土壤后先以分子形态存在，少量氮素以尿素分子状态被作物吸收利用，大部分氮

素经尿素分解为 NH_4^+ 的形式被作物吸收利用。因此尿素与铵态氮肥一样，应避免与碱性肥料混合配施，如不能与草木灰混合施用，并且宜采用深施覆土的方式施用。硝态氮肥中氮素主要以 NO_3^- 的形式存在，与铵态氮肥相比虽不易挥发，但由于 NO_3^- 移动性强，易随水流失。因此不宜在水田中施用。化学磷肥主要有过磷酸钙、钙镁磷肥、重过磷酸钙、磷酸二铵、磷矿粉等，其中过磷酸钙、重过磷酸钙、磷酸二铵中的磷素易溶于水，属于水溶性磷肥。重过磷酸钙水溶液呈酸性，能与氧化钙作用形成白色磷酸三钙沉淀，使肥效降低。磷酸二铵易溶于水，是一种氮、磷二元复合肥，因其含有 NH_4^+，应避免与碱性肥料混合，否则造成氮素挥发，降低肥效。钙镁磷肥属于枸溶性磷肥，适合在酸性土壤、中性土壤及缺镁的沙质土壤中施用，不适合作为根外追肥。磷素化肥的重要特点是磷素易被土壤固定，移动性差，当季有效性低，因此在施用时可采取集中施肥、配合有机肥混合沤制后施用的方法，磷肥可作为基肥施用。钾素化肥因 K^+ 可被土壤胶体吸附，也可作为基肥。无机肥料还包括硫、铁、硼等微量元素肥料。硫肥常作为基肥施用，硫酸铵、硫酸钾等含硫肥料中的硫酸根易被植物吸收，因此也可作为追肥施用。施用硫肥时应注意土壤通透性，在还原性强的土壤中施用硫肥可形成 H_2S，毒害作物根系。铁肥主要是无机态硫酸亚铁和螯合铁的混合物，由于施入土壤后有效性低，主要用于叶面喷施。常用锌肥主要有硫酸锌、氧化锌、含锌玻璃等长效锌肥，可作为基肥或追肥。硼肥主要有硼砂和硼酸，玉米需硼量较少，应注意硼肥用量和施肥技术。硼肥可以与过磷酸钙、氮肥、有机肥混合施用，也可单独施用；可作为基肥，也可作为种肥、追肥或根外追肥。叶面喷施时，由于硼在植物体内运转能力较差，所以应少量多次喷施效果较好，一般要求喷施 2 或 3 次。

三、施肥的技术要素

施肥技术主要由施肥方式、施肥量、肥料品种、施肥时期 4 要素构成（4R 技术），现代施肥技术利用现代科学知识，充分考虑作物的营养特性、土壤供肥能力、肥料特性的相互作用，利用营养诊断、土壤养分测定、肥效试验等方法确定施肥参数，应用现代机械设备施用各种农资，提高肥料施用的精准度与农业生产的作业效率，降低农业生产成本，改变以经验为主的传统施肥技术，使肥料施用更加精准，为农业可持续发展奠定基础。

（一）肥料品种

肥料品种的选择应遵循以下原则：①合理的肥料养分品种及含量，根据作物需求情况来确定含有该养分的肥料，并根据该养分的含量来确定施用量。②考虑肥料中的养分形态，根据不同作物的养分吸收特点选用利于该作物吸收利用的养分形态，或选择施入土壤后能及时转化成植物可以吸收利用的养分形态。③选择与土壤物理化学性质相匹配的肥料品种，如避免在淹水土壤中施用硝酸盐类肥料，不在碱性土壤上表施尿素及铵态氮肥。④充分考虑不同营养元素和肥料种类间的协同效应。例如氮能提高磷的有效性，磷、锌间存在的交互作用及有机肥与无机肥的配合施用等。⑤在多种肥料混合施用的情况下应充分考虑肥料间的混合兼容性，如一些肥料混合后易吸潮，导致施用不均匀，肥料颗粒的大小应避免混合后出现分层现象。⑥伴随元素的利弊，如氯化钾肥中含 Cl^- 有时会对作物造成危害。⑦控制肥料中所含的非必需营养元素的影响，如天然磷矿石中含有的有害元素应控制在临界值内。此外还应考虑肥料的运输、环境风险、产品价格、经济条件、施肥设备等因素。在充分考虑各因素的基础上力求使农业生产的效益最大化。

（二）施肥时期

正确的施肥时期应以作物对养分的吸收特点、土壤养分的供应动态变化为原则，在了解土壤养分损失动态变化，考虑田间管理措施的前提下制定。以实现养分供应与当季作物养分需求同步，统筹施肥、植保、耕作为目的。就黄淮海地区夏玉米种植来说，按追肥时间一般分为苗肥、拔节肥、攻穗肥。苗肥要轻，保证苗齐、苗壮，基肥中没有施磷、钾肥的情况下可将全部磷、钾肥此时追入。拔节肥指从玉米拔节至小喇叭口期的追肥，此时主要施用氮肥。攻穗肥指玉米大喇叭口期的追肥。拔节期至抽雄期（7 月 5～30 日）玉米对养分的吸收速度快，数量多，为快速吸收积累阶段。尤其是大喇叭口期至抽雄期（7 月 20～30 日），是玉米一生中吸收养分最快、需肥量最多的时期。因此，玉米拔节期至抽雄期是玉米施肥的关键时期。此时只施用氮肥，施用量占氮素总用量的 60%。在具体施肥中应充分考虑玉米的营养临界期与最大营养效率期，如：玉米磷素的营养临界期是在五叶期前，这时如果得不到足够的磷营养，容易出现“红苗”现象；氮的临界营养期是在穗分化期，若这个时期氮素供给适宜，则穗大，花多、籽粒也多。玉米氮素的最大效率期是在大喇叭口至抽雄初期。将具体施肥时间与气候状态、土壤保水保肥性能结合起来，在高温多雨有机质分解较快的地区不应提早施用肥料，避免肥料损失，在保水能力差的土壤中也不能提前施用肥料，易造成肥料损失，反之则提前施用肥料；在施用叶面肥时，一般应在晴天下午 4 时进行叶面喷洒。

（三）施肥方式

施肥方式从施肥对象上可分为土壤施肥与植株施肥。目前最常用的土壤施肥方式有撒施、沟施、穴施等。撒施是将肥料撒于耕地表面，结合耕耙作业将肥料混于土壤中的施肥方法。在操作中应注意耕翻深度，深度浅则肥料不能充分接触根系，肥效发挥不佳。撒施具有简便省工的特点，但不适用于挥发性氮肥的施用。当土壤表面干燥，水分不足或作物种植密度稀，且无其他措施使肥料与土壤充分混合时，不能采用撒施的方式，否则会由于肥料损失而降低肥效。沟施是指开沟将肥料施于作物行间或行内并覆土的施肥方式。该方式肥料集中，易达到深施的目的，利于将肥料施于作物根系层，因此既适合条播作物的基肥，也适合种肥或追肥，既可用于化肥，也可用于有机肥，在肥料用量及减少肥料挥发方面有较强的优势。在作物预定种植位置或两株间开穴施肥的方式称为穴施，适用于稀植及穴播作物。与条施相比，该方法使肥料更加集中，是将特定作物的种子及肥料同时施入播种穴的好方法。有机肥和化肥都可采用穴施。应注意：采用穴施的有机肥须预先充分腐熟，化肥须适量，尽量避免穴内肥料浓度较高，伤害作物根系；施用的位置和深度均应注意与作物根系或种子保持适当距离。灌溉施肥也是一种较为常见的土壤施肥方法，是一种肥料随灌溉水施入田间的方法。该施肥方法主要包括设施栽培中常见的滴灌、渠灌、喷灌等方法。

植株施肥是土壤施肥的一种补充方式，它主要分为叶面施肥、蘸根、种子施肥等。叶面施肥是指将肥料配制成一定浓度的液体，将其喷洒在作物体上的施肥方式。该方式用肥少、见效快，又称为根外追肥，是土壤施肥的有效补充手段。在作物快速生长期，由于根系吸收的养分难以满足作物生长发育的需求，喷施叶面肥是有效的方法。在作物生长后期，根系吸收能力减弱养分供应不足，此时进行叶面喷施效果比较明显。叶面喷施也是微量元素肥料最常用的施用方法，此外叶面施肥可在作物遭受气象灾害（冰雹、冷冻霜害等）后实施，可使作物较快矫正症状，促进受害植株恢复生长。蘸根是利用一定浓度的肥料溶液浸蘸根后再定植的施肥方式。种子施肥是指将肥料与种子混合的施肥方式，主要有拌种法、浸种法、盖种法。在玉米种植中最常用的植株施肥方法主要有叶面喷施法、拌种法、浸种法。

玉米施肥的方法可条施，也可穴施，施肥深度 10 cm 左右。种肥与种子的平均距离 5～10 cm，追肥距玉米植株 15 cm 左右，太近有可能烧根、烧芽或烧苗，太远不利于植株吸收利用，施肥后要及时覆土。尿素作为种肥时，施后不宜立即浇水，一般在追肥后 3～4 d 浇水效果最佳。在缺素症状出现时或根系功能出现衰退时可采用叶面肥。如施用 1%的尿素溶液或 0.08%～0.1%的磷酸二氢钾溶液或喷施一定浓度的微量元素肥料。

（四）施肥量的确定

确定经济合理的施肥量是施肥技术的核心要素，该要素的确定除了要考虑作物、土壤、栽培条件、肥料类型等因素，也应考虑肥料价格、产品价格、目标产量等经济因素，还应充分考虑不同施肥方式的肥料利用率。目前确定肥料施用量的方法主要包括肥料效应函数法、土壤养分丰缺指标法、目标产量法、养分恒量监控法、土壤与植株测试推荐施肥法、基于产量效应和农学效率推荐等。大部分施肥量确定方法是基于田块的肥料配方设计，首先确定养分用量，再确定相应的肥料组合，最后根据土壤与植物吸收特点确定施肥时期。对于大田作物，在综合考虑有机肥、作物秸秆管理措施的基础上，根据氮、磷、钾和中量元素养分的不同特征，采取不同的养分优化调控与管理策略。其中氮素根据土壤供氮状况和作物需氮量对基肥、追肥进行调控，在使用其他施肥量确定方法的同时，也可采用土壤与植株测试法对追肥进行实时动态监测和精确调控；磷、钾肥通过土壤测试和养分平衡进行监控；中微量元素采用因缺补施的矫正施肥策略。肥料效应函数法、目标产量法等方法中所需要的参数均可利用“3414”试验或“3414”不完全试验来获取，该方案设

3个因素，每因素设4个水平，共14个处理。“3414”试验的各处理如表3-2所示，该设计的完全实施方案对于每种养分都存在不施肥水平（0水平）、近似最佳施肥水平（2水平）、过量施肥水平（3水平）。

表3-2 “3414”完全实施方案处理设置

试验编号	处理	N	P	K
1	N0P0K0	0	0	0
2	N0P2K2	0	2	2
3	N1P2K2	1	2	2
4	N2P0K2	2	0	2
5	N2P1K2	2	1	2
6	N2P2K2	2	2	2
7	N2P3K2	2	3	2
8	N2P2K0	2	2	0
9	N2P2K1	2	2	1
10	N2P2K3	2	2	3
11	N3P2K2	3	2	2
12	N1P1K2	1	1	2
13	N1P2K1	1	2	1
14	N2P1K1	2	1	1

注：0水平指不施肥处理；2水平指当地最佳施肥量的近似值；1水平为2水平的0.5倍；3水平为2水平的1.5倍。

1. 肥料效应函数法

根据“3414”方案田间试验结果，利用回归分析建立肥料用量与产量的效应函数，直接获得某一区域、某种作物的氮、磷、钾的最佳施用量。利用“3414”完整试验方案可获得氮、磷、钾3种养分的三元二次肥料效应方程，此时采用的方程为：

$$y=b_0+b_1x_1+b_2x_1^2+b_3x_2+b_4x_2^2+b_5x_3+b_6x_3^2+b_7x_1x_2+b_8x_1x_3+b_9x_2x_3$$

y为产量，x_1、x_2、x_3分别代表氮、磷、钾3种元素的施用量。

在获得肥料效应函数后，根据达到最高产量时$\partial y/\partial x=0$的原理求解最高产量。首先求得各回归函数的一阶偏导，并令其等于零，求解所得到的方程组即可得出3种养分的最大施用量，同理也可求最佳经济施肥量。

也可利用处理1、2、3、4、5、6、7、11、12九个处理作为不完整设计方案获得氮、磷两种元素的二元二次肥料效应方程，由于黄淮海地区钾素含量较为丰富，不是限制性因子，该回归方式一般不应用于钾素施用量的研究。

还能利用处理1、6、8、9、10获得钾元素的一元二次肥料效应方程或直线加平台效应模型。其模型如下：

一元二次模型：$y=a+bx+cx^2$

直线加平台模型：

$$\begin{cases} y=a+bx & (x\leqslant c) \\ y=P & (x>c) \end{cases}$$

y 为产量，x 为钾素施用量。

当获取到一元肥料效应方程时，如果发现拟合曲线单向递增没有拐点，则说明 2 水平施肥量设量过低，反之则说明 2 水平施肥量设置过高，应在后期试验中重新设置 2 水平进行补充试验。获取到任意一种肥料效应方程后均可根据边际产量为 0 的原则求出最高产量及最高施肥量，根据边际收益等于边际成本的原则求出最佳产量施肥量及最佳经济产量。这种方法既可以直接获取最佳养分施用量，也可以为下文中的其他方法提供数据用以计算相关参数。

2. 土壤养分丰缺指标法

土壤养分丰缺指标是通过“3414”不完全实施方案获得。取“3414”方案中的处理 1（N0P0K0），处理 6 为氮磷钾区（N2P2K2），处理 2、4、8 分别为缺氮区、缺磷区、缺钾区，计算收获后产量。将每个试验点各元素的相对产量（相对产量＝缺素区产量/氮磷钾区产量×100％）与对应元素的含量进行回归分析可获得不同元素的相对产量与土壤中该元素含量的效应方程，一般情况下采用对数曲线模型［$y=b\ln(x)+a$；y 为相对产量；x 为土壤养分含量］可取得较好的拟合效果。最后根据该方程分别求出相对产量为 50％、70％、90％时对应的养分含量。最后将相对产量低于 50％的土壤分级为极低，相对产量为 50％～70％的土壤分级为低，相对产量为 70％～90％的土壤分级为中，相对产量高于 90％的土壤分级为高，从而获得相应土壤养分的丰缺指标。当获取到丰缺指标后，可以利用“肥料效应方程”得出的各试验点的最佳施肥量，与对应试验点相应养分的相对产量进行回归分析，得到相对产量与最佳施肥量的函数，最后根据此函数，计算各养分丰缺度分级的临界值对应的最佳施用量，进而确定不同养分丰缺度的土壤推荐施肥量的变化范围。

吴良泉等总结分析 2005—2010 年在全国玉米主产区进行的 6 328 组钾肥肥效试验，发现中国玉米种植区域的 12 个施肥亚区的玉米增产效应，与钾肥用量关系均可利用“线性＋平台模型”很好地拟合。并根据该拟合结果得出不同区域的钾肥最佳用量（以 K_2O 计），变化范围在 30～64 kg/hm^2，加权平均为 54 kg/hm^2。其中华北中北部、南部夏玉米区的钾肥最佳施用量分别为 63 kg/hm^2、64 kg/hm^2。并获得相对产量与土壤养分的函数：$y=11.1\ln(x)+53.9$，进而确定不同产量水平土壤的氮、磷、钾配方与施用量。

河南省土壤肥料站于 2007—2010 年，在全省范围内的潮土、褐土、砂姜黑土、黄褐土等土壤类型上进行土壤养分丰缺指标试验，共设 763 个田间试验点，得出河南省不同土壤有效钾含量与玉米相对产量的效应函数，如表 3-3 所示。

表 3-3 河南省玉米种植中不同土壤有效钾含量与玉米相对产量的效应函数

土壤类型	效应方程	相关系数	样本数
全省	$y=10.364\ln(x)+40.911$	0.486 9	763
潮土	$y=8.299\ln(x)+51.460$	0.399 1	428
褐土	$y=14.216\ln(x)+22.475$	0.655 9	204
黄褐土	$y=14.523\ln(x)+23.736$	0.612 9	65
砂姜黑土	$y=14.227\ln(x)+24.381$	0.637 1	66

并通过求解不同临界相对产量对应的土壤养分含量即可获得各土壤类型、不同土壤养分的丰缺度指标，如表 3-4 所示。不同土壤类型速效钾养分丰缺指标不尽相同，不同自然条件下土壤速效钾养分丰缺指标不能通用。在该研究中由于各试验点中不存在相对产量低于 50%的地块，通过效应函数外推求解误差过大，所以将养分分级的临界相对产量进行了调整。

表 3-4 河南省玉米种植中不同类型土壤及全省速效钾丰缺指标

土壤肥力分级	相对产量（%）	土壤有效钾含量（mg/kg）				
		潮土	褐土	黄褐土	砂姜黑土	全省
极低	≤80	≤31	≤57	≤48	≤50	≤43
低	80～85	31～57	57～81	48～68	50～70	43～70
中	85～90	57～104	81～116	68～96	70～100	70～113
高	90～95	104～190	116～164	96～135	100～143	113～183
极高	>95	>190	>164	>135	>143	>183

3. 目标产量法

目标产量法（又称养分平衡法）是根据作物需肥量与土壤供肥量之差来计算目标产量的施肥量的。其具体实现方法可分为地力差减法与养分校正系数法。目标产量的确定可采用平均单产法来确定。即利用施肥区前三年平均单产和年递增率为基础确定目标产量，其计算公式是：目标产量＝（1＋递增率）×前 3 年平均单产。一般粮食作物的递增率为 10%～15%为宜，露地蔬菜一般为 20%，设施蔬菜为 30%左右。

地力差减法是根据作物目标产量与基础产量之差来计算施肥量的一种方法。其计算公式为：

$$施肥量=\frac{（目标产量-基础产量）\times 单位经济产量养分吸收量}{肥料中养分含量\times 肥料利用率}$$

基础产量为“3414”方案中处理 1 的产量。作物需肥量可通过对正常成熟农作物全株养分的化学分析来确定各种作物 100 kg 经济产量所需养分量，进而确定其目标产量下的养分需求量。

土壤有效养分校正系数法是通过测定土壤有效养分含量来计算施肥量。其计算公式为：

$$施肥量=\frac{目标产量养分需求量-土壤养分供给量}{肥料中养分含量\times肥料利用率}$$

目标产量法的各参数确定均可利用“3414”试验来获取。目标产量的养分需求量可以利用百公斤养分吸收量来确定。土壤供肥量可以通过测定基础产量、土壤有效养分校正系数两种方法进行估算。

（1）基础产量法　不施肥区作物所吸收的养分量作为土壤供肥量。计算公式为：

土壤供肥量（kg）＝［不施养分区农作物产量（kg）］×每千克产量所需养分量

（2）土壤养分校正系数法　将土壤有效养分测定值乘一个校正系数，以表达土壤“真实”供肥量，该系数称为土壤养分校正系数。有研究表明，土壤校正系数受土壤养分含量影响，有显著的相关性，可用一元一次函数进行拟合。其计算方法如下：

$$校正系数（\%）=\frac{缺素区作物地上部分吸收该元素量（kg/hm^2）}{该元素土壤测定值（mg/kg）}\times 100$$

肥料利用率一般通过差减法来计算，利用施肥区作物吸收的养分量减去不施肥区农作物吸收的养分量作为肥料供应的养分量，再除以所用肥料养分量，就是肥料利用率。计算公式如下：

$$肥料利用率（\%）=\frac{\begin{matrix}施肥区农作物吸收\\养分量（kg/hm^2）\end{matrix}-\begin{matrix}缺素区农作物吸收\\养分量（kg/hm^2）\end{matrix}}{肥料施用量（kg/hm^2）\times肥料中养分含量（\%）}\times 100$$

2005—2008年，山东省郯城县农业局根据以上原则在全县5个土类15个试验点上进行了“3414”试验，并获取了百公斤籽粒产量所需养分量、土壤养分校正系数、肥料利用率等参数，现将各试验结果列于表3-5。但应注意，不同肥料品种、不同土壤类型、不同区域所得出的参数不尽相同，不可直接套用。

表3-5　“3414”试验获得的钾肥施用参数

试验地点	100 kg产量吸钾量（kg，K_2O）	土壤钾素校正系数（%）	肥料利用率（%）	肥料品种
山东省郯城县	2.36	67.8	32.6	KCl

4. 养分恒量监控施肥法

该方法的基本原则是根据土壤养分含量水平，以土壤养分不成为实现目标产量限制因子为前提，通过土壤测试和养分平衡监控，使土壤养分含量保持在一定范围内。其基本思路是在确定施用某元素肥料有效的情况下，根据土壤养分测试结果和养分丰缺指标进行分级，当该养分水平处于中等偏上时，可以将目标产量计算的养分携出量（只包括带出田块的收获物）的100%～110%作为当季肥料施用量；随着该养分含量的增加，需要减少该元素的施用量，直至不施；而随着该养分含量的降低，需要适当增加该肥料用量，在该元素极缺的土壤上，可施用养分携出量的150%～200%。在2～4年后再次测土时，根据土壤该养分和产量的变化再对该肥料用量进行调整。因此在确定该元素用量时，需要考虑有机肥和秸秆还田带入的量。

5. 土壤与植株测试推荐施肥法

该方法是在作物的营养临界期或养分最大效率期对作物某部位的养分或其相关指标进行测定，同时对土壤中该元素的含量进行检测，进而确定该作物在这一时期的养分供应是否充足，并根据其含量临界值来实施肥料补充的施肥方法。该技术具有实时监控的特点，特别适合在氮素的实时监控补充中应用。在玉米种植中可以通过对土壤氮含量、玉米最新展开叶叶脉中部的硝酸盐浓度来对玉米该时期的氮素营养进行调控。

6. 基于作物产量反应和农学效率的养分管理和推荐施肥

该推荐施肥方法主要原理是基于改进的 SSNM（site-specific nutrient management）养分管理方法和基于 QUEFTS（quantitative evaluation of the fertility of tropical soils）模型的作物养分需求、土壤基础养分供应、作物产量反应和农学效率等，应用计算机软件技术发展为养分专家系统（nutrient expert for maize），用于区域和田块尺度推荐施肥。该推荐施肥方法在玉米生产上已经进行过大量试验和应用，形成了玉米作物专用的养分专家推荐施肥系统。该系统根据多年多点玉米田间试验产量和养分吸收量进行模拟和矫正，得出玉米种植区一定目标产量下的养分最佳吸收曲线，形成系统数据库。养分专家系统推荐施肥通过氮肥农学效率和估测氮肥响应计算施氮量，从上季磷钾肥施用量和秸秆还田量考虑磷钾素平衡的角度推荐磷钾肥用量。

四、农业技术条件与施肥

农业技术措施与施肥效果关系密切，有一定的优良农业技术配合，才能发挥合理施肥的效果。如合理轮作、灌溉排水、耕作方法技术等。

1. 合理耕作与施肥深耕

合理耕作与施肥深耕的主要目的是加深耕作层和促进土壤熟化，全面改善土壤的水、气、热状况，促进微生物活动，加速土壤养分的有效化，增加有效养分的含量。因此深耕需要与施用有机肥料紧密配合，才能充分发挥深耕的增产效果。中耕可以保墒散墒，调节土壤水、气状况，能增加土壤速效养分含量，促进作物生长发育。在干旱和水土流失严重的地区，实行免耕法，防止土层翻动或过于疏松，可以保墒，防止水土流失，保存肥沃的表土和养料。

2. 合理轮作

不同作物对土壤中营养元素的要求不同，根系深度和吸收能力也各有差异。合理轮作能起到相辅相成、协调利用养分的效果。同时有利于减轻杂草的危害和防治土壤的病虫害。长期连作和不合理轮作会导致土壤养分失调和减少，使作物减产。因此，合理轮作在养地、调节土壤养分供应和提高作物产量方面有良好作用。

3. 灌溉与施肥

水分是作物生长的必需条件，养分溶解在水中，根系吸收养分必须通过水分来进行。土壤是作物吸收水分和养分的场所，土壤中含水量的多少和肥效的发挥有很大关系，水分太少，化学肥料不能溶解，有机肥料没有水分也不能分解，影响到作物对养分的吸收利用。如土壤中水分少而化肥用量多，会使肥料浓度太大而烧伤根系。如水分太多，不仅容易造成养分流失，还会影响土壤的透气性，空气缺乏不利于根部的呼吸，也对作物不利。所以，为了充分发挥肥料的作用，促使作物多吸收养分，必须保持土壤中有适度的水分，一般要求土壤水分为相对含水量的60%～80%（以壤土为例实际含水量为15%～20%），比较适合作物生长。因此，施肥时要注意，在干旱季节应随水施肥，切忌干施。在多雨季要防止养分流失，保持土壤溶液中养分有一定的浓度，并注意控制氮肥的用量。所以水肥配合是获得高产的重要条件之一。缺水，肥料的效果不能充分发挥；缺肥，水的作用受到限制，只有肥、水结合，即施肥与合理灌溉相结合，才能达到提高作物产量的目的。

施肥的增产效果随不同的灌溉方法而不同。一般沟灌、喷灌和滴灌优于漫灌。因为沟灌、喷灌和滴灌，肥料不易随水流失或漏失，肥料的利用率高；若大水漫灌（特别是沙土地施速效化肥）易引起肥料的流失和漏失而降低肥效。有灌溉条件的地区，土壤有机质消耗较快，应增加有机质肥料的施用量；追肥应与灌溉密切结合。其他像除草、防治病虫害等技术措施，都可以提高施肥效果。

总之，合理施肥是一项较复杂的农业技术工作，只有在了解作物生长发育的特性、土壤条件、气候特点、肥料性质的基础上，结合运用合理的农业技术措施，才能充分发挥肥效，既能获得高产，又能培肥地力。

参考文献

陈国平．1994．夏玉米的栽培［M］．北京：农业出版社．

崔彦宏，张桂银，郭景伦，等．1993．高产夏玉米硫的吸收与再分配研究［J］．玉米科学，1（1）：48-52．

崔彦宏，张桂银，郭景伦，等．1994．高产夏玉米钙的吸收与再分配研究［J］．河北农业大学学报（4）：31-35．

甘万祥，高巍，刘红恩，等．2014．锌肥施用量及方式对夏玉米籽粒淀粉含量和产量的影响［J］．华北农学报，29（6）：202-207．

郭庆法．2004．中国玉米栽培学［M］．上海：上海科学技术出版社．

郭世伟，邹春琴，张福锁，等．2001．铁营养状况及不同形态氮素对玉米体内不同铁库铁再利用的影响［J］．土壤学报，38（4）：464-470．

胡昌浩．1995．玉米栽培生理［M］．北京：中国农业出版社．

康勇．2003．科学施肥［M］．兰州：甘肃教育出版社．

李伯航．1986．玉米栽培生物学基础［M］．石家庄：河北科技出版社．

李伯航．1990．黄淮海玉米高产理论与技术［M］．北京：学术书刊出版社．

李芳贤，王金林，李玉兰，等．1999．锌对夏玉米生长发育及产量影响的研究［J］．玉米科学（1）：73-77．

李惠民，王保莉．2008．玉米硫素营养状况及应用研究进展［J］．中国农业科技导报，10（4）：16-21．

梁彦秋，张静．2004．硼在玉米中的分布特征及化学形态的研究［J］．辽宁化工，33（9）：509-511．

刘藏珍．1990．夏玉米锌吸收特点的研究［J］．河北农业大学学报（2）：16-19．

刘建凤，崔彦宏，王荣焕 . 2005. 锰对玉米种子萌发及幼苗生理活性的影响［J］. 植物营养与肥料学报，11（2）：279-281.

茹淑华，张国印，孙世友，等 . 2010. 氮磷钾与锌肥配施对小麦和玉米锌含量的影响［J］. 河北农业科学（9）：46-48.

山东省农业科学院 . 1986. 中国玉米栽培学［M］. 上海：上海科技出版社 .

山东省农业科学院 . 1987. 玉米生理［M］. 北京：农业出版社 .

谭金芳 . 2003. 作物施肥原理与技术［M］. 北京：中国农业大学出版社 .

谭金芳 . 2012. 华北小麦-玉米一体化高效施肥理论与技术［M］. 北京：中国农业大学出版社 .

田士明，王梅芳，张韶华，等 . 1999. 锌锰肥对玉米吸收氮磷钾及干物质积累的影响［J］. 土壤肥料（1）：44-45.

王更新 . 2013. 黄淮流域黄褐土玉米磷钾养分校正系数研究［J］. 中国土壤与肥料（4）：94-96.

王空军，胡昌浩，董树亭 . 2000. 夏玉米硫素吸收与时空分布研究［J］. 作物学报，26（6）：899-904.

王宜伦，韩燕来，张许，等 . 2009. 氮磷钾配比对高产夏玉米产量、养分吸收积累的影响［J］. 玉米科学，17（6）：88-92.

王宜伦，李潮海，何萍，等 . 2010. 超高产夏玉米养分限制因子及养分吸收积累规律研究［J］. 植物营养与肥料学报，16（3）：559-566.

王宜伦，李潮海，谭金芳，等 . 2010. 超高产夏玉米植株氮素积累特征及一次性施肥效果研究［J］. 中国农业科学，43（15）：3151-3158.

王宜伦，李祥剑，张许，等 . 2010. 豫东平原夏玉米平衡施钾效应研究［J］. 河南农业科学（4）：39-42.

王宜伦，刘天学，赵鹏，等 . 2013. 施氮量对超高产夏玉米产量与氮素吸收及土壤硝态氮的影响［J］. 中国农业科学，46（12）：2483-2491.

王忠孝 . 1999. 山东玉米［M］. 北京：中国农业出版社 .

魏孝荣，郝明德，邱莉萍 . 2004. 土壤干旱条件下锰肥对夏玉米光合特性的影响［J］. 植物营养与肥料学报，10（3）：255-258.

吴建国 . 1992. 作物的微量营养与微肥施用［M］. 郑州：河南科学技术出版社 .

吴良泉，武良，崔振岭，等. 2015. 中国玉米区域氮磷钾肥推荐用量及肥料配方研究［J］. 土壤学报，52（4）：802-815.

武金果 . 2014. 河南省玉米土壤有效磷钾丰缺指标研究［J］. 农业科技通讯（4）：153-167.

杨利华，郭丽敏，傅万鑫，等 . 2002. 钼对玉米吸收氮磷钾、籽粒产量和品质及苗期生化指标的影响［J］. 玉米科学，10（2）：87-89.

杨利华，郭丽敏，傅万鑫 . 2003. 玉米施镁对氮磷钾肥料利用率及产量的影响［J］. 中国生态农业学报，11（1）：84-86.

张桂银，崔彦宏，郭景伦，等 . 1994. 高产夏玉米镁的吸收与再分配研究［J］. 河北农业大学学报（1）：18-23.

张月玲，王宜伦，谭金芳，等 . 2012. 氮硅配施对夏玉米抗倒性和产量的影响［J］. 玉米科学，20（4）：122-125.

赵可夫 . 1982. 玉米生理［M］. 济南：山东科技出版社 .

邹春琴，李春俭，张福锁，等 . 1996. 铁和不同形态氮素对玉米植株吸收矿质元素及其在体内分布的影响 Ⅱ. 对铁、锰、铜、锌等营养元素的影响［J］. 植物营养与肥料学报（1）：68-73.

Mozafar，万道坦 . 1990. 硼对玉米矿质养分的影响［J］. 国外农学-杂粮作物（2）：34-39.

第四章

玉米氮素营养与合理施氮技术

第一节 玉米氮素营养特性

一、氮素的生理作用

氮素是玉米需求量最大、质量分数最高的营养元素，作物干体中氮含量占0.3%～5%。氮为玉米结构组成元素，对产量的贡献为40%～50%，是体内蛋白质、核酸、叶绿素、酶、辅酶、辅基、维生素、生物碱、磷脂、玉米激素、酰脲的重要组分之一，其中蛋白质、核酸、磷脂等是组成细胞质、细胞核和生物膜的最基本物质，因此，氮被称为生命元素（图4-1）。

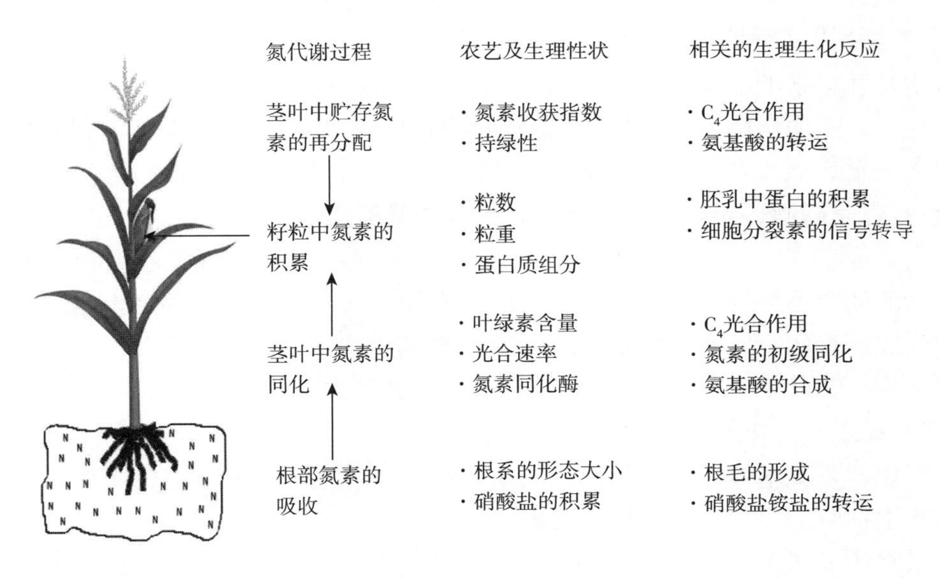

图4-1 玉米氮素利用效率相关的表型、生理生化反应

（王大铭等，2013）

氮素对玉米的生理作用主要表现为以下几个方面。

（一）氮是遗传物质的重要组分

DNA 是遗传物质的主要成分，生物体通过 DNA 复制将遗传信息由亲代传递给子代；再通过 RNA 转录和翻译而使遗传信息在子代得以表达。DNA 和 RNA 主要由戊糖、磷酸和碱基三部分组成，而氮是构成碱基的一种化学元素。

（二）氮是构成蛋白质的主要组分

蛋白质是生命活动的体现者，是生命的物质基础，也是生物体中含量丰富、功能比较复杂的大分子物质。构成生物体的蛋白质主要由 DNA 编码的 20 种氨基酸组成，每个氨基酸都有一个连接 α-碳原子的含氮氨基。通过元素分析得知，氮约为蛋白质总量的 1/6。植物细胞中都含有蛋白质，在生长发育过程中，细胞的增长和分裂，以及新细胞的形成都必须有蛋白质参与。没有氮，就没有蛋白质，生命活动就不能进行。

（三）氮是构成酶的重要组分

酶是植物体内代谢作用的生物催化剂。玉米体内酶、辅酶和辅基如 RAD^{+}、$NADP^{+}$、FAD^{+} 等构成均有氮参与。如果一些酶因为缺氮而形成受到阻碍，许多生理生化活动都要受到影响和抑制，特别是影响与光合作用直接有关的光合酶。有报道，植物叶片中 15%～35%的全氮被分配到 1,5-二磷酸核酮糖羧化酶（Rubisco）中，该酶是决定植物光合效率的关键酶。适宜氮肥用量下，Rubisco 和 PEP 羧化酶活性较强。在一定范围内，玉米光合速率随植物体内氮素营养水平提高而提高，而当植物体内的氮素超过一定临界值后，植物的光合速率有下降趋势。

（四）氮是叶绿素的必要组分

氮素是叶绿素的主要成分，氮素水平影响叶片叶绿素的合成，使叶绿素的质量分数发生变化，从而影响光合作用。在一定范围内玉米叶片的叶绿素含量和光合速率与叶片的含氮量成正比，氮素供应失调或光氮平衡失调将导致光合能力下降。

（五）氮是磷脂、维生素、生物碱和一些激素的组分

磷脂、维生素（如维生素 B、维生素 PP）和某些激素（吲哚乙酸、玉米素）是玉米生命活动中不可缺少的。当植物体内氮素缺乏或者过量时，都会影响这些高分子物质的合成。有研究表明，植物氮素营养与植物体内 ABA 含量呈正相关关系，氮素营养可减少植物叶片中 ABA 水平，维持植物气孔开度，提高植物光合速率和产量。

（六）氮是信号物质一氧化氮的构成元素

一氧化氮是玉米体内重要的信号物质，参与多种生理反应，包括防御反应、激素反应和非生物胁迫等。氮是其构成元素。

氮素营养以硝态氮（$NO_3^- - N$）、铵态氮（$NH_4^+ - N$）和酰胺态氮被玉米吸收，通常以吸收硝态氮为主，吸收方式为主动吸收，受载体作用的控制，要有 H^+ 泵、ATP 酶参与。铵态氮的吸收机制目前还不太清楚。

根系吸收的氮，通过蒸腾作用由木质部输送到地上部器官。玉米吸收的 $NH_4^+ - N$ 绝大部分在根系中同化为氨基酸，并以氨基酸、酰胺形式向上运输。玉米吸收的

NO_3^--N以硝酸根或在根系中同化为氨基酸再向上运输。韧皮部运输的含氮化合物主要是氨基酸。

玉米吸收的NO_3^--N在根或叶细胞中利用光合作用提供的能量或利用糖酵解和三羧酸循环过程提供的能量还原为亚硝态氮，继而还原为氨，这一过程为硝酸盐还原作用。氨在植株体内参与各种代谢物质的生成。

参与玉米氮素吸收同化的酶，主要有硝酸还原酶、蛋白酶、谷氨酸合成酶、谷酰胺合成酶、谷氨酸酶、谷氨酸脱氢酶、谷草转氨酶、谷丙转氨酶等。

二、玉米氮吸收利用特性

（一）氮素的吸收和同化

玉米主要通过根系的根毛区以铵态氮（NH_4^+-N）和硝态氮（NO_3^--N）形式吸收氮素，再在体内进行运输分配，最后在籽粒中累积。根部吸收氮素是一个耗能的过程，由地上部的光合产物通过韧皮部运输到根部为其提供能量来源。地上部光合产物积累越多，对根部的供应也越有利，相应地也就越有利于根系对氮素的吸收。研究发现，玉米叶片中核酮糖二磷酸羧化酶（Rubisco）和PEP羧化酶活性越高，光合能力越强，植株就能合成较多的碳水化合物，从而使根系吸收同化更多的氮素。

玉米吸收NH_4^+-N的主要形式为NH_4^+与H^+的反向运输。根吸收的NH_4^+-N绝大部分立即形成氨基酸，再以氨基酸的形式通过木质部向上运输。玉米吸收NO_3^--N的过程为主动吸收。土壤中的NO_3^-被根部细胞膜上的转运子吸收至植物体内；进入植物体内的NO_3^-被硝酸还原酶还原为NO_2^-，NO_2^-进一步在亚硝酸还原酶的作用下转变为NH_4^+；NH_4^+随后被谷氨酰胺合成酶（GS）和谷氨酸合成酶（GOGAT）初步同化为谷氨酸和谷氨酰胺；谷氨酸/谷氨酰胺再通过转氨作用合成其他氨基酸和酰胺，最终形成可以直接被利用的氮素化合物。玉米吸收的NO_3^--N只有一小部分在根中被还原并同化为氨基酸，大部分随蒸腾作用运送到地上部，主要在叶片中被还原形成氨基酸。玉米从根部吸收NO_3^--N主要依靠硝态氮转运子，目前已知有3个硝态氮转运子家族，分别是NRT1、NRT2和CLC。大多数NRT1家族成员是低亲和性硝态氮转运子，即当土壤中NO_3^-浓度较高时发挥作用，属于组成型硝态氮转运子。NRT2家族成员是高亲和性硝态氮转运子，即当土壤中NO_3^-浓度较低时高效运转，属于诱导型硝态氮转运子。CLC家族成员则主要负责液泡中硝态氮的积累。玉米吸收的酰胺态氮，首先在脲酶的作用下转化为NH_3，再被利用形成氨基酸。形成的氨基酸除一部分直接合成为蛋白质外，主要运送到果穗中参与蛋白质的合成。也有研究发现一些玉米能直接吸收分子态尿素和氨基酸。植物对氨基酸的吸收是一个主动吸收过程，受载体调节，与能量状况有关，受介质中pH和温度的影响，吸收动力学符合米氏方程。玉米除了能从根部吸收氮素外，还能从叶片吸收氮素。叶片吸收的氮素主要通过表皮细胞和气孔两条途径进入玉米叶肉细胞，从而达到被吸收。

（二）氮素的阶段吸收特性

根是玉米吸收氮素的主要器官。根系对氮的吸收在生殖生长前，主要发生在上层土，在吐丝后则被限定在下层土中，甚至在120 cm深度的根系仍保持有吸收能力。

玉米在不同生长发育阶段对氮的吸收不同。玉米从出苗到拔节期吸收氮素绝对量少，吸收速度慢，占总吸收量的1.18%～6.6%，拔节期以后，氮素吸收明显增多，抽丝前后达到高峰，占全生育期累积量的50%～60%，抽丝至籽粒形成期吸收氮素仍较快，累积吸收量占总吸收量的40%～50%，散粉期以后，玉米吸收氮素的速度开始下降。研究表明，抽雄前10 d至抽雄后25～30 d是玉米吸收氮素最多的时期，吸氮量占总氮量的70%～75%。玉米植株整个生育期叶片的氮素积累随生育进程而增加。施氮量与茎鞘干物质积累量以及产量呈抛物线形相关。籽粒灌浆期是玉米籽粒产量形成的重要时期。灌浆期间植物体内氮素水平对籽粒生长发育和源供应能力的维持都具有重要影响。另外，玉米吸收NH_4^+－N和NO_3^-－N的比例在玉米的不同生育阶段表现不同。苗期玉米吸收NH_4^+－N较多，抽雄以后主要吸收NO_3^-－N，吸收量为总吸收量的90%。

玉米氮素营养利用存在基因型差异。高产玉米与低产玉米比较，高产玉米植株吸氮量明显增多，但含氮量却低于低产田的含氮量。不同品种比较，含氮量以高油玉米最高，优质蛋白玉米次之，高淀粉玉米最低。在氮效率差异上，低氮条件下不同玉米品种含氮量差异主要是由于氮素利用效率不同所致，即营养体氮向籽粒氮再转移的不同所致；高氮条件下，氮吸收效率则起主要作用。3种因素影响玉米籽粒产量对氮肥的反应：抽丝期以后的额外吸氮能力、籽粒灌浆速率和灌浆持续期；氮肥影响玉米醇溶蛋白的合成速度。一般认为，氮吸收速度快，吸收持续期长、转运量大是高产蛋白质玉米的生理基础。

（三）氮素产物的积累和分配

1. 氮素产物的积累分配规律

玉米氮素分配具有向生长中心和重要器官转移的特点。具体表现在以下几个方面：

（1）氮素在玉米不同器官的积累和分配状况　玉米在散粉之前，氮素在叶片中分配量最多，占全株的50%以上；其次是分配在茎秆中，其分配量占全株20%左右。散粉以后，玉米进入以生殖生长为主的阶段，氮素的分配中心也开始由茎、叶转向雌穗。有研究表明，玉米籽粒中的氮素大部分（约80%）来源于开花前茎叶中贮存氮素的再分配，只有一少部分来自开花后直接吸收同化的氮素。在灌浆期，氮素在雌穗中的分配量占全株总量的40%左右，之后玉米则以籽粒建成为中心。到完熟期，籽粒中氮素分配占全株总量的60%以上，成为容纳氮素量最多的器官。在完熟期各器官含氮量大小依次是籽粒＞叶片＞雄穗＞茎秆＞叶鞘＞苞轴。在不同肥力水平下，各器官氮的分配比例与上述趋势相同，不同之处在于中低肥力下的营养器官中氮的比例增大，氮吸收高峰有所提前，抽雄期营养器官中氮占吸氮量的80%以上。

（2）不同生育时期各器官的氮素含量　氮素在叶片中的含量生育前期最高，而后下降，至抽雄期下降至低谷，抽雄后上升，至灌溉期达到最高峰，而后又下降，直至成熟期降至最低。氮素在玉米体内的含量的分配状况不同，按照百分比大小顺序为叶片＞茎秆＞叶鞘。不同叶位和生育期趋势相同。

（3）氮在玉米营养器官中的分配状况　按照百分比大小顺序为叶片＞茎秆＞雌穗＞叶鞘。在一生的变化中趋势为单峰曲线，抽雄或灌浆期达到最高峰，这个时期以前是氮素积累时期，其后即为氮素转移时期，植株氮素积累比例是逐渐增加的，成熟期各个器官氮素分配比例是：籽粒＞叶片＞茎秆＞雌穗＞叶鞘。籽粒是玉米氮素积累的主要器官。中低肥力条件下，营养器官中氮占全球比例增多，而且吸收氮素的高峰提前。

2. 氮素产物再分配的影响因素

开花后叶片中蛋白水解酶活性与氮转运及利用效率显著相关，氮素向籽粒的再分配需要首先通过蛋白酶的降解作用，将贮存于茎叶的氮素加以释放，此时蛋白质降解速度大于蛋白质合成速度，茎叶中的氮以游离氨基酸等小分子形式向籽粒中运转。蛋白水解反应主要借助以下三种途径：

第一，叶绿体降解途径。叶片中80%的氮素以蛋白质的形式存在于叶绿体，这部分氮素是向籽粒再分配的主要氮源。Rubisco在叶绿体蛋白中含量最高，是籽粒灌浆期间的主要氮素供应源，其降解反应借助与活性氧分子的互作或由核基因编码的蛋白酶CND41催化。

第二，液泡和自噬小体途径。借助自噬作用，叶绿体中贮存的蛋白可以转移到液泡中，并被液泡表面的肽链内切酶和外切酶水解成氨基酸，随后用于籽粒中氮素的积累，这一过程由ATG基因家族介导。

第三，泛素-26S蛋白酶体途径。靶蛋白在泛素活化酶（E1）、泛素结合酶（E2）和泛素蛋白连接酶（E3）的作用下共价连接上几个泛素分子，然后被26S蛋白酶体识别和降解。以上蛋白降解途径涉及基因都可能直接或间接影响氮素的利用，据报道，编码一种环形E3酶的NLA基因的过量表达可以使植株在氮素缺失的条件下正常生长发育。

当玉米进入衰老期后，根、茎、叶中的细胞结构蛋白被水解成氨基酸，随后被氨基酸通透酶（AAP）转运至韧皮部筛管，这也是积累到籽粒中氮素的主要来源。目前已发现8个AAP基因，其中的AAP1、AAP2、AAP6和AAP8在谷氨酰胺、谷氨酸、天冬酰胺、天门冬氨酸、丝氨酸和丙氨酸等转运至韧皮部的过程中发挥着重要的作用。此外，研究者还发现赖氨酸/组氨酸转运子（LHT）、碱性氨基酸转运子（CAT）、脯氨酸转运子（ProT）、芳香族和中性氨基酸转运子（ANT）、寡肽转运子（OPT）等氨基酸转运子家族在生育后期的氨基酸运输和积累过程中起着关键的作用。

（四）玉米氮代谢相关酶

参与玉米氮素代谢的酶多而复杂，主要有硝酸还原酶、蛋白酶、谷氨酸合成酶、谷酰胺合成酶、谷氨酸酶、谷氨酸脱氢酶、谷草转氨酶、谷丙转氨酶等。

1. 硝酸还原酶（nitrate reductase，NR）

玉米不能固定空气中的 N_2，土壤 NO_3^- 和 NH_4^+ 是其重要的氮来源。因为 NH_4^+ 通常易于被硝酸细菌和亚硝酸细菌氧化成 NO_3^-，所以在土壤无机氮中 NO_3^- 是玉米根系吸收的主要形式。玉米根细胞从土壤吸收 NH_4^+ 后，可直接合成为氨基酸或酰胺。若玉米吸收 NO_3^-，则必须先同化。根系吸收的 NO_3^- 的还原既可在根部发生，也可在地上部发生。

硝酸盐被还原成铵的反应分别由 NR 和亚硝酸还原酶（nitrite reductase，NiR）催化。其中 NR 是这一反应的限速酶。

NR 是一种可溶性的钼黄素蛋白质，在叶肉细胞中存在于细胞质基质中，催化硝酸盐还原为亚硝酸盐，分子量 200 000～500 000。由黄素腺嘌呤二核苷酸（FAD）、细胞色素 b557 和钼复合体（Mo-Co）3 种辅基组成，它们在酶促反应中起电子传递体的作用，电子供体为 NADH（NADPH）。

NR 是一种诱导酶，诱导物是 NO_3^-，光照可促进硝酸盐的还原过程，亚硝酸盐被还原成铵的过程是由叶绿体中的 NiR 催化的。NiR 含有两个亚基，其辅基由一个铁硫原子簇（4F-4S）和一个西罗血红素组成。电子供体为还原的铁氧还蛋白。亚硝酸盐的还原需要 O_2。由于铵是氧化磷酸化和光合磷酸化的解偶联剂，对玉米有毒。还原生成的铵和从外界吸收的铵必须及时进一步同化。

催化铵同化的酶主要有转氨酶、谷氨酸合成酶、谷氨酰胺合成酶、天冬酰胺合成酶、谷氨酸脱氢酶等。这些酶将铵同化为谷氨酸、谷氨酰胺、天冬氨酸和天冬酰胺等氨基酸。其中，谷氨酰胺和天冬酰胺是玉米体内氨的临时贮藏形式，当玉米体内氨多时，氨就形成谷氨酰胺或天冬酰胺，解除游离氨的毒害。谷氨酰胺和天冬酰胺也是玉米体内氮的运输形式。

NiR 催化亚硝酸盐还原为氨。在正常有氧条件下，由 NR 催化形成的亚硝酸盐，很少在玉米体内积累，因为在玉米组织中 NiR 的存在量大。NiR 分子量为 61 000～70 000，它由 2 个亚基组成，其辅基由西罗血红素和一个 4Fe-4S 簇组成。硝酸盐的还原可在根和叶内进行，通常绿色组织中硝酸盐的还原比非绿色组织中更为活跃。

绿叶中硝酸盐的还原是在细胞质中进行的，当硝酸盐被细胞吸收后，细胞质中的硝酸还原酶就利用 NADH 供氢体将硝酸还原为亚硝酸，而 NADH 是叶绿体中生成的苹果酸经双羧酸运转器，运送到细胞质，再由苹果酸脱氢酶催化生成的。NO_3^- 还原形成 NO_2^- 后被运到叶绿体，叶绿体内存在的 NiR 利用光合链提供的还原型 Fd 作电子供体将 NO_2^- 还原为 NH_4^+。硝酸盐在根中的还原与叶中基本相同，即硝酸盐通过硝酸运转器进入细胞质，被 NR 还原为 NO_2^-，但电子供体 NADH 来源于糖酵解。形成的 NO_2^- 在前质体被 NiR 还原为 NH_4^+。长期以来对根中存在的 NiR 的电子供体不清楚，但最近已从许多植物根中发现了类似 Fd 的非血红素铁蛋白或 Fd-NADP 还原酶。

硝酸盐在根部及叶内还原所占的比例受多种因素影响，包括硝酸盐供应水平、玉米种类等。一般说来，外部供应硝酸盐水平低时，则根中硝酸盐的还原比例大。玉米根的硝酸还原能力很强。此外，根中硝酸盐的还原比例还随着温度和玉米生育期的延长而增大。通常白天硝酸还原速度显著较夜间为快，这是因为白天光合作用产生的还原力能促进硝酸盐的还原。

NR作为NO_3^-同化过程中的第一个关键酶，对作物的光合、呼吸及C素代谢有着重要的影响，玉米幼苗中可提取的NR受从地下部到地上部的硝酸盐含量的影响比受叶片的硝酸盐含量影响更大。不同生育时期NR活性显著不同，在整个生育期内呈单峰曲线变化，其中拔节期最强，抽雄期急剧降低。不同生育时期NR活性与产量表现出不同程度的正相关，其中拔节期这种相关性最为密切。有研究显示，氮肥不同比例分期施用处理下的玉米叶片中NR活性在整个生育期内呈单峰曲线变化，在孕穗期最高，玉米根系中NR活性在大喇叭口期和灌浆期有两个高峰。一般而言，NR活性高，籽粒蛋白质含量亦高。

植物体内NR活性的高低直接影响土壤中氮素的利用。在一定范围内，玉米NR活性与施肥量呈正相关。叶片和根系中的NR活性随氮肥在各生育时期的分配比例而发生相应变化。生育前期氮肥施用比例大的玉米植株，在生育后期脱肥而影响C、N代谢，容易发生早衰；在生育后期氮肥施用比例大的处理，玉米叶片和根系中的NR含量均较高，决定了NO_3^--N较高的代谢速度，保障了生育后期C、N代谢的高效进行。增加种植密度，玉米NR活性降低，但与产量的相关性却更加显著。

2. 谷氨酰胺合成酶（glutamine synthetase，GS）

大多数玉米虽能吸收NH_4^+，但在一般田间条件下，NO_3^-是玉米吸收的主要形式。NO_3^-进入细胞后，就被NR和NiR还原成NH_3。玉米从土壤中吸收铵，或由硝酸盐还原成铵后立即被同化为氨基酸。NH_3的同化在根和叶部进行，已确定在所有的玉米组织中，NH_3同化是通过谷氨酸合成酶循环进行的。在这个循环中有两种重要的酶参与催化作用，它们分别是GS和谷氨酸合成酶（glutamate synthetase，GOGAT）。GS普遍存在于各种玉米的所有组织中。它对NH_3有很高的亲和力，其Km为10^{-5}～10^{-4} mol/L。因此，能防止NH_3累积而造成的毒害。

3. 谷氨肽胺合成酶

谷氨肽胺合成酶是参与氨同化和谷氨肽胺形成的关键酶。谷氨肽胺合成酶同工酶因植物种属的不同，乃至同一植物的不同器官而呈现种类和空间分布的差异，故谷氨肽胺合成酶同工酶在植物氮代谢中起着非重叠的作用。在植物叶片中，存在两种谷氨肽胺合成酶同工酶，一种定位于细胞质部分，称为胞液（胞质）型谷氨肽胺合成酶（谷氨肽胺合成酶Ⅰ）；另一种定位于叶绿体部分，称叶绿体型谷氨肽胺合成酶（谷氨肽胺合成酶Ⅱ）。谷氨肽胺合成酶Ⅰ的功能是参与在种子萌发时贮存氮源的转运，在叶片衰老时氮源的转移再利用。谷氨肽胺合成酶Ⅱ的功能是参与光呼吸氨、还原氨（初级氮）、循环氮的再同化。

4. 谷氨酸合成酶（GOGAT）

GOGAT也有两种，一种是以NADH作为电子供体的NADH-GOGAT，另一种则是以铁氧还蛋白作为供体的 Fd－GOGAT。后者在植物叶片中处于主导地位，占全部 GOGAT 活性的 95％。

5. 蛋白酶

就籽粒氨的积累而言，叶片中蛋白酶的活性比叶片中 NR 的活性显得更为重要。叶片中蛋白质含量在衰老过程中减少，在生长后期会逐渐转移用于籽粒蛋白质的合成，但必须在蛋白水解酶作用下分解为氨基酸、酰胺等小分子物质才能在植物体内运输。

（五）氮素形态对氮代谢的影响

NH_4^+－N 和 NO_3^-－N 为植物氮素营养的重要形态，玉米对二者吸收的相对比例取决于植株的生育期，生育前期以吸收 NH_4^+－N 为主，后期以吸收 NO_3^-－N 为主，在成熟植株中 NO_3^-－N 的吸收总量占 90％。也有研究者认为营养生长期间植株的含氮量不因氮素形态而产生诱导差异，后期施混合氮（NO_3^-－NH_4^+）则可诱导生殖潜力的增加。供给不同形态氮素，所产生的效果是不同的（表 4-1）。供给高水平 NO_3^- 可提高植物有机酸的水平，形成更大的生长量和产量，相比之下，供应高水平 NH_4^+，将会加快碳水化合物（主要指淀粉不是糖分）的消耗，最终可获得更高的生物产量，施用 NO_3^- 和混合型氮的效果比单一施用 NO_3^-－N 或单一施用 NH_4^+－N 的效果更好，产量更高。

表 4-1　不同形态氮素配比对玉米的吸氮量及氮素利用率的影响

（高志等，2005）

处理	植株含氮量 N（g/kg）		植株总吸氮量（mg/钵）		氮素肥料利用率（%）	
	黑土	潮土	黑土	潮土	黑土	潮土
CK	18.8c	18.4b	23.94f	14.89f	—	—
N1	28.1a	36.5a	86.02c	67.77c	31.0	26.4
N2	25.7b	36.2a	70.77e	53.29e	23.4	19.2
N3	27.4ab	36.9a	75.06 d	61.49cd	25.6	23.3
N4	37.9a	38.9a	102.07a	74.98b	39.4	30.0
N5	36.8a	39.4a	98.20b	80.43a	37.1	32.8

注：N1、N2、N3、N4 和 N5 分别为 100％酰胺态氮、75％铵态氮＋25％酰胺态氮、50％铵态氮＋50％酰胺态氮、50％铵态氮＋50％硝态氮、35％铵态氮＋65％酰胺态氮。

第二节　玉米常用氮肥种类

氮肥是指以供应氮素营养为主要成分的化肥。根据养分释放特性可分为速效氮肥和缓释氮肥；根据酸碱性分为酸性肥料（包括化学酸性氮肥和生理酸性氮肥）、碱性肥料（包括化学碱性氮肥和生理碱性氮肥）和中性肥料。根据氮素形态可划分为铵态氮肥、硝态氮肥、酰胺态氮肥等，包括液氨、氨水、碳酸氢铵、硫酸铵、氯化铵、尿素、硝酸铵等。

一、铵态氮肥

凡氮肥中氮素以 NH_4^+ 或 NH_3 形态存在的均属此类，包括液氨、氨水、碳酸氢铵、硫酸铵、氯化铵等。其中根据铵的结合稳定程度不同，又可分为挥发性氮肥和稳定性氮肥，前者有液氨、氨水和碳酸氢铵，后者有硫酸铵和氯化铵等。

（一）液氨

1. 产品特点

液氨由合成氨直接加压制成，分子式是 NH_3，沸点低，在常温常压时呈气体状态。含氮（N）80%左右，是含氮量最高的氮肥。相对其他氮肥品种，肥效好、成本低、对土壤无害。

2. 施用技术

液体氨施入土壤后很快汽化，大部分溶于土壤溶液中，只有少量被土壤胶体吸附。尤其在沙质土壤上施用或土壤含水量较低时，氨更易挥发损失，因此施肥深度不应低于 15 cm。液体氨入土后肥效较长，可以提前施肥。但液体氨施用必须有耐高压的容器、槽车或钢瓶及相应的施肥机械，这在我国目前大多数地区还很难做到。

（二）氨水

1. 产品特点

氨水为无色透明或微带黄色的液体，工业副产品的氨水因含有多种杂质而有不同的颜色。化学分子式为 $NH_3 \cdot H_2O$ 及 NH_4OH，含氮（N）12%～16%。氨水在水中呈不稳定的结合状态，大部分以氨的水溶液存在，只有少量的氨与水中的氢离子结合成 NH_4^+，状态不稳定，在浓度大、温度高时更易挥发，对人有强烈的刺激性。

2. 施用技术

合理施用氨水的基本要求是深施入土。入土的深度因不同土壤质地而稍有差异，沙壤土因为氨挥发损失多，所以要求深些，一般在 10 cm 以下；黏质土壤一般深施至 7～8 cm。此外，氨水因为呈碱性，对金属有很强的腐蚀性，所以要求盛放氨水的容器应具有防腐蚀性能，如橡胶袋、柴油桶和陶制坛罐等，还要注意密封，防止渗漏。

（三）碳酸氢铵

1. 产品特点

碳酸氢铵简称碳铵，含氮（N）17%左右，分子式是 NH_4HCO_3。为白色或灰白色细小结晶体，以粉状存在，有强烈的刺激性气味。碳铵的水溶性很好，施入土壤中很容易分解且易被作物吸收，属于速效氮肥。价格较低，曾是很受农民欢迎的氮肥。然而，碳铵当季作物利用率只有 25%左右，其损失主要是由铵分解和氨气的挥发造成的。玉米种植中应深施入土。

2. 施用技术

（1）不离土、不离水和先肥土、后肥苗的施肥原则　把碳铵深施入土，使其不离水土，土粒吸持并不断对作物供肥。深施的方法很多，如作基肥的铺底深施、全层深施、分层深施，作追肥的沟施和穴施等。其中结合耕耙作业将碳铵作基肥深施，比较方便并且工效高，肥效稳定且好，推广面积最大。玉米作追肥深施，效果也较好，但须注意适宜用量，防止烧苗，有时须结合灌水，才能充分发挥其肥效。

（2）避开高温季节和高温时期的施肥原则　碳铵的挥发损失与温度、时间、空气、湿度、暴露面积密切相关。碳铵含水量越多与空气接触面越大（如散装堆放或包装袋不好）、空气湿度和温度越高，挥发作用越大，其氮素损失越快。碳铵尽量在气温低于20℃的季节施用，一天中尽量选在早、晚气温较低时施用，方可明显减少施用时的分解挥发，提高肥效。此外，提倡碳铵与其他氮肥品种搭配施用，例如将碳铵作基肥，用于低温季节，尿素、硫铵作追肥，用于高温季节。碳铵包装要结实，防止塑料袋破损和受潮；库房要通风，不漏水，地面要干燥。

（四）硫酸铵

1. 产品特点

硫酸铵简称硫铵，分子式为（$(NH_4)_2SO_4$），含氮（N）20%～21%；白色或淡黄色晶体，易溶于水，其溶液呈弱酸反应，硫酸铵吸湿性弱，但结块后很难打碎。长期施用硫酸铵会在土壤中残留较多的硫酸根离子，是一种典型的生理酸性肥料。

2. 施用技术

硫酸根在酸性土壤中会增加其酸度，在碱性土壤中与钙离子生成难溶的硫酸钙即石膏，引起土壤板结，因此施用硫酸铵时需要配施有机肥或轮换氮肥品种，在酸性土壤中还可配施石灰。硫酸铵的氮肥利用率相对较低，在石灰性土壤中与碳酸钙起作用生成氨气易跑掉；在中性和酸性土壤中，如果硫酸铵施在通气较好的表层，NH_4^+-N易经硝化作用而转化成NO_3^--N，进入深层后因缺氧又经反硝化作用生成N_2和氧化氮气体挥发到空气中。所以硫酸铵施用时一定要深施。此外，硫酸铵不宜长期露天存放，因长期堆积或受潮后容易结块，而且也会腐蚀包装造成散落。在阳光下暴晒，还会造成铵分解生成氨气而挥发损失掉。

（五）氯化铵

1. 产品特点

氯化铵简称氯铵，分子式为NH_4Cl，含氮（N）24%～25%，为白色或微黄色的晶体，物理性状较好，吸湿性比硫酸铵稍强，结块后易碎。氯化铵易溶解呈微酸性，施用后作物对NH_4^+吸收较多，有氯离子（Cl^-）残留于土壤中，是生理酸性肥料。

2. 施用技术

氯化铵能使土壤中两价、三价盐基形成可溶物，增加土壤盐基的流动性随水下渗，也可增加土壤溶液的浓度，因此不宜用做种肥，适宜做基肥和追肥。氯化铵残留的Cl^-与土壤中Ca^{2+}结合形成氯化钙，其溶解度较大，易随雨水或灌溉水排走。所以，在具备一定排灌条件时，氯化铵在酸性和石灰性土壤中均适用，但施肥后应及时灌水，使氯离子淋洗到土壤下层，在酸性土壤中施用氯化铵还需配合施用石灰，但不能同时混施，以免引起氨的挥发损失。在盐碱地中不宜施用氯化铵，在同一地块上不能连续大量施用氯化铵，提倡和其他氮肥配合施用，对含 Cl^- 较多的盐土要避免施用。

二、硝态氮肥

凡氮肥中氮素以硝酸根（NO_3^-）形态存在的均属此类，包括硝酸钠、硝酸钙、硝酸铵钙、硫硝酸铵等。

（一）硝酸钠

1. 产品特点

硝酸钠又名智利硝石，化学式为 $NaNO_3$，白色或浅灰色结晶，易溶于水，100℃时溶解度为96％，20℃时临界吸湿点为相对湿度74.7％，比硝酸铵稳定，分子中含有27％的钠，在作物较多吸收硝酸根离子（NO_3^-）后残留土壤，是一种生理碱性氮肥。

2. 施用技术

施用硝酸钠会使局部土壤 pH 上升，连续施用时钠离子（Na^+）还可能影响土质。施用硝酸钠时须注意防止 NO_3^- 流失以及 Na^+ 的副作用，注意与其他氮肥及钙质肥料搭配施用。

（二）硝酸钙

1. 产品特点

硝酸钙化学式为 $Ca(NO_3)_2$，含氮（N）13％～15％，纯净硝酸钙是白色细结晶，肥料级硝酸钙是一种灰色或淡黄色颗粒。硝酸钙极易吸湿，20℃时吸湿点为相对湿度54.8％，易在空气中潮解自溶。易溶于水，水溶液呈酸性。硝酸钙对热稳定，只在高温（561℃）下分解。

2. 施用技术

硝酸钙在与土壤作用及被作物吸收的过程中，表现弱的生理碱性，但由于含有充足的 Ca^{2+} 而不致引起副作用，适用于多种土壤和作物；施用硝酸钙应主要避免 NO_3^- 的流失，同时它的含氮量低，可与其他高浓度且稳定的氮肥（如尿素）搭配使用。

三、酰胺态氮肥

酰胺态氮肥指肥料养分标明量为酰胺形态（$CO-NH_2$）的氮肥，包括尿素及其衍生物（如脲甲醛、脲异丁醛、草酰胺等）。其中尿素是目前农业生产中最为普遍施用的单质氮肥品种。

（一）尿素

1. 产品特点

尿素化学名称叫碳酰二胺，分子式为 $CO(NH_2)_2$，含氮（N）42％～46％。普通的尿素为白色针状或棱柱状结晶，无味、无臭，是一种中性肥料。尿素在常温（气温

10～20℃）下吸湿性弱，但当气温升高时，相对湿度增大时或是与颗粒状普通过磷酸钙和磷酸二铵接触，湿性随之增加，很容易潮解。长期贮存会造成尿素结块。

2. 施用技术

尿素属中性肥料，广泛用于各种土壤和多种作物，长期施用，不会使土壤变坏，当氮素被吸收以后，剩余的碳酸根仍可以促使不易水溶的其他元素溶解，成为有效成分。与铵态氮肥相比肥效比较慢，因此尿素作追肥用要提前施。尿素施入土壤后的转化产物是碳酸铵和碳酸氢铵，因此说尿素的农业化学性状与碳铵相似，它同样也会出现氨挥发损失的现象。此外，尿素在造粒过程中温度过高时往往会产生少量的缩二脲，该物质对作物有害，其含量超过1%时不能做种肥、苗肥和叶面肥，其他施用期的尿素用量也应该避免过多或过于集中，如果控制不严会造成利用率低，严重时烧苗进而污染环境。

（二）脲甲醛

1. 产品特点

脲甲醛又称脲醛肥料，由尿素与甲醛缩合而成，为白色、无色粉末或颗粒状。根据尿素与甲醛的摩尔比不同，可以制成不同缩合度（释放期）的脲醛肥料，是第一个商品化的缓释肥料。其全氮（N）含量大约38%。具有可控、高效、环保等优点，可根据作物的需肥规律，通过调节添加剂多少的方式设计并生产不同释放期的缓释肥料，大大减少养分的损失，提高肥料利用率；并且包壳可完全生物降解，对环境友好。脲甲醛物理性能好，可制成产品，加工配制成掺混肥、团粒肥。

2. 施用技术

脲甲醛在土壤中释放慢，可减少氮的挥发、淋失和固定；在集约化农业生产中，可一次大量施用不致引起烧苗，即使在沙质土壤和多雨地区也不会造成氮素损失，保持后效。同时较常规施肥可减少用量，节肥、节约劳动力。但是只适合作基肥施用，还需要配合适量速效氮肥施用，肥效才好。否则，作物前期会出现供氮不足的现象，而难以达到高产目标，在有些情况下要酌情追施硫酸铵、尿素。

四、氰氨态氮肥（石灰氮）

氰氨态氮肥，是指氮素形态以氰氨形态存在的氮肥。氰氨化钙（又称石灰氮）属于这种形态的氮肥。

1. 产品特点

石灰氮 $CaCN_2$，学名为氰氨化钙，是一种有机氮肥。含氮（N）20%～22%，含氧化钙（CaO）20%～28%，含游离碳（C）9%～12%，其他杂质3%～5%（$CaC_2<$2%）。石灰氮不溶于水，吸湿性较好，一旦在潮湿气候下吸湿，会使其结块硬化，体积增大，引起变质，故石灰氮也要注意防潮防水。

2. 施用技术

石灰氮较适用于酸性和中性土壤，石灰氮施入土壤后的降解过程较复杂，变成有效态氮所需的时间较长，其基本反应是在一定温湿条件下加水分解，经酸性氰氨化钙，游离氰氨而至尿素，然后按尿素的水解方式在土壤中变成氨态氮被作物利用。由于降解过程中会产生少量双氰氨，石灰氮直接施用时只能做基肥，并须在播种或移栽前提前施用，以防其有毒的中间产物毒害幼苗幼根。石灰氮也可预先与土杂肥一起堆腐，充分分解后施用，但可能会损失一部分氮素。石灰氮不宜做种肥和追肥。施用石灰氮时要注意对操作人员面部和手的防护。石灰氮除了可以用作肥料，还可用作除莠剂、杀虫剂、杀菌剂、脱叶剂及在血吸虫防治上作杀灭剂等使用。

五、有机态氮肥（氨基酸态氮肥）

1. 产品特点

氨基酸态氮肥属有机氮源，含有的氨基酸可以为植物各个器官直接吸收，作为基肥使用后短期内即可观察到明显效果，特别是能促使植物苗期分蘖增加、叶色变绿，根系健壮。由于复合氨基酸具有较强的活性和理化性能，因此氨基酸态氮肥不结块，长期存放后也可施用，避免了肥料因结块给农民施用带来的烦恼，而且，氨基酸态氮肥施用后还能熟化土壤。

2. 施用技术

氨基酸态氮肥一般作为基肥施用，被作物吸收后，不仅能补充氮素营养，还能强化玉米生理生化功能，使其自身活力增强，抗旱、抗病虫害，抗倒伏性能提高，从而实现稳产高产。此外，氨基酸具有强有力的螯合作用，可以和微量元素配合叶面施用，提高肥料利用率。

六、复合态氮肥

合理利用不同形态氮的协同增效作用，能够有效控制氮素的损失，营造良好的氮素营养环境，增强作物对氮素的吸收利用，极大地提高了氮素利用率。目前国际上不同形态氮素组合的氮肥应用非常广泛，主要品种有硝酸铵、尿素-硝酸铵溶液等。

（一）硝酸铵

1. 产品特点

硝酸铵简称硝铵，分子式为 NH_4NO_3，含氮（N）34%～35%，其中 NO_3^--N 和 NH_4^+-N 约各占一半。目前生产的硝酸铵有两种，一种是白色粉状结晶，另一种是白色或浅黄色颗粒。硝酸铵吸湿性强，易结块、潮解，发生“出水”现象。易溶于水，呈弱酸性反应。硝酸铵在土壤中无残留物，两种形态的氮均能被作物吸收，是生理中性肥料。

2. 施用技术

硝酸铵中 NO_3^--N 不被土壤吸附，易随水淋失，在土壤缺氧时还易产生反硝化作用，因而在旱地上施用往往好于水田。在施用过程中，需要注意的是，硝酸铵与易被氧化的金属粉末混在一起，经剧烈摩擦、冲击能引起爆炸。所以结块的硝酸铵不能用铁锤敲打，但可用木棒打碎。

（二）尿素-硝酸铵溶液

1. 产品特点

尿素-硝酸铵溶液（urea ammonium nitrate solution，UAN）是以合成氨与硝酸中和形成的硝酸铵溶液、尿素溶液为原料按比例加工而成的水溶肥料。其硝态氮含量6.5%～7.5%，铵态氮含量6.5%～7.5%，酰胺态氮含量14%～17%，一般分3个等级，即含氮28%、30%和32%。相对于传统固体氮肥，尿素-硝酸铵溶液含3种形态氮，产品稳定、杂质少、腐蚀性低，有利于植物高效吸收和土壤氮素循环。

2. 施肥技术

尿素-硝酸铵溶液产品偏中性，不会导致土壤酸化，施用上可配合喷雾器或灌溉系统施用，可少量多次，环境污染胁迫小；且具有很好的兼容性、复配性，可与非碱性助剂、化学农药及肥料混合施用。

第三节　氮肥对玉米品质与产量的影响

一、氮肥对玉米品质的影响

玉米籽粒品质，尤其是营养品质主要与含氮化合物有关，主要包括蛋白质、氨基酸、油脂、淀粉和维生素等营养成分。

蛋白质作为氮素代谢的终极产物，与玉米籽粒品质呈正相关关系。在籽粒发育过程中，蛋白质合成主要由来自转入的氨基酸，但籽粒中也存在先由C骨架合成氨基酸，再由氨基酸立即合成蛋白质。蛋白质合成过程受品种自身遗传特性及环境因素的影响，栽培管理措施可调控玉米品质。

在一定范围内，增加氮肥施用量，能增加籽粒中蛋白质含量。每公顷施氮量在0～180 kg范围内，施氮量（kg）与籽粒中蛋白质含量（%）的关系为：①施用有机态氮肥时，$y=8.7+0.013N$（$R^2=0.28^{**}$）；②施用无机态氮肥时，$y=7.4+0.021N$（$R^2=0.41^{**}$）。施氮量与籽粒产量和蛋白质产量呈二次曲线关系，籽粒最高蛋白质产量施氮量（N）高于其最高产量施氮量（N），一般多30～60 kg N/hm^2。获得最高产量后是否还需要追加氮肥以获得最高的蛋白质含量，由产品的用途、氮肥的成本和增加蛋白质产量的价值间的关系而定。

一般认为，干旱地区在播种时或在开花前施氮，对籽粒蛋白质含量有显著增加，而对产量的作用则随施肥期的推迟而减少，如果推迟到抽穗后，只能提高籽粒蛋白质含量，对产量的反应则不明显。干物质和氮素从营养器官向籽粒中的运转是决定籽粒蛋白质含量的重要因素。营养器官可溶性糖与氮素转运量的比值与籽粒蛋白质含量呈负相关。玉米吐丝后14 d籽粒蛋白质积累速度较低，从吐丝后21 d起积累速度呈上升趋势，达到高峰期后逐渐下降，积累高峰因品种和氮素水平而异。在玉米生理成熟期粗蛋白相对含量有所下降，但由于籽粒产量的增加，使单位面积收获的蛋白产量仍有提高，因此适时收获不仅可以提高玉米产量，还可以改善玉米品质。

施氮肥虽然增加了籽粒中粗蛋白的含量，但是对不同种类蛋白质的影响程度不同。玉米籽粒清蛋白和球蛋白含量不易受氮肥影响，而醇溶蛋白含量及比例则随施氮量增加而明显增加。也有研究表明，适量增施氮肥能显著增加谷醇比和降低醇溶蛋白比例，有利于蛋白质品质的改善，而氮肥过多则使籽粒蛋白质品质变劣。追施氮肥也能降低蛋白质中赖氨酸、苏氨酸、半胱氨酸所占比例，降低了蛋白质的营养价值。不同玉米品种氮的吸收、转化和利用效率不同，高蛋白品种具有更高的氨转化率。

研究认为，一定范围内施氮能增加玉米籽粒氨基酸总量，而对氨基酸组分的影响却存在一定分歧。有报道，增施氮肥显著降低了色氨酸、赖氨酸和苏氨酸的含量，提高了苯丙氨酸、亮氨酸的含量，而对缬氨酸、蛋氨酸和异亮氨酸的影响不大。在非必需氨基酸中，甘氨酸和精氨酸含量显著降低，丙氨酸、酪氨酸和谷氨酸含量显著提高，对其他种类氨基酸影响不显著。氮素对氨基酸组分的改变因玉米品种而异，增施氮素主要提高了掖单 22 的蛋氨酸、异亮氨酸、亮氨酸等必需氨基酸的含量，高油 115 则最主要通过亮氨酸、异亮氨酸、苯丙氨酸含量的提高而提高了必需氨基酸的含量。氮肥施用方式也影响玉米氨基酸含量。氮肥和有机肥相配合，使夏玉米氨基酸总量比无肥对照提高 41.92%。玉米籽粒游离氨基酸含量还受氮肥类型的影响，因品种及施氮水平不同而表现有差异。农大 108 施普通尿素降幅最大，郑单 958 施普通尿素与包膜尿素时有所提高，施复合肥时下降。有研究显示，施氮肥可增加籽粒中游离氨基酸和蛋白质的总量，但品质却有所下降。

适量施氮还能增加高油玉米油分、亚油酸和油酸含量，有利于脂肪酸品质的改善。玉米籽粒成熟过程中氮素供应的多少影响籽粒中淀粉含量。在一定范围内，随施氮量增加 ADPG 焦磷酸化酶活性增强，而 ADPG 焦磷酸化酶主要催化淀粉合成时葡萄糖的供体 ADPG 的形成，促进淀粉前体物质的合成，使淀粉含量增加；而氮肥过量或不足均影响淀粉前体物质的合成，从而影响淀粉含量。另外，施氮肥还可以增大普通玉米品种籽粒容重，降低籽粒的易碎性，使之更适于机械化收获、脱粒、烘干等生产环节，降低籽粒破碎率，提高玉米籽粒的商品等级。

二、氮肥对玉米产量的影响

氮肥影响玉米产量的生理基础在于不同的氮肥用量与施肥时期影响了植株碳氮代谢水平，而碳氮代谢水平会进一步影响植株生育进程和物质生产力，进而影响产量形成。

（一）施氮量的影响

玉米产量对氮肥敏感，施氮增产效果明显。玉米产量随施氮量的增加籽粒产量呈单峰曲线变化。适宜的氮肥用量可调控玉米籽粒灌浆进程。施氮量为 180 kg/hm^2 时，玉米顶部籽粒酸性蔗糖转化酶、中性蔗糖转化酶、蔗糖合成酶、腺苷二磷酸葡萄糖焦磷酸化酶、淀粉合成酶活性在授粉后 5～20 d 均处于较高水平，改善了顶部籽粒的蔗糖利用能力和淀粉合成能力，可溶性糖含量、全氮含量及淀粉的积累均处于较高水平，促进了顶部籽粒的发育，产量增加。玉米产量构成因素包括单位面积穗数、每穗粒数和百粒重。氮肥主要通过影响穗粒数和百粒重来影响玉米产量。

在一定范围内，随施氮量增加玉米每穗粒数、穗粒重增加，从而使产量增加。氮素缺乏对穗粒数的影响主要体现在降低受精率，增加籽粒败育，对籽粒潜在数目影响不大；但也有人认为，氮素缺乏对小穗小花分化有影响。吐丝前增加供氮水平可提高果穗顶部花丝细胞分裂速率，促进顶部花丝抽出。追氮量与玉米灌浆和产量构成因素存在显著的相关，随追氮量增加，平均灌浆速率、最大灌浆速率增大，百粒重增大；每穗粒数在追施尿素量小于 231.75 kg/hm^2 时，随追施尿素量增加而增加，反之减少。氮素作为同化物直接参与玉米籽粒中蛋白质的合成，氮肥不足或过量都影响顶部籽粒发育，使败育率增加，产量下降。氮素在玉米生殖生长阶段具有增强籽粒被利用碳素的作用。当施入氮肥超过一定限值时玉米产量下降，其主要原因是吸收的氮素用于合成蛋白质等含氮化合物，使碳水化合物过度消耗的结果。随着氮肥施用量的增加，玉米果穗长度和直径均呈先增加后减少的趋势。

（二）施肥时期的影响

施氮时期会对玉米产量造成一定影响。苗期施氮可有效减少秃尖；苗期和拔节期施氮可明显增加穗粒数；拔节期、孕穗期和灌浆期施氮对千粒重影响较大。综合来看，孕穗期和拔节期施氮对玉米产量形成的效果最好。施氮时期对玉米产量的影响取决于玉米不同时期生长中心的不同。播前氮素水平能改变出苗到果穗形成时间，还能改变果穗形成阶段的持续时间。此外，施肥时期对玉米不同部位的影响也不同。茎节对施肥时期的反应要小于叶片和叶鞘。对单株干物质积累影响最大的是穗肥，其次是拔节肥。底肥和苗肥对叶片和叶鞘的作用较大，拔节肥的作用平均，穗肥和粒肥由于前期肥少，导致后期营养体较小，但穗肥、粒肥对籽粒增重的影响较大，能有效促进生长后期干物质向籽粒中转移。

玉米不同时期氮素分配对产量也有一定的影响。氮肥的分次施用可以提高氮肥的利用率和玉米产量，在高产条件下，分次施氮且适当增加花粒肥施入比例可以提高氮代谢相关酶活性，延缓植株衰老，促进氮素吸收利用，进而提高籽粒产量。氮肥施用比例为 1/4 基肥、1/4 苗肥、1/2 穗肥较为合理，能最大限度地提高玉米产量，在不增加投入的条件下提高经济效益。在 360 kg/hm^2 施氮量下，玉米品种登海 661 拔节期、大口期、灌浆期按 2：4：4 和郑单 958 基肥、拔节期、大口期、灌浆期按 1：2：5：2 施肥，产量可达 14 000 kg/hm^2 以上。密植性玉米郑单 958 以氮肥作底肥和拔节期追施分期施用效果最佳，而稀植型玉米郑单 21 则以氮肥作基肥一次施用的效果最佳。为防止多雨年份氮素的损失，可以将氮肥追施推迟，甚至推迟至灌浆期仍然有增产作用。

三、氮肥对玉米形态的影响

（一）对根系的影响

氮主要以固体形式施入土壤，因此，根是最先受到氮肥影响的器官。在氮素供应不足的条件下，苗期根系形态直接与氮效率相关，相对较多的光合产物被根系利用，形成较大的根系，这主要是作物通过增加根系吸收面积来吸收更多的氮素。在氮素供应充足的条件下，高产品种的根系长度和根表面积较大，较大的根系有利于减少氮素在深层土壤的积累和不必要的损失。高量施肥时，根系的生长量降低，根系向深层穿插的能力及其对深层养分、水分利用的能力下降。氮素营养还能改善根系呼吸强度，土壤缺水条件下，高氮水平根系的呼吸强度高于低氮水平。

研究发现，施氮后对根的生长有局部刺激作用。局部根系供应氮素时，与低养分条件相比，高养分供应能够促进根系的生长，这种对根系生长的促进作用可以通过分根试验来证明。局部供 NO_3^- 能够使侧根的数目和根长增加，使得在养分富集的区域根系聚集，提高了根系吸收养分的潜力，因而能够提高养分利用效率。主要原因是根系代谢活性得以提高，并且增加了同化物向供 NO_3^- - N 部分根系的分配，且这种现象存在基因型差异。吐丝期根系长度对施用氮肥反应明显，此时期根系的最大程度出现在中等施氮量的处理；施氮量从 56 kg/hm^2 到 140 kg/hm^2，表层根的长度增加，表明增施氮肥会对施肥区域附近的根长有刺激作用；但随施氮量的增加成熟期总根重下降。土表下灌施 NO_3^- 能促进根系在土壤中下层的分布，显著增加根系密度及其在土壤中层的分布。

此外，施氮时期对根系生长也有影响，施氮时期主要影响玉米的根长、根半径和根系活力。推迟施氮期能提高玉米根系活力和亚表层土中的根长。

（二）对地上部器官的影响

玉米地上部器官是干物质积累和产量形成的重要部位。叶片是玉米光合作用产生干物质的器官。氮素对干物质积累的影响主要是通过影响叶面积大小、功能期长短和叶片光合特性。研究结果表明，一定范围内增施氮素对玉米营养体产量有显著的增产效应，超过其范围玉米营养体产量随施氮量的增加而下降；总体来看，玉米鲜体量与施氮量间呈二次抛物线回归关系。在玉米不同生育时期，氮肥施用量对玉米氮素、干物质积累和分配的影响不一样，氮肥供应充足有利于玉米生长后期同化物的再分配。在土壤碱解氮为 58.2 mg/kg，追施 375 kg/hm^2 的氮量下，玉米在大喇叭口期重施氮肥，植株矮、穗位低，利于抗倒伏，中后期叶片衰亡慢，比叶重高，干物质积累多。此外，不同氮肥品种干物质积累特征也存在一定差异。

氮素对玉米地上部器官的影响不但表现在整体上，而且表现在茎、叶等其他方面。施氮肥处理较不施氮肥处理还表现为株高、茎粗、叶长、叶宽增加，抗病性、抗倒伏性增强。适量施氮可塑造高效冠层结构，提高冠层光合性能，保障后期干物质生产，从而提高玉米产量。与氮胁迫相比，适宜施氮条件下玉米穗上叶夹角较小，穗位层透光率较高，同时生长后期群体叶面积下降速率慢，保障了灌浆期的物质积累，穗粒数和百粒重增加和产量提高，而氮肥过多或不足均可导致冠层结构不合理，生长后期叶面积指数下降加速，叶片衰老加快，冠层光合性能下降，产量降低。叶面积大小是导致冠层特征变化的主导因子，增施氮肥可增加叶面积指数（LAI）和叶面积持续期（LAD），进而增加群体光合速率和籽粒产量。叶片含氮量与叶绿素仪读数（SPAD 值）正相关，但也会因水分胁迫和杂交种的不同而不同。氮胁迫减小叶片含氮量、SPAD 值和扩展抗性。

四、氮素对玉米影响的基因型差异

近年来，随着对玉米氮效率研究的广泛展开，发现玉米在氮素吸收和同化方面存在显著的基因型差异。因此，施氮处理对玉米的影响与品种本身的基因型存在密切关系。施氮处理对不同基因型玉米品种的籽粒产量、根系生长和氮积累量影响不同。相同施氮水平下，氮高效玉米品种产量和生物产量的增加幅度明显大于其他品种。氮高效品种根系形态结构和空间分布较氮低效品种更为合理，其土壤深层根系数量的增加更有利于其充分利用水分和氮素，延缓根系衰老；氮效率低的品种在水分胁迫下根系活力下降更为明显。玉米植株内的一些化学成分，如硝态氮、可溶性糖等，也会出现不同品种在不同施氮方式下表现不同。整体而言，氮素吸收能力强的作物根系在形态上表现为根长、体积、分布密度和有效吸收面积较大；在生理生化特性上表现为根系氧化能力、脱氢酶活力、细胞色素氧化酶活力强；在吸收动力学方面表现为米氏常数小、吸收速率高。玉米中高的氮素有效性需要通过高吸收以及高利用效率的整合来达到。较强的净光合速率，较强的 PSⅡ活性，较高的原初光能转换效率和较高的实际光化学量子产量是玉米幼苗对氮素高效利用的重要原因。利用 ^{15}N 标记研究氮素利用与玉米籽粒中蛋白质含量高低的关系结果显示，氮肥利用率高的原因是籽粒合成蛋白质的速率较快，促进了氮素从无机到有机的转化。

近年来，随着各种各样的研究方法以及研究层次的不断深入，人们对玉米氮素利用的研究逐渐从生理水平扩展到分子水平。有学者证实，在植物生长发育阶段，在高氮条件下进行与氮吸收相关的 QTLs 监测要比低氮条件下多，而在氮利用效率方面却是低氮条件要比高氮条件下研究的多。用玉米重组近交群体进行 QTL 作图发现，一些控制产量的 QTL 与 3 个胞质 GS 基因位于相同基因组区间，说明 GS 催化的氮同化反应步骤对产量有重要贡献。缺氮条件下特异表达的 QTL 可能与玉米的氮高效利用有一定的关系。选育氮高效玉米品种是减少氮肥施用量，减少环境污染，增加粮食产量的重要途径，具有显著的经济、生态和社会效益。

第四节　玉米氮肥合理施用技术

增施氮肥是提高玉米产量的一项必不可少的措施，然而近年来氮肥不合理施用不仅造成氮肥利用率下降，同时也对生态环境构成潜在威胁。氮肥管理技术优化的理论依据，一方面取决于对土壤-植物-大气系统中氮素动态及其土壤氮素有效性的认识程度，另一方面也取决于对作物本身氮素吸收与利用规律的认识程度。

一、适宜施肥量确定

玉米是喜氮作物，氮肥对玉米的增产效果明显。因此，近年来玉米生产过量施用氮肥问题日益突出。据统计华北平原高产区小麦-玉米轮作体系下每年平均施化肥氮素 588 kg/hm^2，远远超过作物需氮量 311 kg/hm^2。过量氮肥的施用导致玉米收获后土壤硝态氮累积量达到 121～221 kg/hm^2，残留率可达 30%～65%，影响玉米根系“趋肥性”生物学潜力的发挥，也造成了氮肥的大量损失，造成了水体富营养化、温室气体排放等环境问题。因此，施肥量大小必须考虑相应的经济产量和经济效益，以实现增产与增效的协调发展。

（一）施肥量决策方法及依据

科学的推荐施肥方法是实现作物高产高效生产的重要技术措施。目标产量法、养分丰缺指标法和地力分级法等以土壤测试为基础的推荐施肥法很大程度上实现了平衡施肥，但也存在着土壤测试值和校正系数等较难准确获得、某些速效养分稳定性与产量相关性差、针对性不强等问题。作物营养诊断法和肥料效应函数法等基于作物反应的施肥推荐方法对于科学施肥有一定的指导意义，亦存在诊断营养元素单一、施肥指导迟滞以及耗时耗力的局限性。玉米养分专家系统是基于作物产量反应和农学效率的新推荐施肥方法，综合考虑了土壤性质、产量目标、气候条件及养分管理措施等因素，通过玉米生产相关信息，利用后台已有的数据库，能快速生成基于农户个性信息的施肥营养套餐（如推荐的种植密度、可获得的目标产量和肥料最佳用量、施用时间和次数等），较好地克服了上述推荐施肥方法的一些缺点。玉米施氮量的数学表达式为：N 施氮量＝N 需氮量－N 流失量＋N 土壤含氮量。

（二）不同种植区的氮肥适宜施用量

夏玉米产量和施氮经济效益均随着施氮量的增加呈先增加后降低趋势。华北平原夏玉米（5 000～7 000 kg/hm^2）的最佳氮肥用量为 225 kg/hm^2。豫北地区超高产夏玉米的施氮量以 255～300 kg/hm^2 为宜，超过 300 kg/hm^2 夏玉米已无明显的经济效益。豫东沙壤质潮土区玉米最佳施氮量为 450 kg/hm^2，此施氮水平可获得最高的产量和水分利用效率。郑州中等肥力土壤夏玉米合理的施氮量为 225 kg/hm^2。温县高产田夏玉米推荐施氮量应控制在 300 kg/hm^2。冀西北春玉米合理的施氮量应控制在 195～225 kg/hm^2。山东超高产条件下施 N 240～360 kg/hm^2 可提高氮肥利用率，实现玉米高产。氮肥适当减少用量的情况下，可通过提高密度、实现高产高效的目标。获得最高产量的农艺措施为：N 206.04～237.96 kg/hm^2、K_2O 109.57～129.44 kg/hm^2、种植密度 69 270.0～71 479.5 株/hm^2。获得最高净产值的农艺措施为：N 132.32～171.20 kg/hm^2、K_2O 86.11～108.01 kg/hm^2、种植密度 70 916.3～73 127.3 株/hm^2。

由此可见，氮肥合理施肥量具有区域特点，与当地土壤、气候、栽培等因素有关。一般情况下，在地力基础较低的土壤中，增施氮肥夏玉米的增产效果好，所需最佳施氮量也较高；在地力基础较高的土壤中，氮肥的增产效果相对较小。

二、施肥时期选择

在夏玉米生育前期施用苗肥，有利于壮苗形成，基部节间长度、粗度明显增大；在拔节期施肥，夏玉米正处于营养生长最为迅速的阶段，基部节间快速伸长，长粗比明显变大，增加了倒伏风险；只在大喇叭口期施肥，避开了夏玉米基部节间快速伸长阶段，茎节较短粗，长粗比较低。淮北地区中上等土壤肥力条件下，各施肥时期对夏玉米产量的贡献为苗肥＞穗肥＞粒肥，以苗肥＋穗肥＋粒肥夏玉米产量最高，适宜比例为 4∶4∶2。北京地区中等肥力条件下，夏玉米的关键施肥时期依次为播种期＞拔节期＞孕穗期，种肥和拔节肥的合理比例为 1∶1 或 2∶3。在种肥 15%、追肥 85%的氮肥分配方式下，拔节肥和大喇叭口期二次追肥比拔节期一次追肥增产效果好。氮肥适宜追施期对玉米的增产效果依次是大喇叭口期施氮＞吐丝期施氮＞拔节期施氮＞三叶期施氮，大喇叭口期是玉米最适宜的追肥期。氮肥后移可促进超高产夏玉米后期的氮素吸收积累，降低夏玉米茎和叶片氮素的转运率，显著增强灌浆期夏玉米穗位叶硝酸还原酶活性，提高灌浆期叶片游离氨基酸含量，增加蛋白质产量；氮肥后移比习惯施氮的氮肥利用率提高 1.88%～9.70%、农学效率提高 0.96～2.21 kg/kg，以“30%苗肥＋30%大喇叭口肥＋40%吐丝肥”方式施用氮肥的产量和氮肥利用效率最佳（表 4-2）。研究显示，氮肥用量相同，氮肥适当后移，每 1 kg 氮多生产 0.56 kg 玉米。

表 4-2 氮肥施用时期对夏玉米产量及其产量构成因素的影响

（王宜伦等，2011）

处理	2007			2008		
	穗粒数	百粒重（g）	平均产量（kg/hm²）	穗粒数	百粒重（g）	平均产量（kg/hm²）
N4	513.49a	33.52a	12 432.59a	594.64a	34.61a	13 894.06a
N3	505.51a	33.48a	12 322.18ab	575.28ab	34.18ab	13 638.97ab
N2	500.89a	33.14a	11 963.34ab	564.65ab	34.33ab	13 611.82ab
N1	494.74a	33.17a	11 753.64b	531.32ab	34.16ab	13 246.32b
N0	471.57b	30.63b	10 721.98c	500.09b	32.48b	12 063.90c

注：N0、N1、N2、N3、N4 分别为不施氮肥、习惯施肥（50%苗肥＋50%大口肥）、50%苗肥＋50%吐丝肥、30%苗肥＋50%大口肥＋20%吐丝肥、30%苗肥＋30%大口肥＋40%吐丝肥。

三、氮肥科学施用技术

（一）分次施肥技术

分期施肥对玉米生长发育具有积极效果，叶片数在抽雄孕穗期后较一次施肥增加

1～2 片，株高在小喇叭口期后增加 0.04～0.16 m，氮素利用率提高 30.98%～72.27%，产量增加 8.13%～18.97%。合理地增加追肥次数能提高叶绿素含量，有效改善叶绿体的超微结构。氮素分配比例与玉米生育进程密切相关。“重沟施肥＋拔节期追氮＋大喇叭口期追氮”的分期施肥方式有利于玉米高产，不仅能提高植株地上部干重、叶面积指数、叶片中蔗糖磷酸合成酶活性，使源端保持较强的同化物供应能力；而且还可提高籽粒蔗糖合成酶和酸性转化酶的活性，有利于库端保持较高的同化物转化能力。种肥施用量 10%＋大喇叭口期攻穗肥占 60%＋抽雄吐丝期施攻粒肥占 30%的施肥方式能提高单株叶面积和叶面积系数、增加玉米绿叶叶片数、株高，促进单株籽粒中的干物质积累，提高千粒重，从而使玉米增产。整体而言，氮素分配应以重施孕穗肥为主，以满足氮代谢，促进干物质积累，并适时补充粒肥保证高产。

（二）精准施肥技术

精准施肥技术是依据土壤养分状况、作物需肥规律和目标产量，调节施肥量、氮磷钾比例和施肥时期，以提高化肥利用率，最大限度地利用土地资源，以合理的肥料投入量获取最高产量和最大经济效益，保护农业生态环境和自然资源。陈桂芬等（2006）将人工智能技术与全球定位系统（GPS）和地理信息系统（GIS）技术相结合，以玉米养分平衡法数学模型为核心，采用面向对象技术，开发研制了玉米精准施肥专家系统，解决了玉米产量预测和精准施肥两大问题。司秀丽和李伟为（2011）利用数据库、J2EE 等技术开发了一套基于 WebGIS 的玉米精准施肥系统，具有较强的应用价值。Varinderpal-Singh 等（2011）根据不同基因型玉米叶的颜色与叶色表对比，准确判断并管理玉米的需氮量，也获得了高产。Blackmer 等（1993）阐述了通过遥感技术精确探测玉米群体氮营养情况，从而做出准确的氮肥运筹以提高产量。美国诸多学者研究了将主动式传感器安装在农机上以实时探测玉米氮营养状况并做出精确回应，达到精确施氮的目的。米艳华等（2008）采用反射仪-硝酸根试纸法，可在现场快速诊断土壤和作物硝酸根水平。根据作物需求和土壤硝酸根水平确定基肥施氮量，根据追肥前作物硝酸根水平和最佳施氮量推荐追肥施氮量。玉米精准施肥专家系统将信息技术、传统施肥技术和专家的经验知识融为一体，采用精量或半精量的科学施肥方式，在节约成本、提高效益、保护环境、减少污染等方面起着举足轻重的作用。

（三）氮肥合理供给技术

在农业生产中玉米氮肥供给分为均匀供给和非均匀供给两种方式，均匀供给主要是撒施，非均匀供给主要是条施、穴施和滴灌等。不同肥料供给方式对作物产量及肥料利用率影响不同。一般而言，相对于地表撒施而言，氮肥以非均匀形式深施能够提高玉米产量和生物量，在等氮量条件下，根际深施有助于玉米对氮素的吸收，提高肥料利用率，降低土壤氮素依存率，减少氨挥发（表 4-3）。但是施用过深也会增加氮素淋失的风险，综合夏玉米产量、氮素利用率以及氮素残留量，研究得出华北夏玉米区氮肥适宜施用深度为 8～16 cm。不同氮肥品种深施深度有所差异，硫铵以深施 10 cm

或15 cm对玉米增产效果较好，尿素则在深施10 cm时效果为佳。玉米左右两侧开沟同时均匀施氮在维持玉米根系生长和产量形成方面效果最好，交替施氮表现次之，一侧固定施氮效果最差。

表4-3　不同施肥方式对玉米氮素利用率的影响

（王川等，2011）

处理	籽粒吸氮量 (kg/hm²)	总吸氮量 (kg/hm²)	氮素利用率（%）	土壤氮素依存率 (%)
CK	90.47	146.54	—	—
G1	103.90	163.27	18.59	89.75
G2	101.79	163.78	9.58	89.47
G3	97.61	156.62	5.6	93.56
G4	101.90	161.77	4.23	90.59
H1	99.63	155.20	9.62	94.42
H2	101.03	160.92	7.99	91.06
H3	98.39	151.90	1.99	96.47
H4	101.37	165.34	5.22	88.63

注：H、G分别为耕层混施和根际深施，1、2、3、4分别为氮肥90、180、270、360 kg/hm²。

滴灌施肥是一种局部、高频率供水供肥技术，因具有节水、节肥等优点，在干旱半干旱玉米种植区具有广阔的应用前景。滴灌条件下，河南新乡县套播夏玉米生育期耗水量在4 800 m^3/hm^2左右时，采用分期追肥、水肥结合、氮磷适宜配比等措施，全生育期追施N、P_2O_5分别在168～186 kg/hm^2和132～159 kg/hm^2水平的情况下，可获取9 450 kg/hm^2以上的高额收成，水生产效率达1.9 kg/hm^3以上，充分显示出水肥适宜调配的节水增收效益（表4-4）。

表4-4　滴灌条件下不同水肥组合对夏玉米产量构成的影响

（王广兴等，1999）

处理号	滴灌定额 (m³/hm²)	追肥总量（kg/hm²）		株粒重（kg）	产量 (kg/hm²)	百粒重（g）	出籽率（%）	水生产效率 (kg/m³)
		N	P_2O_5					
1	525	204.00	105.00	0.135	9 294.80	32.03	79.46	1.842
2		186.00	132.00	0.148	10 189.80	32.74	80.24	2.019
3		168.00	159.00	0.141	9 707.90	32.46	80.41	1.924
4		132.00	184.50	0.132	9 088.20	31.79	78.76	1.801
5	375	204.00	105.00	0.133	9 157.10	32.16	78.66	1.898
6		186.00	132.00	0.139	9 570.20	32.58	80.25	1.983
7		168.00	159.00	0.142	9 776.70	32.34	79.80	2.026
8		132.00	184.50	0.131	9 019.40	31.65	78.51	1.869

（续）

处理号	滴灌定额（m^3/hm^2）	追肥总量（kg/hm^2）		株粒重（kg）	产量（kg/hm^2）	百粒重（g）	出籽率（%）	水生产效率（kg/m^3）
		N	P_2O_5					
9	225	204.00	105.00	0.137	9 432.50	31.72	79.06	2.019
10		186.00	132.00	0.134	9 225.90	31.96	79.55	1.975
11		168.00	159.00	0.125	8 606.30	91.60	78.32	1.842
12		132.00	184.50	0.121	8 330.90	31.34	78.22	1.783

（四）机械施氮技术

夏玉米免耕播种是华北地区夏玉米生产的主要种植形式，该技术已在我国北方小麦玉米一年两熟旱作区进行了大面积的推广应用。河北省农业机械化研究所利用现有播种机和对2BY-3型玉米免耕播种机排肥部件的改进，实现了玉米免耕播种时不同方式（化肥底施、化肥侧施、等距间施、不等距间施、苗期穴施）的种肥输入，并研究发现，将种肥在播种时呈条状侧施或底施于土壤中，其净收入要低于穴施，且种肥不等距穴施的产量最高。赵法箴（1999）将2BJC-6A型精播机进行改装，实现了玉米分层深施肥，取得了较好的经济效益。中国农业大学在夏玉米生产中引入小型追肥机，探索了玉米机械追肥的可行性。农业机械化是有效服务“三农”、提高农业效益、帮助农民增收的一条重要途径，因地制宜地开展小型机械的广泛使用，将有利于提高黄淮海地区玉米生产效率，以此为契机推动该区域农业规模化生产将是一种有益的探索。

参 考 文 献

艾应伟，毛达如，王兴仁，等.1998. 冬小麦-夏玉米轮作周期中N、P、K、Zn化肥合理施用的研究［J］. 土壤通报，29（2）：73-75.

陈桂芬，王越，王国伟.2006. 玉米精确施肥系统生物研究与应用［J］. 吉林农业大学，28（5）：586-590.

曹承富，汪芝寿，孔令聪.1993. 氮肥运筹对夏玉米产量及籽粒灌浆的影响［J］. 安徽农业科学，21（3）：236-240.

曹国鑫，雷友，张宏彦.2010. 曲周夏玉米生产中小型追肥机特点与应用［J］. 现代农村科技（20）：61-62.

高志，徐阳春，沈其荣，等.2005. 不同氮素形态配比的复混肥对玉米苗期生长及氮肥利用效率的影响［J］. 华北农学报，20（6）：68-72.

关义新，林葆，凌碧莹.2000. 光氮互作对玉米叶片光合色素及其荧光特性与能量转换的影响［J］. 植物营养与肥料学报，6（2）：152-158.

耿玉翠，范树仁.1999. 玉米氮肥适宜追施期研究［J］. 山西农业科学，27（1）：21-23.

黄绍敏，宝德俊，皇甫湘荣，等.1999. 小麦-玉米轮作制度下潮土硝态氮的分布及合理施氮肥研究［J］. 土壤与环境，8（4）：271-273.

蒋达波，宗秀鸿，李帮秀，等.2015. 氮素胁迫对玉米光合及叶绿素荧光参数的影响［J］. 西南师范大学学报，40（1）：135-139.
罗玉鑫.2011. 氮素营养对玉米产量及品质的影响［J］. 农业科技通讯（6）：119-121.
李金才，魏凤珍.2001. 氮素营养对小麦产量和籽粒蛋白质及组分含量的影响［J］. 中国棉油学报，16（2）：6-8.
李鑫波，李玉霞，王长伟，等.2015. 夏玉米茎秆形态特征对氮肥的响应［J］. 河南科技学报：自然科学版，43（2）：7-10.
李锦辉，李潮海.2007. 不同基因型玉米氮素利用的机理研究［J］. 核农学报，21（2）：173-176.
刘艳，汪仁，华利民，等.2011. 氮肥施用时期对玉米后期叶绿体超微结构的影响［J］. 中国土壤与肥料（3）：45-48.
吕鹏，张吉旺，刘伟，等.2011. 施氮时期对超高产夏玉米产量及氮素吸收利用的影响［J］. 植物营养与肥料学报，17（5）：1099-1107.
刘建安，米国华，张福锁.1999. 不同基因型玉米氮效率差异的比较研究［J］. 农业生物技术学报，7（3）：248-254.
刘金宝，杨克军，石书兵，等.2012. 中国北方玉米栽培［M］. 北京：中国农业科学技术出版社.
刘宗华，汤继华，卫晓轶.2007. 氮胁迫和正常条件下玉米穗部性状的 QTL 分析［J］. 中国农业科学，40（11）：2409-2417.
马存金，刘鹏，赵秉强，等.2014. 施氮量对不同氮效率玉米品种根系时空分布及氮素吸收的调控［J］. 植物营养与肥料学报，20（4）：845-859.
米艳华，李茂萱，潘艳华，等.2008. 玉米 N 素营养快速诊断精准施肥技术研究［J］. 西南农业学报，21（2）：402-407.
漆栋良，吴雪，胡田田.2014. 施氮方式对玉米根系生长、产量和氮肥利用的影响［J］. 中国农业科学，47（14）：2804-2813.
单明珠，胡必德，蒋飞彦.1996. 玉米叶片硝酸还原酶消长规律研究初探［J］. 山西农业科学（1）：25-26.
邵国庆，李增嘉，宁堂原，等.2008. 灌溉和尿素类型对玉米氮素利用及产量和品质的影响［J］. 中国农业科学，41（11）：3672-3678.
司秀丽，李伟为.2012. 基于 WebGIS 的玉米精准施肥系统的研究与设计［J］. 安徽农业大学学报，39（1）：144-149.
宋海星，李生秀.2004. 水、氮供应和土壤空间所引起的根系生理特性变化［J］. 植物营养与肥料学报，10（1）：6-11.
宋朝玉，高峻岭，张继清，等.2010. 夏玉米氮肥减量化套栽培技术研究［J］. 中国土壤与肥料（5）：50-53.
苏琳，董志新，邵国庆，等.2010. 控释尿素施用方式及用量对夏玉米氮肥效率和产量的影响［J］. 应用生态学报，21（4）：915-920.
苏正义，韩晓日，李春全，等.1997. 氮肥深施对作物产量和氮肥利用率的影响［J］. 沈阳农业大学学报，28（4）：292-296.
孙静.2003. 氮肥不同施用时期与玉米产量效应研究［J］. 贵州农业科学，31（b7）：47.
唐锦福，贾忠军，陈志国，等.2009. 氮肥不同施用量对玉米性状及产量的影响［J］. 现代农业（7）：9-10.
王春虎，陈士林，董娜，等.2009. 华北平原不同施氮量对玉米产量和品质的影响研究［J］. 玉米科学，17（1）：128-131.

王春虎，杨文平．2011. 不同施肥方式对夏玉米植株及产量性状的影响［J］．中国农学通报，27（9）：305-308.
王川，林治安，李絮花．2011. 施肥方式对夏玉米产量和养分吸收利用的影响［J］．湖南农业科学（3）：36-37.
王大铭，丛媛媛，陈亮．2013. 玉米氮素利用生理及分子机制研究进展［J］．作物杂志（1）：13-17.
王玲敏，叶优良，陈范骏，等．2012. 施氮对不同品种玉米产量、氮效率的影响［J］．中国生态农业学报，20（5）：529-535.
王激清，刘社平，韩宝文．2011. 施氮量对冀西北春玉米氮肥利用率和土壤硝态氮时空分布的影响［J］．水土保持学报，25（2）：138-143.
王俊忠，张超男，赵会杰，等．2008. 不同施肥方式对超高产夏玉米叶绿素荧光特性及产量性状的影响［J］．植物营养与肥料学报，14（3）：479-483.
王敬锋，刘鹏，赵秉强，等．2011. 不同基因型玉米根系特性与氮素吸收利用的差异［J］．中国农业科学，44（4）：699-707.
王敬峰．2011. 水氮耦合对不同基因型夏玉米根系特性和氮、水利用的影响［D］．泰安：山东农业大学．
王秀，赵四申，高清海．2000. 夏玉米免耕播种不同机械施肥方式分生态及经济效益分析［J］．河北农业大学学报，23（1）：85-87.
王启现，王璞，杨相勇，等．2003. 不同施氮时期对玉米根系分布及其活性的影响［J］．中国农业科学，36（12）：1469-1475.
王广兴，刘祖贵，吴海卿，等．1999. 套播夏玉米滴灌条件下的适宜水肥调配［J］．灌溉排水，18（3）：17-20.
王云奇，陶洪斌，黄收兵，等．2013. 施氮模式对夏玉米氮肥利用和产量效益的影响［J］．核农学报，27（2）：219-224.
王宜伦，刘天学，赵鹏，等．2013. 施氮量对超高产夏玉米产量与氮素吸收及土壤硝态氮的影响［J］．中国农业科学，46（12）：2483-2491.
王宜伦，李潮海，谭金芳，等．2011. 氮肥后移对超高产夏玉米产量及氮素吸收和利用的影响［J］．作物学报，37（2）：339-347.
王宜伦，苏瑞光，刘举，等．2014. 养分专家系统推荐施肥对潮土夏玉米产量及肥料效率的影响［J］．作物学报，40（3）：563-569.
王永军，孙其专，杨今胜，等．2011. 不同地力水平下控释尿素对玉米物资生产及光合特征的影响［J］．作物学报，37（12）：2233-2240.
汪新颖，彭亚静，王玮，等．2014. 华北平原夏玉米季化肥氮去向及土壤氮库盈亏定量化探索［J］．生态环境学报，23（10）：1610-1615.
武继承，张毅，刘东亮，等．2011. 氮肥分期施用对不同土体构型玉米生长和养分利用的影响［J］．河南农业科学，40（10）：59-63.
魏湜，曹广才，高洁，等．2010. 玉米生态基础［M］．北京：中国农业出版社．
谢皓，贾振华，李华，等．1995. 夏玉米合理施用氮肥的研究［J］．北京农业科学，13（2）：23-27.
杨国航，崔彦宏，刘树欣．2004. 供氮时期对玉米干物质积累、分配和转移的影响［J］．玉米科学，12（z2）：104-106.
杨云马，孙彦铭，贾良良，等．2016. 氮肥基施深度对夏玉米产量、氮素利用及氮残留的影响［J］．植物营养与肥料学报，22（3）：830-837.
杨永辉，武继承，王洪庆，等．2013. 氮肥施用量对沙壤质潮土玉米生长及水分利用效率的影响［J］．河南农业科学，42（10）：55-58，69.
易镇邪，王璞，张红芳，等.2006. 氮肥类型与施肥量对夏玉米产量与品质的影响［J］. 玉米科学，14（2）：130-133.
张超男，赵会杰，王俊忠，等.2008. 不同施肥方式对夏玉米碳水化合物代谢关键酶活性的影响［J］. 植物营养与肥料学报，14（1）：54-58.
张学林，王群，赵亚丽，等.2010. 施氮水平和收获时期对夏玉米产量和籽粒品质的影响［J］. 应用生态学报，21（10）：2565-2572.
张颖.1996. 北方春玉米不同生育期干物质积累与氮磷钾含量的变化［J］. 玉米科学，4（1）：63-65，70.
张智猛，戴良香，胡昌浩，等.2005. 氮素对不同类型玉米籽粒氨基酸、蛋白质含量及其组分变化的影响［J］. 西北植物学报，25（7）：1415-1420.
郑惠玲，姬变英，武继承，等.2007. 氮肥分期施用对夏玉米生长发育和产量的影响［J］. 河南农业科学（10）：67-69.
赵宏伟，马凤鸣，李文华.2004. 氮肥施用量对春玉米硝酸还原酶活性及产量质量的影响［J］. 东北农业大学学报，35（3）：276-281.
朱朝辉.2005. 氮素用量对玉米谷蛋白组分积累及与蛋白质积累的关系［D］. 哈尔滨：东北农业大学.
赵洪祥，尚东辉，边少峰，等.2009. 氮肥不同比例分期施用对玉米硝酸还原酶活性的影响［J］. 玉米科学，17（6）：97-100.
赵法箴.1996. 玉米分层深施肥试验及机械施肥技术的研究与应用［J］. 农机化研究（4）：62-63.
周苏玫，李潮海.2004. 肥料配施对高赖氨酸玉米产量及品质性状的影响［J］. 华北农学报，19（2）：62-65.
周均湖，司明霞，周静，等.2011. 不同生长时期的氮素分配对夏玉米产量的影响［J］. 河北农业科学，15（2）：65-66，112.

第五章
玉米磷素营养与合理施磷技术

磷是作物生长发育所必需的大量营养元素之一，对作物生长发育及产量的形成有着重要的影响。玉米是典型的磷敏感型作物，磷肥的科学施用能有效地提高玉米产量和改善土壤磷素供应状况。

第一节　玉米磷素营养特性

磷是植物生长发育所必需的大量营养元素之一，是植物细胞的结构组分元素，同时又以多种形式参与植物体内各种生理生化代谢过程。磷是植物体内核酸、核蛋白、三磷酸腺苷（ATP）、叶绿素等重要有机化合物的组成成分。磷在光合作用、呼吸作用、脂肪代谢、酶及蛋白的活性调节、糖代谢及氮代谢等生理生化过程中起着不可替代的重要作用。实际上磷几乎参与了植物体内所有的物质代谢、能量代谢和细胞调节过程。磷可增强植物抗逆性，充足的磷素营养能增强植物的抗旱、抗寒、抗倒伏等能力。磷还是调节植物生长发育的信号之一，对植物的生长发育有促进作用。

一、磷素对玉米生理功能的影响

（一）磷是玉米体内很多重要有机化合物的组成元素

磷通常以正磷酸盐（磷酸氢根或磷酸二氢根）形式进入根系被玉米植株吸收，并很快转化为磷脂、核酸和某些辅酶等。磷脂是细胞膜系统的主要成分。核酸与蛋白质结合成核蛋白，核蛋白是原生质、细胞核和染色体的组成成分。磷也是玉米植株中核苷酸的主要组成成分之一。核苷酸的衍生物在新陈代谢中具有极重要的作用，如三磷酸腺苷（ATP）是能量传递和贮存的重要物质，与玉米植株的正常生命活动紧密相关；黄素单核苷酸（FMN）是呼吸过程中生物氧化的电子传递体；辅酶Ⅰ（CoⅠ）和辅酶Ⅱ（CoⅡ）是氢的传递体；黄素腺嘌呤二核苷酸（FAD）也是氢传递体；辅酶A（CoA）在乙酰基转换中起着辅酶的作用。

（二）磷参与玉米多种代谢过程

磷能促进植株的生长发育，直接参与光合作用中的光合磷酸化和碳水化合物的合成与运转过程，在碳水化合物代谢中起着重要作用；磷对氮代谢也有重要作用；磷能促进氮代谢，提高氮效率；磷对脂肪的代谢也有重要的作用，从而提高植物对外界不良环境的适应性，增强植株抗逆境能力。可见，植物体内无机形态的磷和酶主要起生理调节作用，如糖类的合成、运转，脂肪的代谢，促进呼吸作用及植物对水分、养分的吸收，促进细胞分裂、幼芽和根系的生长等。植物吸收磷营养的主要形态是 $H_2PO_4^-$ 和 HPO_4^{2-}，多数植物对前者吸收的速度比后者快。随酸碱度变化，$H_2PO_4^-$ 和 HPO_4^{2-} 之间可相互转化，在 pH 6～7 的条件下，有利于磷的转化和吸收。植物在生长前期吸收磷较多，可占生育期全部吸收量的 60%～70%。磷对玉米生长发育和各种生理过程均有促进作用。尤其在苗期，幼苗期是玉米需磷的敏感时期，苗期施用磷肥能促进作物发根，磷供应充足的玉米根干重明显高于缺磷玉米的根干重。磷还可促进茎、叶中糖和淀粉的合成，并可促进向籽粒中运输，增加产量，提高品质。

二、玉米磷素营养失调的症状

玉米缺磷，影响生长发育，降低生理功能。尤其在苗期缺磷，根系发育差，不能充分吸收土壤中贮存的磷，即使后期供给充足的磷也难以补救前期造成的损失。玉米孕穗至开花期缺磷，糖代谢与蛋白合成受阻，果穗分化发育不良，穗顶缢缩，甚至空穗，花丝也会延迟伸出，使受精不良，容易出现秃顶、缺粒、粒行不整齐和果穗弯曲等现象。后期缺磷，会使营养物质的重新分配与再利用过程受到影响，成熟延迟，产量与品质降低。玉米缺磷的典型症状为幼苗生长缓慢、茎秆细小、茎和叶带有红紫的暗绿色。叶从尖端部分沿着叶缘向叶鞘处变成深绿而带紫色，严重时变黄，枯死。磷素过多可显著增强作物的呼吸作用，消耗大量碳水化合物，叶肥厚而密集，生殖器官过早发育，茎、叶生长受到抑制，引起植株早衰。由于水溶性磷酸盐可与土壤中锌、铁、镁等营养元素生成溶解度低的化合物，降低上述元素的有效性。因此，因磷素过多而引起的病症，通常以缺锌、缺铁、缺镁等的失绿症表现出来。

三、玉米吸磷量及阶段吸收特性

玉米对磷素的吸收较早，苗期吸收量占总磷量的 10.2%，拔节孕穗期吸收 63.0%，抽穗受精期吸收 17.4%，籽粒形成期吸收 9.4%。玉米一生中对磷素吸收有两个高峰，第一个高峰期在拔节期至大喇叭口期，占总吸收量的 26.1%，第二个高峰期出现在吐丝后 15～30 d，即灌浆末期吸收量最多，此阶段吸磷量占总吸磷量的 35.9%，后者高于前者（表 5-1）。磷素在各器官中的积累较为复杂，叶片、叶鞘中磷的积累均呈双峰曲线变化，第一高峰出现在吐丝期，第二高峰出现在吐丝后 30 d，叶中的磷在吐丝后 30 d 向籽粒转移，茎中的磷在吐丝后即开始向籽粒转移，而穗部营养体中的磷在吐丝后 15 d 向籽粒转移。玉米茎、叶、根和穗轴中的磷净增量在出苗后 58～79 d 时达到最高；而籽粒和整株磷积累量不断增加直到成熟。超高产夏玉米对磷的吸收发生在整个生育期，对磷的吸收速率随生育进程呈单峰曲线变化，峰值出现在大喇叭口期至吐丝期，此阶段超高产夏玉米对磷的阶段积累量最大，占磷素总积累量的25.8%。吐丝20 d后，超高产夏玉米对磷的吸收速率明显降低。拔节期至吐丝期是超高产夏玉米养分吸收积累量较大的时期，磷的吸收量占总磷量的43.6%，吐丝至成熟期植株对磷的吸收量占总磷量的46.8%。

表5-1　夏玉米植株磷素阶段吸收

（王庆成，1990）

生育时期	累进吸收量（kg/hm^2）	累进百分率（%）	吸收强度[kg/（hm^2/d）]	阶段吸收量（kg/hm^2）	阶段吸收比例（%）
三叶期	0.47	0.45	0.06	0.47	0.45
拔节期	4.13	3.96	0.33	3.66	3.51
大喇叭口期	31.21	30.03	1.36	27.17	36.07
吐丝期	38.54	36.96	0.66	7.40	6.95
吐丝后15 d	54.93	52.71	1.04	16.40	15.73
吐丝后30 d	92.31	88.59	2.49	37.38	35.87
吐丝后45 d	99.54	95.52	0.48	7.23	6.94
完熟期	104.21	100.00	0.67	4.67	4.48

随施磷量增加磷素积累总量逐渐上升，相同施磷水平下登海618磷素积累量比郑单958高14.2%～30.0%。施磷处理营养器官磷素转运量，磷素转运率均高于不施磷处理，90 kg/hm^2处理磷素转运量和转运率最高，其中郑单958的135 kg/hm^2处理营养器官转运量和营养器官转运率低于90 kg/hm^2处理，而登海618的135 kg/hm^2处理营养器官转运量和转运率显著高于90 kg/hm^2处理（表5-2）。

表5-2　施磷量对夏玉米磷素转运的影响

（刘凯和张吉旺，2015）

品种	施磷量（kg/hm^2）	磷素总积累量（kg/hm^2）	营养器官磷素转运量（kg/hm^2）	磷素转运率（%）	籽粒吸磷量（kg/hm^2）	100 kg籽粒需P_2O_5量（kg）
郑单958	0	77.2c	14.7d	19.6d	42.5d	1.4c
	45	78.6c	28.4a	37.9a	47.7c	1.4c
	90	89.4b	25.3b	33.7b	53.3b	1.5b
	135	94.6a	15.9c	21.2c	58.5a	1.6a
登海618	0	82.7c	7.0d	9.3d	55.2d	1.3c
	45	102.1b	29.6a	39.5a	81.1b	1.5b
	90	102.1b	15.5c	20.7c	74.5c	1.5b
	135	113.1a	21.8b	29.0b	88.5a	1.6a

第二节　磷肥对玉米产量与品质的影响

一、磷肥对玉米产量的影响

近年来各玉米产区研究表明，增施氮肥的增产效果比20世纪50年代有所降低，而施用磷素肥料的效果显著提高，因为玉米按N、P、K吸收比例从土壤中大量带走了有效磷养分，造成了磷养分的相对缺乏。施用磷肥处理的产量较不施用磷肥处理增产20%～39%，磷素营养对玉米具有显著增产作用。玉米的穗长、穗粒数、穗粒重、千粒重和籽粒容重比对照高2.1%～21.6%，其影响趋势与产量结果一致，即磷素营养能够显著改善种子产量和质量性状，增加种子籽粒数量、重量和体积，达到粒大饱满。

从图5-1可以看出，施磷可以显著提高玉米产量，随施磷量的增加玉米产量呈现先增高后降低的趋势，90 kg/hm²处理产量最高。2013年郑单958和登海618 90 kg/hm²处理产量为12 313 kg/hm²和14 085 kg/hm²，分别较不施磷处理增产8.0%和13.5%；2014年郑单958和登海618 90 kg/hm²处理产量为12 960 kg/hm²和14 984 kg/hm²，分别较不施磷处理增产18.3%和13.5%。

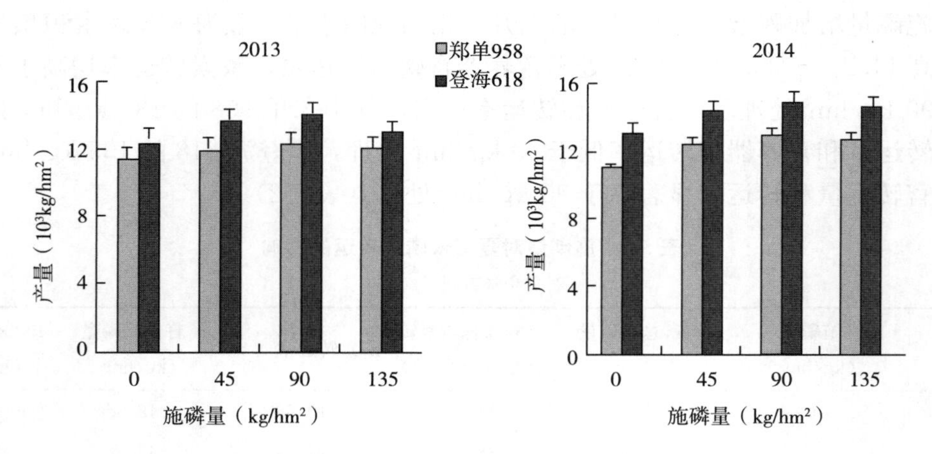

图5-1　施磷量对夏玉米产量的影响（kg/hm²）
（刘凯和张吉旺，2015）

如图5-2和表5-3所示，以施磷量为横坐标，两年平均产量为纵坐标，用二次方程（$Y=aX^2+bX+c$）模拟施磷量和产量的关系时R^2最大，登海618和郑单958拟合模型的R^2分别为0.98和0.99。通过模型参数可知登海618在施磷量95.9 kg/hm²时产量最高为15 016 kg/hm²，郑单958在施磷量为96.6 kg/hm²时产量最高为12 990 kg/hm²，两个品种最优施磷量几乎一致，但登海618比郑单958增产15.6%。

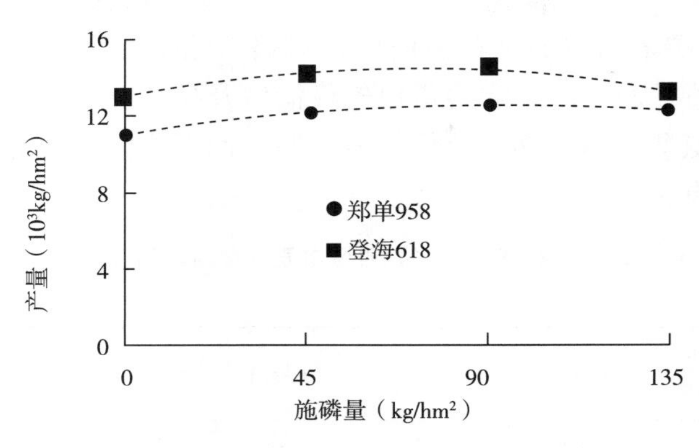

图 5-2　产量与施磷量模型拟合关系
（刘凯和张吉旺，2015）

表 5-3　产量与施磷量间模型特征参数
（刘凯和张吉旺，2015）

品种	a	b	c (kg/hm^2)	R^2	X_{max} (kg/hm^2)	Y_{max} (kg/hm^2)
登海 618	0.193 4	37.394	13 208	0.98	95.9	15 016
郑单 958	−0.220 4	42.284	10 961	0.99	96.6	12 990

注：c，不施磷时每公顷产量；R^2，决定系数；X_{max}，每公顷最优施肥量即 $b/2a$；Y_{max}，每公顷最高产量，即 $(4ac-b^2)/4a$。

二、磷肥对玉米品质的影响

磷对植物主要组成成分的形成有重要作用。如磷酸酯、植酸钙镁、磷脂、磷蛋白、核蛋白等化合物对作物的生长发育和品质都有重要作用。增加磷的供给可增加作物的粗蛋白含量，特别是增加必需氨基酸的含量。对缺磷作物施磷可以使作物的淀粉和糖含量增加到正常水平，并可增加多种维生素含量。磷对玉米籽粒品质有明显的影响。随着磷肥用量的提高，玉米籽粒中蛋白质、淀粉和糖含量明显提高，全氮和全磷含量也增加。施磷肥明显提高赖氨酸和色氨酸含量，且蛋白质与碳水化合物的比值增大，与不施磷肥相比，施 P_2O_5 75～187.5 kg/hm^{2}时，每 100 g 籽粒中蛋白质所含赖氨酸和色氨酸的量分别提高 40.6%和 33.3%，施磷使玉米籽粒粗蛋白含量提高 6.7%～15%。也有研究认为磷对籽粒蛋白质影响不大。施磷肥能提高玉米籽粒含油率，玉米施磷肥籽粒含油量提高 1.9%～11.8%。如果将氮、磷、钾按适当比例配合施用，能在更大程度上提高玉米籽粒的品质，而且还能消除单独施用大量氮肥对蛋白质品质带来的不利效应，提高玉米籽粒蛋白中必需氨基酸含量。

施磷影响了玉米籽粒品质，而且不同类型玉米的反应不一致。施磷肥后高油玉米和普通玉米两种类型玉米的籽粒蛋白质含量变化不同：高油 1 号玉米籽粒中各蛋白质组分含量和赖氨酸含量均随施磷量的增加而逐渐增加，籽粒蛋白质含量显著增加；普通玉米掖单13随施磷量的增加籽粒蛋白质含量略有增加，但差异不显著；球蛋白含量增加，清蛋白含量逐渐下降，醇溶蛋白先降低后升高，而谷蛋白则呈现先升高后降低的趋势，籽粒赖氨酸含量也逐渐降低（表5-4）。两者之间的差异可能与油分和蛋白质在籽粒中的分布有关。

表5-4 磷肥对玉米籽粒蛋白质含量的影响（%）

（董树亭，2006）

品种	施磷量（kg/hm^2）	蛋白质含量	清蛋白	球蛋白	醇溶蛋白	谷蛋白	赖氨酸
高油1号	0	10.66	0.93	1.00	2.58	4.81	0.27
	60	11.19	1.20	1.04	3.9	5.07	0.28
	90	12.50	1.49	1.06	4.05	5.10	0.29
掖单13	0	10.38	2.06	0.79	3.82	3.72	0.26
	60	10.44	1.91	0.82	3.54	4.12	0.25
	90	10.58	1.62	1.46	3.77	3.73	0.23

施磷对玉米籽粒含油率影响较大，随着施磷量的增加，两种玉米籽粒含油率均逐渐提高，说明施磷有利于油分的积累。施磷后高油1号籽粒含油率提高幅度较大。施磷后籽粒中的淀粉含量及其组成发生变化。随着施磷量的增加，高油1号籽粒淀粉含量逐渐降低，而掖单13籽粒淀粉含量则表现为逐步提高。两种类型玉米籽粒中支链淀粉含量和淀粉含量的变化一致，而直链淀粉含量则稍有下降而后上升（表5-5）。

表5-5 磷肥对玉米籽粒淀粉及油分含量的影响（%）

（董树亭，2006）

品种	施磷量（kg/hm^2）	含油率	淀粉含量	直链淀粉	支链淀粉
高油1号	0	7.17	61.91	11.39	50.52
	60	7.82	59.67	11.12	49.05
	90	8.43	58.68	11.19	47.49
掖单13	0	4.13	66.45	13.47	52.97
	60	4.4	67.13	13.31	53.82
	90	4.62	69.58	14.23	55.35

第三节 玉米常用磷肥种类

一、磷肥的种类

全称磷素肥料。以磷元素为主要养分的肥料。肥效的大小和快慢，取决于有效P_2O_5含量、土壤性质、施肥方法、作物种类等。

1. 根据来源分类

（1）天然磷肥　如海鸟粪、兽骨粉和鱼骨粉等。

（2）化学磷肥　如过磷酸钙、钙镁磷肥等。

2. 按所含磷酸盐的溶解性能分类

（1）水溶性磷肥　如普通过磷酸钙、重过磷酸钙等，其主要成分是磷酸一钙。易溶于水，肥效较快。

（2）枸溶性磷肥　如沉淀磷肥、钢渣磷肥、钙镁磷肥、脱氟磷肥等，其主要成分是磷酸二钙。微溶于水而溶于2%枸橼酸（即柠檬酸）溶液，肥效较慢。

（3）难溶性磷肥　如骨粉和磷矿粉，其主要成分是磷酸三钙。微溶于水和2%枸橼酸溶液，须在土壤中逐渐转变为磷酸一钙或磷酸二钙后才能发生肥效。

3. 按生产方法分类

根据生产方法又可分为湿法磷肥和热法磷肥。

（1）湿法磷肥　用无机酸（硫酸、盐酸、磷酸等）分解磷矿制造出的磷肥。包括过磷酸钙、重过磷酸钙、富过磷酸钙和磷酸氢钙以及氨化过磷酸钙等。

（2）热法磷肥　在高温（高于1 000℃）下加入（或不加入）某些配料分解磷矿制得的磷肥，此类肥料均为非水溶性的缓效肥料。其生产方法有熔融法和熔结法两种，主要品种包括钙镁磷肥、脱氟磷肥、烧结钙钠磷肥、偏磷酸钙及钢渣磷肥等。

二、玉米常用磷肥特性及施入技术要点

1. 过磷酸钙

过磷酸钙的有效成分为 $Ca(H_2PO_4)_2 \cdot H_2O$ 和 $CaSO_4 \cdot 2H_2O$，磷酸含量为14%～20%，粉状，多灰白色，有吸湿性和腐蚀性，稍有酸味，含水溶性磷，呈酸性反应；含有50%的游离酸。宜做基肥、种肥和根外追肥，并施于根下层。如果在酸性土壤上，应配合施用石灰或有机肥料。注意不能与碱性肥料混施，以防酸碱性中和，降低肥效；主要用在缺磷土壤上，施用要根据土壤缺磷程度而定，叶面喷施浓度为1%～2%。

2. 磷酸铵

磷酸铵有磷酸一铵和磷酸二铵两种类型，是以磷为主的高浓度速效氮、磷二元复合肥，有效成分为（$(NH_4)_3PO_4$），磷酸含量为44%～46%，易溶于水，磷酸一铵为酸性肥料，磷酸二铵为碱性肥料，适用于各种作物和土壤，主要做基肥，也可做种肥。

3. 钙镁磷肥

钙镁磷肥是一种以含磷为主，同时含有钙、镁、硅等成分的多元肥料，主要成分为 $\alpha-Ca_3(PO_4)_2$、CaO、MgO、SiO_2，磷酸含量为14%～19%，不溶于水的碱性肥料，适用于酸性土壤，肥效较慢，作基肥深施比较好。与过磷酸钙、氮肥不能混施，但可以配合施用，不能与酸性肥料混施，一般作基肥用，应施于根层。在缺硅、钙、镁的酸性土壤上效果好。

此外，适用于玉米的磷肥还有重过磷酸钙、钢渣、磷矿粉以及新型磷肥（聚磷酸和聚磷酸铵）等。

三、施磷肥时注意事项

1. 根据土壤酸碱性来选用不同的磷肥品种

在酸性、微酸性土壤上应选用钙镁磷肥、磷矿粉等碱性磷肥。这样既增加了磷在土壤中的有效性，又中和了土壤酸性，同时还为土壤提供钙、镁营养元素（酸性土中钙、镁比较缺乏）。而在碱性土壤中应选用过磷酸钙、重过磷酸钙等磷肥，这不仅能提高磷肥的有效性，而且过磷酸钙中所含的硫酸钙具有为作物提供钙素营养和改良盐碱土的作用。

2. 根据土壤供磷能力，掌握合理的磷肥用量

土壤有效磷的含量是决定磷肥肥效的主要因素。一般土壤有效磷（P）小于5 mg/kg时，为严重缺磷，氮磷肥施用比例应为1∶1左右；有效磷（P）含量在5～10 mg/kg时，为缺磷，氮磷肥施用比例在1∶0.5左右；有效磷（P）含量在10～15 mg/kg时，为轻度缺磷，可以少施或隔年施用磷肥。当有效磷（P）含量大于15 mg/kg时，视为暂不缺磷，可以暂不施用磷肥。

3. 合理的施用方法

磷肥施入土壤后易被土壤固定，且磷肥在土壤中的移动性差，这些都是导致磷肥当季利用率低的原因。为提高其肥效，旱地可用开沟条施、穴施；水田可用蘸秧根、塞秧蔸等集中施用的方法。同时注意在作基施时上下分层施用，以满足作物苗期和中后期对磷的需求。

4. 配合施用有机肥、氮肥、钾肥等

与有机肥堆沤后再施用，能显著地提高磷肥的肥效。但与氮肥、钾肥等配合施用时，应掌握合理的配比，具体比例要根据对土壤中氮、磷、钾等养分的化验结果及作物的种类确定。

第四节　玉米磷肥合理施用技术

一、不同产量水平玉米的磷肥用量

玉米吸收磷素的多少，与籽粒产量关系更为密切。综合国内外大量研究资料（表5-6），可看出如下趋势：

第一，在一定范围内，玉米植株吸磷量随产量的增加而提高，二者呈极显著正相关（图5-3）：$y=34.248+5.7008x$，$R^2=0.6187^{**}$（y=每公顷吸磷量，x=产量）。

第二，在一定范围内，随产量提高，生产100 kg籽粒需磷量是下降的。符合方程：$y=7.2628x^{-0.985}$，$R^2=0.4935^{**}$（y=产量，x=生产100 kg籽粒需磷量），相关达极显著水平（图 5-4）。根据回归方程推断，每生产 100 kg 籽粒需磷量不会低于 0.47 kg。

第三，在一定范围内，1 kg 磷素生产籽粒产量随着产量的提高而增加，即在高产条件下，磷肥效益高。

表 5-6　玉米不同产量水平对磷（P_2O_5）的吸收量

籽粒产量（kg/hm²）	吸磷量（kg/hm²）	100 kg 籽粒吸收量（kg）	1 kg 磷生产籽粒量（kg）	籽粒产量（kg/hm²）	吸磷量（kg/hm²）	100 kg 籽粒吸收量（kg）	1 kg 磷生产籽粒量（kg）
1 699.5～2 599.5	13.1～22.1	0.8～0.9	130.2～117.9	6 250.5	55.1	0.9	113.5
1 770.0	23.0	1.3	77.1	6 270.0	50.0～90.0	0.8～1.4	89.7
3 000.0	54.0	1.8	55.6	6 420.0	77.7	1.2	82.6
3 000.0～3 750.0	37.5～45.0	1.2～1.3	80～83.3	7 147.5	96.3	1.4	74.2
3 543.0	59.3	1.7	59.8	7 155.0	76.4	1.1	93.7
4 399.5～5 500.5	44.0～53.0	1～0.96	100～103.9	7 399.5	79.1	1.1	93.6
66 960.0	77.3	1.7	57.8	7 665.0	68.0	0.9	112.8
73 957.5	77.0	1.6	64.1	7 719.0	59.3	0.8	130.3
74 992.5	50.0	1.0	100.1	7 891.5	86.9	1.1	90.9
499.5～6 000.0	40.1～70.1	0.8～1.2	124.8～85.7	7 999.5	75.0	0.9	106.7
5 047.5	80.1	1.6	63.0	9 172.5	94.5	1.0	97.1
5 080.5	75.3	1.5	67.5	9 199.5	80.0	0.9	115.1
5 175.0	87.8	1.7	58.9	9 499.5	85.1	0.9	111.7
5 250.0	52.5～60.0	1～1.14	93.3	9 600.0	60.0	0.6	160.0
5 280.0	79.8	1.5	66.2	10 855.5	76.1	0.7	142.7
5 400.0	88.5	1.6	61.0	10 900.5	84.8	0.8	128.6
5 599.5	44.0	0.8	127.4	11 500.5	90.0	0.8	127.8
5 845.5	87.5	1.5	66.8	11 700.0	84.8	0.7	138.1
6 000.0	55.1	0.9	108.9	13 399.5	132.9	1.0	100.8
6 000.0	60.0～90.0	1～1.5	80.0	14 625.0	73.5	0.5	198.9
6 211.5	81.9	1.3	75.8	18 966.0	160.5	0.9	118.2
6 223.5	77.4	1.2	80.4	1 699.5～18 966.0	13.1～160.5	0.5～1.8	55.6～198.9

注：引自王庆成，《不同产量水平玉米对氮磷钾的吸收量》，1990。国内外资料 43 份，其中春玉米 25 份，夏玉米 18 份。

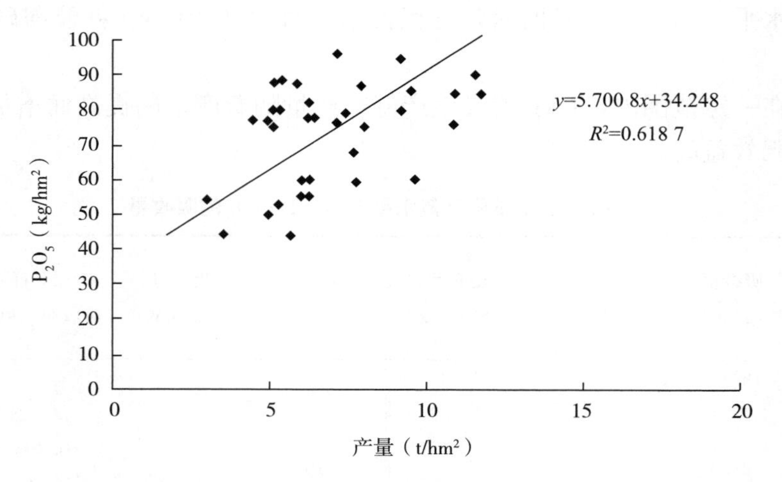

图 5-3　玉米籽粒产量与吸磷量的关系
（王庆成，1990）

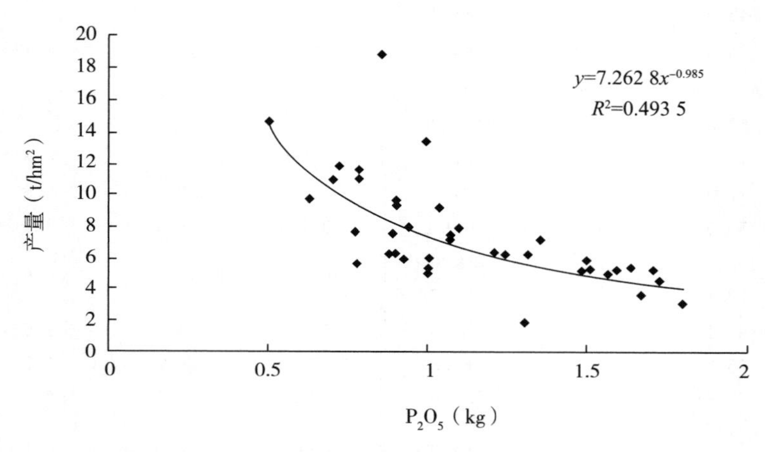

图 5-4　玉米生产 100 kg 籽粒需磷量与产量的关系
（王庆成，1990）

二、施磷时期对玉米产量的影响

研究结果表明，不同施磷时期对玉米产量也有着不同的影响，其中，磷肥总量50%基施、25%拔节期追施和 25%大喇叭口期追施处理玉米产量最高，但与磷肥一次性基施处理差异不显著，两个处理产量均达到 13 500 kg/hm²以上的超高产水平。磷肥以作种肥的增产效果最好，较对照增产 1 178 kg/hm²，增产 26.6%；较作穗肥的增产 1 088 kg/hm²，增产 23.2%；较作苗肥的增加 412.5 kg/hm²，增产 7.7%。磷肥作苗肥的产量次之，较不施磷和作穗肥处理的产量显著增加；但作穗肥处理与不施磷的产量差异不显著（图 5-5）。

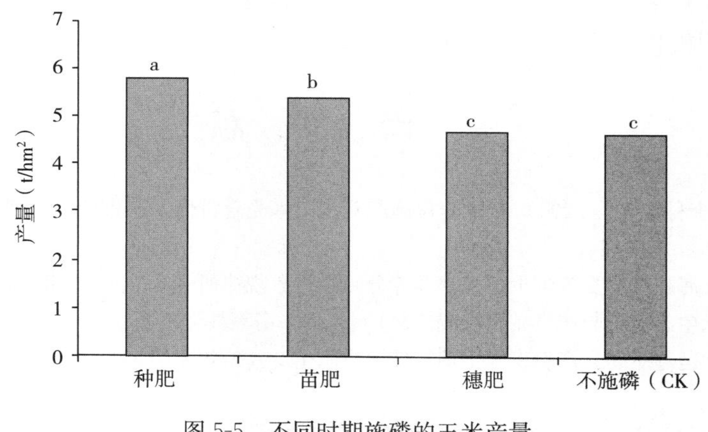

图 5-5　不同时期施磷的玉米产量
（孙月轩等，1991）

由此说明，玉米在苗期缺磷对产量的影响。苗期缺磷造成的影响，即便在中后期补追磷肥也无法恢复，从播种到拔节期是玉米的需磷临界期。故玉米施磷应基（种）施或在幼苗期早追施，才能达到提高产量的效果。

三、施肥方法

1. 基施

为了最大限度提高磷肥有效性，在与作物垄向垂直的方向，以一定距离为间隔带基施磷肥，可以最大限度提高磷肥应用效果，间隔的宽度可根据作物根系发达程度确定，对于玉米和高粱，间隔的宽度可稍宽，而对于小麦，宽度可稍窄。

2. 作为种肥

磷肥作为种肥是指把磷肥随播种时施入或条施在种子附近。这种方法目的是刺激作物早期生长，有时也用来校正作物的缺磷症状，但这种早期刺激作物生长的方法对于作物产量的影响却不是非常确定。

3. 深施

深施磷肥（15 cm）以满足根系发达作物对磷肥的需要。赵亚丽等（2010）研究认为，不同磷肥施用深度对夏玉米养分吸收和分配及籽粒产量的影响不同。玉米磷肥集中深施比浅施和分层施可以使籽粒产量、养分吸收量和磷效率显著提高。夏玉米磷肥集中深施效果优于分层施，分层施效果优于浅施，且以磷肥集中深施在 15 cm 土层时效果最好。

4. 合理配施

农田养分失调是导致玉米早衰的重要原因，土壤缺磷或氮磷钾施用比例不合理均会导致玉米叶片早衰，根系活力强度变化和叶片衰老进程密切相关。合理的氮磷钾肥配比（2.5∶1∶2），磷肥下移促进下层根系生长，提高根系活力，促进养分吸收，使玉米生育后期叶片衰老缓慢，延长光合持续时间，提高玉米净光合速率，对玉米超高产的实现具有积极作用。

参 考 文 献

曹彩云，郑春莲，李科江，等．2009. 长期定位施肥对夏玉米光合特性及产量的影响研究［J］．中国农业生态学报，17（6）：1074-1079.

常建智．2010. 黄淮海超高产夏玉米生长发育及养分吸收积累规律研究［D］．郑州：河南农业大学．

董树亭．2006. 玉米生态生理与产量品质形成［M］．北京：高等教育出版社．

范秀艳．2013. 磷肥运筹对超高产春玉米生理特性、物质生产及磷效率的影响［D］．呼和浩特：内蒙古农业大学．

胡霭堂．2002. 植物营养学［M］．北京：中国农业大学出版社．

胡昌浩．1992. 玉米栽培生理［M］．北京：农业出版社．

姜宗庆．2006. 磷素对小麦产量和品质的调控效应及其生理机制［D］．扬州：扬州大学．

李家康．1989. 我国化肥的肥效及其提高的途径——全国化肥试验网的主要结果［J］．土壤学报（3）：273-279.

刘存辉，张可炜，张举仁，等．2006. 低磷胁迫下磷高效玉米单交种的形态生理特性［J］．植物营养与肥料学报，12（3）：327-333.

鲁如坤．2004. 我国的磷矿资源和磷肥生产消费-Ⅱ．磷肥消费和需求［J］．土壤，36（2）：113-116.

潘晓华，石庆华，郭进耀，等．1997. 机磷对植物叶片光合作用的影响及其机理的研究进展［J］．植物营养与肥料学报，38（3）：201-208.

潘瑞炽．2008. 植物生理学［M］．北京：高等教育出版社．

彭正萍，张家铜，袁硕，等．2009. 不同供磷水平对玉米干物质和磷动态积累及分配的影响［J］．植物营养与肥料学报，15（4）：793-798.

沙晓晴，王西志，魏新燕，等．2011. 磷对不同玉米幼苗生长及根际磷素转化的影响［J］．河北农业大学学报，34（2）：13-17.

宋春，韩晓增．2009. 长期施肥条件下土壤磷素的研究进展［J］．土壤，41（1）：21-26.

孙杰，王立华，成七星，等．2003. 磷肥对玉米杂交制种增产提质的生理作用［J］．作物杂志（1）：27-29.

孙月轩，朱礼祥，李培民，等．1991. 玉米不同时期施磷的增产效果［J］．江苏农业科学（3）：37.

王激清，马文奇，江荣风，等．2008. 我国水稻、小麦、玉米基肥和追肥用量及比例分析［J］．土壤通报，39（2）：329-333.

王庆成．1995. 不同产量水平玉米对氮、磷、钾的吸收量——玉米栽培生理［M］．北京：中国农业出版社．

王雁敏．2009. 不同氮磷配施对土壤养分、春玉米营养吸收特性及产量和品质的影响［D］．兰州：甘肃农业大学．

王宜伦，李潮海，何萍，等．2010. 超高产夏玉米养分限制因子及养分吸收积累规律研究［J］．植物营养与肥料学报，16（3）：559-566.

于兆国，张淑香．2008. 不同磷效率玉米自交系根系形态与根际特征的差异［J］．植物营养与肥料学报，14（6）：1227-1231.

战秀梅，韩晓日，杨劲峰．2007. 不同氮、磷、钾肥用量对玉米源、库干物质积累动态变化的影响［J］．

土壤通报，38 (3)：495-499.
张智猛，郭景伦，李伯航，等．1994. 不同肥料分配方式下高产夏玉米氮、磷、钾吸收、积累与分配的研究［J］．玉米科学，2 (4)：50-55.
张智猛，戴良香，董立峰，等．1995. 高产夏玉米氮、磷、钾吸收、积累与分配态势的研究［J］．河北农业技术师范学院学报，9 (2)：10-17.
赵亚丽，杨春收，王群，等．2010. 磷肥施用深度对夏玉米产量和养分吸收的影响［J］．中国农业科学，43 (23)：4805-4813.
Rodriguez Daniel，Keltjens W G，Goudriaan J. 1998. Plant leaf area expansion and assimilate production in wheat (*Triticum aestivum* L.) growing under low phosphorus conditions [J]. Plant and Soil，200 (2)：227-240.
Mallarino A P，Bordoli J M，Borges R. 1999. Phosphorus and potassium placement effects on early growth and nutrient uptake of no-till corn and relationships with grain yield [J]. Agronomy Journal，91 (1)：37-45.
Nielsen N E. 1978. Differences among genotypes of corn in the kinetics of P uptake [J]. Agronomy Journal，70 (5)：695-698.
Saric M R. 1983. Theoretical and practical approaches to the genetic specificity of mineral nutrition of plants [J]. Plant and Soil，72 (2-3)：137-150.
Wissuwa M. 2003. How do plants achieve tolerance to phosphorus deficiency? Small causes with big effects [J]. Plant Physiology，133 (4)：1947-1958.

第六章

玉米钾素营养与合理施钾技术

钾是植物生长必需的三大营养元素之一，在植物体内的含量（K_2O）一般为干物质重的0.3%～5%，占植物体灰分重量的50%。农作物含钾量与含氮量相近，而比含磷量高。钾素在自然界中含量较为丰富，约占地壳物质的2.5%。土壤中最丰富的钾资源是硅酸铝钾，如云母和长石，是高温熔液在地表固化时形成的。这些物质能缓慢向土壤溶液中释放钾元素。因此，植物和微生物能够利用的主要钾源为所有土壤钾的0.1%～2.0%，这些钾以离子形态存在，松散地结合在土壤颗粒表面或存在于土壤溶液中，一旦被吸收，钾在生物体中一般以离子形态存在。当有机体死亡后，钾会快速地回到土壤溶液中，为其他生物体所利用。在农业土壤的15 cm表层中持有300～50 000 kg/hm^2钾。作物每收获一季会带走200～700 kg/hm^2钾。

第一节　玉米钾素营养特性

在植物体中，钾具有高度移动性。根吸收的钾离子很容易运移到地上部位，在玉米植株体内也很容易从一个部位转移到其他部位，并可在植株体内反复利用。在植株体内钾不足的情况下，钾优先分配到较幼嫩的组织中。虽然钾是植物体中最丰富的矿质阳离子，但不参与任何代谢物的组成。在玉米体内钾素几乎都以离子状态存在，部分在原生质中以吸附状态存在。钾以很高的浓度，以离子形态存在于细胞质和液泡中，它的浓度超过任何一种离子。在大多数情况下，细胞中的钾离子浓度维持在120 mmol/L，而在液泡中钾离子的浓度很大。外界供钾充足时，植物可以大量吸收，并贮存在液泡中，外界供钾不足时可以通过动用液泡中贮存的钾来维持细胞质中的钾浓度恒定。玉米体内钾离子的含量取决于发育阶段，苗期可达到4%～6%，抽雄期间可达干重的2%。钾多集中在玉米植株最活跃的部分，起活化剂的作用，例如在核酸代谢的部分过程中，钾可以促进蛋白质的形成，钾肥充足时，蛋白质形成的就多。钾与蛋白质在植物体中的分布位置也是一致的，钾离子较多的部位，蛋白质含量也较丰富。在细胞内，钾有生物物理和生物化学功能，几乎在玉米的每一个重要生理过程中起到不可替代的作用。

一、钾素的生理作用

钾离子对于玉米有四方面的生理作用：酶的活化作用，参与膜运输，通过充当陪伴离子来中和阴离子（钾离子是NO_3^-向地上部分运输的陪伴离子），维持渗透势。其中钾离子最重要的生理作用是参与酶的活化作用。在植物体内有60余种酶需要钾离子来活化，维持最高的酶活性需要有高浓度的钾离子。

（一）酶的活化作用

多种酶的功能依赖于K^+激活，玉米植物体内的3种主要酶类——合成酶（连接酶）、氧化还原酶和转运酶，在合成及能量转换过程中不可缺钾，因此钾与植物体内的许多代谢过程（如光合作用、呼吸作用，碳水化合物、脂肪和蛋白质的合成等）密切相关。钾能促进蛋白质的合成，其主要机理表现在钾能促进氮的摄取和运转，还促进氨基酸向蛋白质合成部位运输。缺钾情况下则蛋白质合成受阻，氮的代谢不正常。缺钾时植株体内会产生一系列显著的生物化学变化，包括可溶性碳水化合物积累、淀粉含量下降以及可溶性含氮化合物积累等。

（二）促进光合作用

钾对玉米光合作用及光合产物运输有显著的影响。钾促进光化学反应产生还原力NADPH及ATP，提高PEP羧化酶活性，促进叶部叶绿素的合成和稳定，增加玉米叶片叶绿素含量，提高光合磷酸化的效率，促进气孔张开等。研究表明，适宜的钾素可使玉米叶片中叶绿素含量高峰由抽雄吐丝期提前到大喇叭口期，并使春玉米在大喇叭口期至抽雄吐丝期叶片中始终保持着较高的叶绿素含量；当缺钾时，玉米光合作用降低，呼吸作用增加。钾可以促进玉米植株在低光照强度下的光合作用，并且在高光强度下提高光能利用效率，进而增强了玉米的耐密植性。另外叶片的光合强度与光合产物的运输效率呈正相关，光合产物通过韧皮部从叶中外运，K^+在筛管中维持蔗糖装载所需的高pH，调节筛管渗透势以及光合产物从源到库的运输速率。钾还促进糖聚合形成淀粉，降低库中可溶性有机物质的浓度，维持韧皮部源端与库端的压力势，推动有机物运输。钾促进光合产物蔗糖向韧皮部的装载及运输成为钾促进光合作用的另一个因素。

（三）渗透调节作用

钾离子与等浓度的无机、有机阴离子一起在调节细胞渗透势方面发挥重要作用。细胞内钾离子浓度较高时，吸收的渗透势也随之增大，并促使细胞从外界吸收水分。从而又引起压力势的变化，只有当渗透势和压力势达到平衡时，细胞才停止吸收水分，使细胞保持一定的膨压。细胞伸展有两个主要条件：一是细胞壁伸展性加强；二是溶质积累产生内部渗透势。细胞的伸展大多是K^+在细胞中积累的结果，这既是增加液泡渗透势，也是稳定细胞质pH所必需的。当细胞完成伸展后，K^+易被其他溶质所代替来维持细胞的膨压。细胞气孔开关的调节是K^+参与渗透调节的典型例子。保卫细胞通过增加K^+浓度来降低细胞渗透势，进而从邻近的细胞中吸水，导致保卫细胞膨胀压提高，促使气孔张开。

（四）增强抗倒伏能力

钾对玉米碳水化合物的合成和运输有较大影响，玉米缺钾时，铁元素易聚积在植株部茎节，妨碍营养物质向根系运转，致使根系发育不良；钾肥充足时，玉米植株体内淀粉、蔗糖、木质素、纤维素的含量较高，茎秆的机械组织比较发达。据相关研究，施用钾肥能显著提高玉米基部茎节穿刺强度、增加单位面积内维管束，特别小维管束的增加是提高茎秆穿刺强度的关键。植物缺钾时膨压降低，在水分胁迫下易萎蔫，植物组织及细胞器常发育不正常，木质部及韧皮部的形成较皮层组织受到更大的抑制，本质化受阻，维管束厚壁组织及角质层均不发达，且硅化程度低，叶片较软弱易披叶，植株易倒伏。因此钾素对提高玉米抗倒伏性能有重大作用。

（五）提高抗旱能力

钾与玉米植株的抗旱性也有一定关系。在钾的作用下，原生质的水合程度增加，黏性降低，细胞保水力增强，抗旱性提高。研究表明：施用钾肥可以改善水分胁迫下玉米叶片膜酯过氧化作用和提高保护酶活性。

（六）钾与其他元素的相互作用

钾与钙、镁的相互作用最为常见，玉米叶片中钾、钙、镁的浓度之间常呈负相关，钾、钙、镁3种离子的总和较为稳定，K^+浓度较高时，Ca^{2+}和Mg^{2+}的浓度会降低，Ca^{2+}和Mg^{2+}浓度很高时，则K^+浓度大大降低，钾和镁是相互抑制的关系，镁对钾的抑制作用大于钾对镁的抑制作用；钾与钙的相互关系比较复杂，当施钾量过大时呈现相互抑制的关系，当钾施肥量低时则呈现相互协同的关系。当土壤有效钙含量较高时，玉米会由于缺钾导致发育不良，即使土壤速效钾含量较高的情况下，玉米组织含钾仍维持在较低的水平。其主要原因是Ca^{2+}、Mg^{2+}对钾吸收的抑制作用。钾与锌也具有类似于钾与钙的关系，缺钾或钾过量均可加重缺锌。钾对锰和铝的吸收有抑制作用。在有效锰含量低的土壤中施钾过量会引起缺锰，在有效锰含量较高的土壤中施用钾肥则对锰的吸收影响较小。

二、玉米钾素营养失调的症状

缺钾时玉米生长受阻，幼苗发育缓慢，叶色淡绿且带黄色条纹，钾从成熟叶片和茎中转移到新生叶片中，在严重缺钾时会导致老叶失绿坏死，其尖端与叶缘现紫色，随后呈干枯灼烧状，但脉中仍保持绿色（图6-1A）。缺钾也会抑制维管束的木质化作用，造成玉米茎秆软弱，易倒伏。缺钾还引起玉米冠根比增加，主要是由于缺钾影响光合产物向韧皮部装载，糖在叶片中积累，向根系运输的光合产物减少（图6-1B）。如果缺钾严重，玉米节间缩短，植株矮小，果穗发育不良，顶端尖细，秃顶严重，籽粒淀粉含量减少，千粒重降低，茎中还会积累铁化合物，阻碍养分向根部运输，从而使根系发育不良，出现早衰等现象，并易感茎腐病，合理施用钾肥可有效提高玉米对茎腐病的抗病能力（图 6-2）。

玉米缺钾的另一典型表现是：当土壤供水不足时玉米植株组织失去膨压并萎蔫。K^+ 对气孔的调节作用是高等植物控制水分的主要机理，同时 K^+ 是液泡中的主要渗透溶质，可使植株在干旱的情况下仍维持较高的组织含水量，并且 K^+ 可提高光合速率，或使 ABA（脱落酸）水平降低，使玉米在组织含水量及生物量上均表现出较强的抗旱作用。因此，供钾充足时可提高玉米抗旱能力。

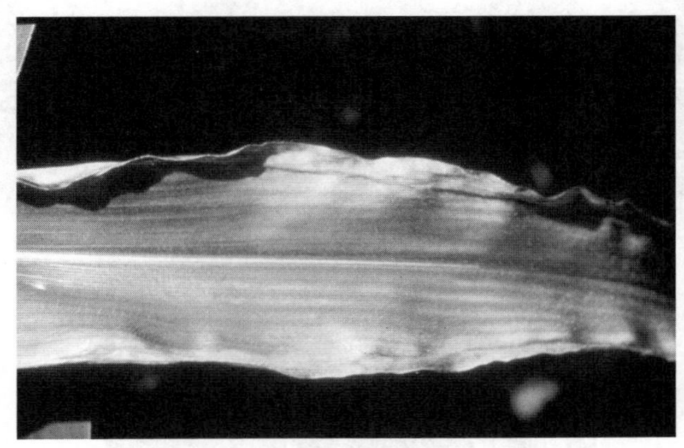

A. 叶片尖端与叶缘呈干枯烧灼状，但中脉仍保持绿色

B. 下部老叶叶尖和叶缘失绿变黄，但上部幼叶仍保持绿色

图 6-1　玉米缺钾症状

A. 玉米严重缺钾时下部叶片黄化，上部仍保持绿色

B. 根系差，茎秆弱，节间短，果穗发育不良，顶端尖细，秃顶严重

图 6-2　玉米严重缺钾症状

三、玉米钾吸收量及阶段吸收特性

玉米吸收钾的数量多少与植株吸收特点和产量关系十分密切。随吸钾量的提高，产量也随之增加，二者呈极显著正相关。同时玉米吸收钾的数量多少明显受土壤营养水平的影响，在相同的产量下，不同的土壤营养水平对应的钾素吸收量也不同。山东农学院胡昌浩等试验品种为鲁原单 4 号，产量为 6 210.8 kg/hm^2，每生产 100 kg 籽粒 K_2O 吸收量（百千克籽粒 K_2O 吸收量）为 2.98 kg；河北农大在 2008 年和 2009 年

以浚单20为供试品种得出超高产水平下（15 552.5 kg/hm^2）100 kg籽粒K_2O吸收量为2.65 kg，高产水平（13 452.0 kg/hm^2）下100 kg籽粒K_2O吸收量为2.64 kg。李建军等在关于黄淮海地区夏玉米施肥参数的研究中得出，100 kg籽粒K_2O吸收量为2.36 kg。山东农业大学李波等研究了高产条件下玉米钾素吸收特征，通过二次曲线模拟得出登海661玉米品种每生产100 kg籽粒需吸收K_2O 2.55 kg，郑单958需吸收K_2O 3.20 kg，而河南农业大学王宜伦2007年和2008年通过大田试验研究结果显示，每生产100 kg籽粒需吸收K_2O 2.20 kg和2.23 kg。由此可见，黄淮海玉米种植区的100 kg籽粒K_2O吸收量并不固定，一般在2.20～3.20 kg。

在不同的生育阶段，玉米植株的钾含量也不一样。总体上是生育前期高于生育后期，且随生育进程呈连续下降趋势（表6-1）。苗期植株含钾量为干物质的4%～6%，到生育中期及后期为植株干重的2%。玉米不同节位叶片中钾平均百分含量高低顺序为，中部（11～13）＞上部（15～16）＞下部（7～9）＞基部（3～5），这有利于中上部叶片的光合作用；不同节位叶鞘中钾平均百分含量高低顺序为，中部（11～13）＞基部（3～5）＞上部（15～16）＞下部（7～9）。不同节位茎秆中钾平均百分含量高低顺序为，上部（15～16）＞中部（11～13）＞下部（7～9）＞基部（1～6）。雌、雄穗中的钾平均百分含量呈前期高后期低的下降趋势，且雌穗（0.93%）＞雄穗（0.70%）。如表6-2所示，玉米成熟期各器官中钾的分配为：茎秆＞叶＞籽粒＞雌穗，从各器官转移量来看，叶片和叶鞘向外转移最多，占植株总转移量的79%～89%，茎秆占6%～11%，雌穗仅占4.5%～10%。籽粒中钾素积累量较少，为全株的16%～18%。可见玉米植株钾除了向籽粒转移外，另外有一部分流失体外。不同种植类型玉米对钾素的吸收量是不同的，一般春玉米高于麦田套种玉米和麦后复种的玉米。

表6-1　不同生育时期夏玉米地上部钾含量（K,%）

器官	拔节期	大喇叭口期	吐丝期	灌浆期	成熟期
茎	3.29	2.40	1.94	1.92	1.81
叶	2.11	1.78	1.61	1.37	1.19
籽粒			1.70	0.56	0.43
整株	2.56	2.10	1.78	1.10	0.89

表6-2　高产及超高产夏玉米各器官钾含量（K,%）

试验田	器官	苗期	拔节期	大喇叭口期	吐丝期	吐丝后10 d	吐丝后20 d	吐丝后30 d	吐丝后40 d	吐丝后50 d	成熟期
高产	叶片	5.37	4.39	3.56	3.23	2.62	2.52	2.44	2.41	2.24	2.14
	茎鞘		7.5	7.13	4.91	4.49	4.26	4.05	4.04	3.84	3.7
	其他				1.49	0.99	1.42	1.74	1.27	1.23	1.18
	籽粒					1.52	0.92	0.56	0.42	0.4	0.38

（续）

试验田	器官	苗期	拔节期	大喇叭口期	吐丝期	吐丝后10 d	吐丝后20 d	吐丝后30 d	吐丝后40 d	吐丝后50 d	成熟期
超高产	叶片	5.83	4.38	3.55	3.24	2.8	2.62	2.54	2.48	2.34	2.34
	茎鞘		7.35	8.03	5.12	4.58	4.48	4.35	4.32	4.28	4.18
	其他				1.91	1.24	1.46	1.78	1.71	1.3	1.24
	籽粒					1.58	0.98	0.51	0.46	0.46	0.45

玉米钾的吸收速率在前期比氮、磷都快，所以种肥中钾肥的需要量应比氮、磷肥都多，在水培中，氮的大量吸收要在玉米发芽 28 d 后才开始，但钾的大量吸收在出芽后不久就开始了。苗期的钾素吸收量占全生育期总吸收量的 2%左右。拔节期后玉米对钾素的吸收速度迅速增长，达到全生育期吸收总量的 40%～50%，抽雄吐丝期占全生育期总吸收量的 80%～90%，在雌穗小花分化期至抽雄期出现最大吸收速度，夏玉米此时期每日吸收量约为 6 kg/hm^2，吸收量占全生育期的 32%左右。其次是雌穗生长伸长至雌穗小花分化期，每日吸收量约 4.5 kg/hm^2，吸收量占全生育期的 21%～22%，抽丝以后吸收速度急剧下降。籽粒中钾素主要来自于营养器官的再转移，从叶片转移量较多，对于青熟型玉米吐丝至成熟期叶片虽一直保持进行光合作用，但仍可以进行钾素的再转移。王宜伦对超高产夏玉米养分吸收特点研究结果表明，超高产夏玉米对钾的累积从出苗到成熟一直呈增加趋势，收获时达到最高值。拔节期至吐丝期是超高产夏玉米养分吸收积累量较大的时期，钾的吸收量占总量的 62.39%。吐丝至成熟期植株钾的吸收量占总量的 20.87%。不同气候条件影响钾的转移，玉米生长季节遇到少雨、寡照的气候条件，叶片、叶鞘和雌穗中钾的转移比例提高。

玉米植株的钾素积累与干物质积累不同步，玉米钾素积累高峰在吐丝期前，玉米植株的干物质积累高峰在吐丝期后。玉米在吐丝前以营养生长为主，营养器官生长快速，代谢旺盛，根长和根系生物量迅速增加，根系吸收活性强，使钾素累积速度超过干物质积累速度。钾素虽不参与器官组成，但主要参与酶的活化和细胞渗透势调节。钾素的充分积累为植株一系列代谢活动提供了良好的保障，促进了营养器官的快速生长。吐丝期前营养器官的良好生长为吐丝期后籽粒的干物质积累提供了较好的保障。李文娟等研究指出，随着施钾量的增加，玉米生育后期干物质积累的最大速率和平均速率提高，最大速率出现时间提前。当前高产玉米品种与早期玉米品种相比，吐丝期叶面积及根系吸收面积均较高，这也是高产玉米品种的生物基础。玉米产量的提高主要来自于吐丝期后干物质的累积，吐丝期后的光合作用是玉米籽粒产量形成的主要决定因素。目前属青熟型品种种植面积较大，在玉米吐丝至成熟期均可进行光合作用，提供光合产物，而早期玉米品种叶片早衰，后期光合作用较弱，籽粒干物质积累来源于光合产物从营养器官向籽粒转移的比重较大，故产量低于当前高产品种。所以玉米在生长早期的钾素积累，是其高产的必须保障。

第二节　玉米常用钾肥种类

以钾为主要养分的肥料，其肥效的大小取决于其氧化钾含量，但大量的证据表明，在商品钾肥中陪伴的阴离子也起着非常重要的作用。目前常用的钾肥主要有氯化钾和硫酸钾，还有一些特殊钾源包括硝酸钾和磷酸二氢钾，但是后二者作为商品肥料的意义非常有限。

一、氯化钾

氯化钾是盐酸的钾盐（KCl），通常从钾石盐、光卤石或含氯化钾的卤水中提取。德国在1861年就将其用作最主要的钾肥，并长期保持其生产的垄断地位。由于矿产资源丰富，生产方法简单、含钾量高而成本低等原因，至今氯化钾仍为世界上最主要的钾肥品种，约占全球钾肥销售总量的9成以上，其中50%直接施用，其余主要用来制造复（混）肥料。

（一）理化性质

氯化钾（KCl）分子量为74.55，折合K_2O理论含量为63.17%。氯化钾化肥中的纯度因矿源不同而异，一般氯化钾含量为90%～95%，含K_2O 60%～63%，含Cl 47.6%。此外还含有少量的钠、钙、镁、溴和硫酸根等。纯KCl为白色结晶，但由溶解结晶法和浮选法制得的氯化钾一般为粉粒状。商品氯化钾呈浅黄色、砖红色或白色。加拿大产的KCl呈浅砖红色，这是由于含有约0.05%的铁及其他金属氧化物造成的。颗粒状（0.8～4.7 mm）或粗粒级（0.6～3.3 mm）氯化钾，主要用于散装掺合肥料，直接同等粒级的磷铵、尿素等生产掺混肥，又叫BB肥（Bulk B1end Fertilizer）。氯化钾具吸湿性，当相对湿度在80%以上时，有轻微吸湿，相对湿度增加到90%以上，便会严重吸湿并开始潮解，久存后会结块。氯化钠等杂质含量高时，吸湿和结块性增强。氯化钾易溶于水，水温20℃，每100 kg水能溶解34.7 kg，100℃时可溶解56.7 kg。氯化钾在溶液中呈化学中性反应，属于生理酸性肥料。氯化钾施入土壤后，溶解时解离为K^+和Cl^-，K^+很容易被土壤胶体粒子所吸持，也易被作物根系吸收。残留的氯离子（Cl^-）不能被土壤吸持，若未排出土壤时，则它与土壤中其他离子结合而形成氯化物留在土壤溶液里，会对土壤产生不同的影响。在酸性土壤上，氯化钾和土壤反应后，K^+被吸附而Cl^-与H^+反应生成HCl，生成的盐酸使土壤酸性加强，也就增加了土壤中铝和铁的溶解度，加重了活性铝的毒害作用，因而会妨碍种子发芽或危害幼苗生长。所以在酸性土上施用氯化钾应该与有机肥和石灰相结合，也可适当减少KCl的每次使用量或间歇使用。但对石灰性土壤，由于碳酸钙的存在，不致引起土壤酸化，而且有利于植物对钙的吸收。

（二）施用技术

氯化钾可作基肥和追肥施用，一般不用作根外追肥。氯化钾中含氯45%～47%，氯也是作物必需的营养元素。它参与光合作用，维持细胞中的电荷平衡和膨压，适量的氯有利于碳水化合物的合成与转化，提高玉米的抗病性。但玉米对氯的需要量少，玉米若氯含量过高会减少叶绿体含量，导致光合作用强度和酶活性降低。由于氯与硝酸盐和硫酸盐在吸收上进行竞争，故高氯时，它们的吸收会受到影响。含氯高时玉米植株内水分含量高，容易受真菌感染，生长和开花延迟。由于氯离子不被土壤吸附，会被雨水或灌溉水淋洗，因此一般不致产生危害，但在旱区或旱季要注意防止氯离子积累，引起玉米生长受抑以致品质下降。氯化钾含氯量高，且有少数肥料氯化钠含量较高，故一般不适用于盐碱土壤。

二、硫酸钾

硫酸钾由某些含钾硫酸盐矿物经富集或由氯化钾（KCl）和硫酸（H_2SO_4）反应制成的一种钾肥，是硫酸的钾盐。可直接施用，也可用作制造复混肥料的配料。

（一）理化性质

硫酸钾（K_2SO_4）分子量为174.25。折K_2O的理论含量为54.05%，商品一般含硫酸钾90%～95%，含钾（K_2O）50%～52%，含硫16%，含氯小于2.2%；此外尚有少量的钠、钙、镁和溴等。农用硫酸钾外观为粉末结晶状或颗粒状；纯品硫酸钾为白色结晶或粉末状。肥料用硫酸钾常带有灰黄、灰绿或暗棕色、有辣味。硫酸钾易溶于水，溶解度随温度的升高而增加。在20℃时，溶解度为6.85%；在100℃时溶解度40.1%。硫酸钾属化学中性，生理酸性的速效钾肥。硫酸钾物理性好，吸湿性小，贮存时不易结块，贮运使用较为方便。硫酸钾施入土壤后随即溶于水，并解离为K^+与SO_4^{2-}。其中一部分K^+为植物吸收，产生生理酸性反应，另一部分K^+为土壤胶体吸附并将Ca^{2+}等阳离子交换到土壤溶液中，与残留的SO_4^{2-}形成$CaSO_4$。后者的溶解度比$CaCl_2$小，不易随水流失，在中性及石灰性土壤中对土壤的脱钙程度和酸化的影响均较轻。

（二）施用技术

硫酸钾可作基肥、追肥、种肥和根外追肥，根外追肥时浓度应为2%～3%。硫酸钾一般适用于各种土壤，酸性土壤长期施用硫酸钾，易导致土壤酸化，应配施石灰或其他碱性肥料。

硫酸钾含盐指数低，可以在盐渍土壤中施用。但是在湿润条件下，钾肥形态并不那么重要，因为SO_4^{2-}和Cl^-都易于淋失。如果在施用钾肥较长时间后再种植，那么就更不会有影响。在实际情况下，由于施肥点附近肥料浓度高，有可能出现烧苗问题，但在施用等量钾素的情况下，施用硫酸钾比施用氯化钾出现烧苗、枯芽现象的概率要小得多。硫酸钾中含有硫，也是作物必需的大量元素之一，有利于土壤硫素的补充。

三、硝酸钾

硝酸钾是不含氯的二元复合肥。纯品含K_2O为46.58%，含N为13.84%；肥料

级产品含 K_2O 为 44.3%，含 N 为 13.2%左右。N∶K_2O 为 1∶3.4，是含钾为主的高浓度化肥品种之一。

（一）理化性质

硝酸钾为白色结晶，不易吸湿，一般不易结块，极易溶于水，溶解度随温度升高而增大。硝酸钾是强氧化剂，加热至 334℃分解放出氧，与有机物、磷、硫接触易经过撞击或加热引起燃烧和爆炸，属于易燃、易爆品。硝酸钾除可作肥料外，工业上还广泛用于黑色火药、烟火、火柴、玻璃工业和食品防腐等方面。

（二）施用技术

硝酸钾是无氯的氮、钾复合肥料，养分总含量达 60%左右，宜作追肥、浸种肥和根外追肥，不宜作基肥。硝酸钾所含的 NO_3^- 和 K^+ 都很易被作物吸收，其中的 NO_3^- 能被吸收得更快更多，少量 K^+ 离子会残留于土壤中，被土壤黏粒吸持或生成 K_2CO_3 等弱酸强碱盐。因此，硝酸钾是一种生理碱性肥料。硝酸钾施入土壤后，较易移动，作为作物中晚期追肥或作为受霜冻危害作物的追肥较为合适。由于硝酸钾所含的 K_2O 是其含 N 量的 3.4 倍，故农业上也常将其作为高浓度钾肥使用。硝酸钾肥效快，可使产品的质量变好。硝酸钾中的氮是以硝态氮存在，不易被土壤胶体吸附而易流失。硝酸钾除可单独施用外，也可与硫酸铵等氮肥混合或配合施用，既可调整肥料中的 N∶K_2O 比例，也可利用铵态氮肥的生理酸性消除硝酸钾生理碱性的某些副作用，肥效比较理想。

四、磷酸二氢钾

磷酸二氢钾（KH_2PO_4）分子量为 136.09，折 K_2O 理论含量为 34.63%，P_2O_5 为 52.16%。磷酸二氢钾为白色结晶，吸湿性小，易溶于水。磷酸二氢钾养分含量高，具有良好的物理性质和化学稳定性，是目前含盐指数最低的化学肥料，不会灼伤作物，适宜于各种土壤和作物，但价格高，很少直接施用。玉米种植上用磷酸二氢钾溶液叶面喷施可提高其抗旱性。

五、硫酸钾镁

硫酸钾镁是含有硫酸钾和硫酸镁的复盐。钾镁肥中氯含量极低，能同时提供钾镁硫 3 种营养元素。这种肥料吸湿性较强，易潮解。钾镁肥主要生产国是美国和德国。钾镁肥含镁量较高，含钾量相对较低，故该肥料钾镁比值较小，如无水钾镁矾的 K_2O/MgO 比值为 0.86。适宜的钾镁比值因作物而不同，对玉米而言，约为 5 左右。为了调节钾镁比例，钾镁肥应与其他的钾肥配合施用。

六、草木灰

草木灰为植物燃烧后的灰烬，所以草木灰中几乎含有植物所含所有矿质元素。其中含量最多的是钾元素，一般含钾 6%～12%，其中 90%以上是水溶性，其中以碳酸钾为主，其次为硫酸钾，氯化钾的含量较少。一般含磷1.5%～3%，呈弱酸溶性的钙镁磷酸盐，有效性也较高。还含有钙、镁、硅、硫和铁、锰、铜、锌、硼、钼等微量营养元素。在等钾量施用草木灰时，肥效好于化学钾肥。草木灰是一种碱性肥料，因为碳酸钾是弱酸强碱盐，溶于水后即呈碱性反应，所以不能与铵态氮肥混合施用，也不应该与人类尿、圈肥等有机肥料混合施用，以免引起铵的挥发损失。草木灰可以用做基肥或追肥，其水溶液也可用于根外追肥，有一定的增产效果。草木灰以集中施用为宜，一般可沟施或穴施，施后覆土。因草木灰质地轻，不便施用，施前可与2～3倍湿土拌和，或喷洒少量水分，使之湿润，然后方便施用。

七、作物秸秆

在我国钾素资源缺乏，农业生产中寻求矿质钾素的替代品是当务之急。作物从土壤或肥料中吸收的钾素绝大部分存于秸秆中。因此秸秆中钾的循环利用尤为重要。一般作物秸秆中钾、钙、硅等矿物质含量较高，其次是氮、磷。禾本科作物的秸秆含钾较多。由于秸秆含有大量的有机碳和各种营养物质，因此，作物秸秆直接还田后，不仅可直接为作物提供养分，增加土壤中钾、硅、硫和微量元素等的含量，而且有利于提高土壤有机质含量，促进微生物活动，改善土壤物理、化学和生物学性状，改良土壤结构，提高土壤有机氮含量，促进土壤中难溶性养料的溶解。秸秆还田还可节省大量运输和堆制分解费用，因此通过秸秆还田来补充土壤钾素是一种有效的途径。

秸秆还田技术应用过程中也需要注意一些问题。首先，秸秆直接还田由于没有经过高温腐熟，容易携带上季作物所感染的病虫害，因此在病害严重的地块不能进行秸秆还田；其次，秸秆还田后在微生物的作用下逐步分解释放出养分，微生物的生长也需要消耗大量氮素，容易发生与作物争氮的现象，因此在进行秸秆还田的同时应注意增施氮肥，确保氮素供应充足。为缩短秸秆腐解的时间，可施用秸秆腐熟菌剂。目前黄淮海夏玉米种植区多为小麦-玉米轮作一年两熟制，大多采用粉碎还田的方式。使用这种方式应注意秸秆的粉碎度和还田量，如果粉碎度太低、还田量过大会使土壤透气性过强，不利于保墒，对作物生长不利。

第三节　钾肥对玉米品质与产量的影响

一、钾肥对玉米品质的影响

钾是公认的“品质元素”，是植物体内很多酶的活化剂。影响植物体内的许多代谢过程（如光合作用，呼吸作用），它与碳水化合物、脂肪和蛋白质的合成等密切相关。缺钾会扰乱植物的新陈代谢（改变碳水化合物浓度，降低光合作用率和输送率），对某些玉米产品品质产生影响，如玉米的糖分、氨基酸、蛋白质等品质要素。同时适量补充钾素对于提高玉米千粒重，使籽粒充实，对提升玉米籽粒的外观品质具有一定作用。

在合成蛋白质中，钾参与了氮的活化和运输。钾离子平衡蛋白质中某些氨基酸（如谷氨酸和天门冬氨酸）残留物的负电荷，帮助蛋白质电荷的相互作用保持稳定。钾能诱导硝酸还原酶的形成，提高硝酸盐还原酶活性，进而促进硝氮向氨氮的转变，为氨基酸的合成提供原料。据邹德乙的研究结果，在棕壤区施用无机氮磷肥基础上增施钾肥，玉米籽粒粗蛋白质含量平均提高 0.56%，蛋白质产量增加 12.4%。史振声研究结果表明，当硫酸钾施用量超过 150 kg/hm^{2}时，玉米中赖氨酸的含量随施钾量的增加而降低。可见，缺钾或钾素过量都将严重影响蛋白质的数量和品质。表 6-3 为钾素对玉米籽粒中 9 种人体必需氨基酸含量的影响，结果表明，在 4 种不同杂交种玉米籽粒中，人体必需 9 种氨基酸的含量因施钾而增加。也有研究表明，钾素对玉米籽粒氨基酸总量和必需氨基酸含量有负作用，钾对籽粒氨基酸品质有双重作用，籽粒发育前期及中期有积极作用，后期则产生消极作用。王宜伦研究表明在沙薄地上施钾可增加玉米籽粒蛋白质含量，高钾植株中可溶性^{15}N-氨基酸参加到籽粒蛋白质中的速率比低钾植株快得多，不同施钾处理玉米籽粒蛋白质含量增加 3.9%～6.5%。但施钾并非越高越好，当施钾量超过 225 kg/hm^{2}时，籽粒蛋白质含量却下降。

表 6-3　营养元素钾对玉米籽粒中 9 种氨基酸含量的影响（%）

处理	赖氨酸	苏氨酸	胱氨酸	缬氨酸	蛋氨酸	异白氨酸	白氨酸	酪氨酸	苯丙氨酸
N	2.3	2.7	1.1	3.5	1.4	2.4	7.6	3.1	3.2
NP	2.5	2.8	1.1	3.8	1.2	2.6	8.5	3.3	3.5
NPK	2.6	3.1	1.3	4.3	1.4	3.0	10.3	4.0	4.2

在淀粉合成中，某些酶必须由钾活化，钾也直接参与同化物由叶（源）向贮藏组织（库）的转运工作。相关研究表明，施钾后玉米籽粒的可溶性总糖含量将会提高，对于不同品种的玉米，糯玉米和普通玉米在施钾后淀粉含量增加，而甜玉米、爆裂玉米则降低。施钾后糯玉米、甜玉米的直链淀粉含量降低，普通玉米和爆裂玉米则升高。杨勇在 2013 年以郑单 958 为供试品种，以 3414 试验研究了钾素对玉米品质的影响，其结果表明钾素用量与淀粉含量的关系可以用开口向上的抛物线来表示，郑单 958 是目前山东省种植面积最广的高产普通玉米，这说明施用钾肥对提高目前主导玉米品种的淀粉含量作用非常明显。何萍通过研究钾肥用量对高油玉米和普通玉米籽粒品质和产量的影响认为，适量施用钾肥在提高产量的同时，增加了籽粒中脂肪和蛋白质含量，减少了淀粉含量，提高了玉米营养价值。

在配施氮、磷的前提下，适量施用钾素不仅可提高产量，而且同时可提高脂肪含量，如果钾素施用过量会对玉米脂肪积累产生抑制作用。在土壤钾素供应不足的情况下，施用钾肥对增加玉米籽粒油分含量效果显著。脂肪酸的合成主要还是受遗传控制，钾素对玉米籽粒脂肪含量的影响与玉米品种有一定关联。

钾素对不同胚乳类型玉米的品质因子的作用有一定差别，应根据玉米的类型及其用途来确定钾素的施用量。要注意氮、钾肥的配比，在增加氨基酸、淀粉、蛋白质含量的同时获得较高的品质。对于成熟期收获的玉米应注意氮、钾肥的配施，抵消氮、钾单施对蛋白质品质的相反作用以获得高产优质的玉米籽粒。

二、钾肥对玉米产量及其构成因素的影响

钾素可以促进新陈代谢，增强保水吸水能力，提高光合作用和光合产物运转能力，提高玉米耐旱、抗病、耐寒和抗倒伏能力，所以对于提高玉米产量具有重要作用。

钾肥对玉米叶片、茎秆干重影响较大，适量施用钾肥可促进叶片、茎秆干重的增加，茎秆和叶片又作用于千粒重，促进产量提高。据宋国华研究，施钾肥区幼苗健壮、叶色深绿，拔节后茎秆增粗明显，叶片肥厚而深绿，在籽粒灌浆至成熟期，光合功能叶片多，叶片衰老慢。也有研究表明，增加供钾水平可延长玉米的灌浆期，从而可增加籽粒的千粒重，缺钾则使叶片衰老提早。据王贵平等研究，施用钾肥玉米平均叶面积指数比对照提高 5.8%，最大叶面积指数提高 17%，总光合势增长 11.8%。施用钾肥干物质在全生育期的平均累积速度和最大累积速度分别增长 4%和 9%，在各个生育阶段的干物质累积量都显著高于对照。钾肥还促进玉米干物质向籽粒的转移。叶、苞叶、穗轴干物质转移率分别提高 2.2%、1.5%、4.3%。钾肥促进了开花后干物质合成的累积量和干物质的转移，分别提高 4.7%和 17.6%。由此可见施用钾肥可促进玉米营养生长、养分转移、组织分化，为提高玉米产量打下良好生物基础。赵利梅等研究，使用钾肥使籽粒鲜重最大增长速率出现的时间提前 2.3 d，最大增长速率提高 14.5%。施用钾肥使千粒干重最大增长速率提高 8.1%。曹敏建等研究结果显示，在经济产量性状中，施用钾肥对提高玉米粒重影响最大，适宜的钾肥用量比缺钾处理的千粒重提高 50.2%～55.9%，但过量的钾肥处理千粒重下降。缺钾会引起组织呼吸增强，消耗增多，光合产物积累减少。郑福丽等增施钾肥可不同程度地增加玉米的穗长和行粒数，进而提高了玉米的生物产量和经济产量。另外施钾能提高玉米的耐旱性和对土壤水分的有效利用，促进玉米生长。施钾还可促进籽粒后期脱水，成熟期钾肥区籽粒含水量比对照区低 3.16%。

第四节　玉米钾肥的合理施用技术

施用钾肥对提高玉米产量，改善品质以及提高抗逆性具有显著的作用。长期以来生产中重施氮肥磷肥、少施或不施钾肥，特别是作物高产品质的应用和产量水平的提高，复种指数的增加，农田钾素平衡失调加剧，缺钾现象日益严重，面积不断扩大，影响到农业生产的进一步发展。因此在当前玉米优质高效生产必须注重钾肥的合理施用。

（一）钾肥合理施用量

玉米吸钾量较大，增施钾肥有利于获得高产，钾肥的增产效果随产量水平而变化。产量在 1 699.5～18 960 kg/hm^2范围内，每千克钾素生产籽粒量随产量提高而稍有下降。产量在 1 770～6 000 kg/hm^2，每千克钾素生产籽粒为 41 kg；6 210～7 395 kg/hm^2范围内为 40 kg；7 665～18 960 kg/hm^2范围内为 38 kg，这与氮、磷变化趋势不同。王宜伦等在河南省潮土区研究结果表明，增施钾对于玉米增产幅度为 4.68%～14.35%。施钾量 150 kg/hm^2以上显著增产，但施钾量过高时玉米产量趋于降低。从产量构成因素看，施钾主要影响穗粒数和百粒重，与产量趋势一致。以施钾量和产量做出肥料效应方程为 $y=-0.020\ 2x^2+9.659\ 3x+7\ 455.5$（$R^2=0.937\ 6$），经计算最高产量施肥量为 239 kg/hm^2（图 6-3）。

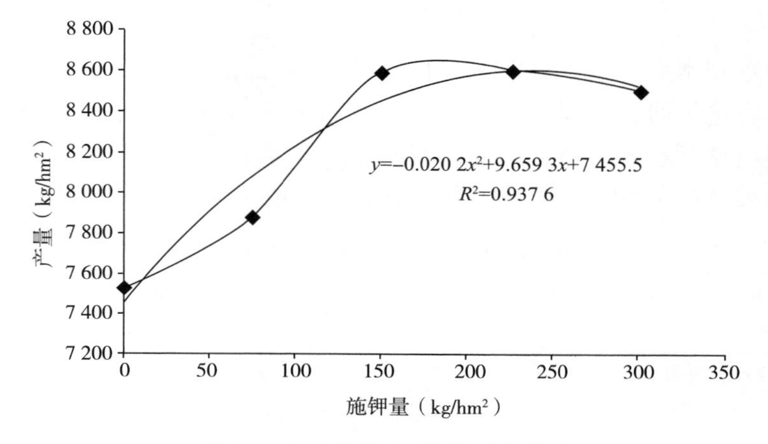

图 6-3　河南省潮土区钾肥产量效应

魏建林等在山东省褐土区研究结果显示，增施钾对于玉米增产幅度为 4.97%～5.59%，施钾量和产量关系的肥料效应方程为 $y=-0.012\ 4x^2+4.32x+6\ 797.2$（$R^2=0.861\ 2$），经计算玉米获得最高产量的施钾量为 174.2 kg/hm^2。可见玉米生产上适宜的施钾量受土壤状况及产量水平影响较大，可根据土壤有效含量、玉米目标产量以及各营养元素间的相互平衡来科学确定，对于黄淮海区域玉米生产上一般在 150～240 kg/hm^2（图 6-4）。

（二）钾肥合理施用时期

根据钾对玉米的生理作用以及钾肥的理化性质特点，通常钾肥做基肥、种肥的比例较大，若将钾肥用作追肥，也应早施为宜。玉米吸钾在中、前期多，后期显著减少，甚至在成熟期部分钾从根部溢出。早期施用钾肥可促进玉米前期营养生长、养分转移、组织分化，为提高玉米产量打下良好生物基础。在氮磷钾总量不变情况下，磷、钾肥早期一次施入，氮肥分期施用，能促进雌穗发育，较早供应钾肥对光合作用有利，可形成较多碳水化合物，同时延迟氮的吸收，使植株体内碳氮比例提高，促进雌穗形成与发育。倪大鹏等田间试验研究结果表明，钾肥基施效果优于大喇叭口期追

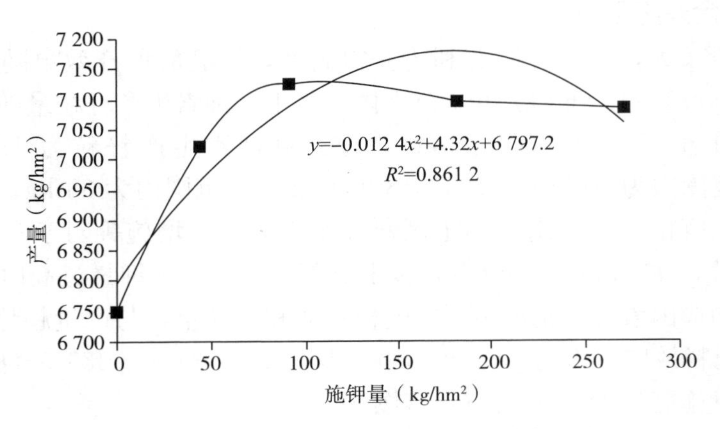

图 6-4　山东省褐土区钾肥产量效应

施。但对于土壤钾本底含量不高，玉米目标产量高的情况下，后期及时追施钾肥也是有必要的。王宜伦等研究结果显示，夏玉米植株钾素积累量随施钾量的增加而增加，拔节到灌浆期植株钾积累量持续增加，钾肥基追（基肥 50%＋ 拔节追肥 50%）施用效果更好。如表 6-4 为不同钾素施用方式对玉米产量及构成因素的影响。

表 6-4　施钾对夏玉米产量构成因素的影响

处理	穗长（cm）	穗粗（cm）	秃尖长（cm）	穗行数	行粒数	千粒重（g）	产量（kg/hm²）	比对照增产（%）
T1	15.51b	15.67a	0.58a	15.3a	32.8c	283c	6 416d	—
T2	17.31ab	16.63a	0.19b	15.3a	35.4ab	316a	7 703b	20.1
T3	16.95ab	16.27a	0.24b	15.6a	34.2b	301b	7 244c	12.9
T4	17.65a	16.77a	0.13b	15.9a	36.3a	318a	8 238a	28.4

注：T1 为不施钾；T2 为 100%钾肥作基肥；T3 为 100%钾肥于大喇叭口期追施；T4 为基施、大喇叭口期各施用 50%的钾素；供试玉米品种为郑单 958。

（三）钾肥施用技术

钾肥在玉米生产施用上要遵循深施、集中施的原则。因为钾在土壤中易被黏土矿物特别是 2∶1 型黏土矿物所固定，将钾肥深施可减少因表层土壤干湿交替频繁所引起的晶格固定，提高钾肥的利用率。另外钾在土壤中移动性小，将钾肥集中施用可减少钾与土壤的接触面积而减少固定，提高钾的扩散速率，有利于作物对钾的吸收。所以在玉米生产中钾肥应开沟条施、深施，切忌盲目撒施。随着当前玉米生产上种肥同播技术、一次性施肥技术的推广，玉米专用复合肥施用较为普遍，这对于钾肥的合理施用较为有利。

参　考　文　献

曹国军，杜立平，李刚，等 . 2008. 不同钾素营养水平对春玉米碳代谢的影响［J］. 玉米科学，16（4）：

46-49.
曹敏建，孙国娟 . 1998. 玉米高产栽培的钾素生理作用 [J] . 玉米科学，6 (1)：66-68.
曹敏建，王淑琴，张雨林，等 . 1994. 钾对玉米生长发育及生理指标影响的研究 [J] . 土壤通报 (4)：181-183.
常建智 . 2010. 黄淮海超高产夏玉米生长发育及养分吸收积累规律研究 [D]. 保定：河北农业大学：1-32.
何萍，金继运，李文娟，等. 2005. 施钾对高油玉米和普通玉米吸钾特性及籽粒产量和品质的影响 [J]. 植物营养与肥料学报，11 (5)：620-626.
胡昌浩，潘子龙 . 1982. 夏玉米同化产物积累与养分吸收分配规律的研究 Ⅱ. 氮、磷、钾的吸收、分配与转移规律 [J] . 中国农业科学，15 (2)：38-48.
李波，张吉旺，崔海岩，等 . 2012. 施钾量对高产夏玉米抗倒伏能力的影响 [J] . 作物学报，38 (11)：2093-2099.
李波，张吉旺，靳立斌，等 . 2012. 施钾量对高产夏玉米产量和钾素利用的影响 [J] . 植物营养与肥料学报，18 (4)：832-838.
李建军，刘慧芹，刘维芳，等 . 2008. 黄淮海地区夏玉米施肥技术参数与指标体系的研究 [J]. 河北农业科学，12 (6)：43-45.
李文娟，何萍，金继运 . 2009. 钾素营养对玉米生育后期干物质和养分积累与转运的影响 [J] . 植物营养与肥料学报，15 (4)：799-807.
刘鹏 . 2003. 不同胚乳类型玉米籽粒品质形成机理及其调控研究 [D] . 泰安：山东农业大学：25-67.
倪大鹏，刘强，阴卫军，等 . 2007. 施钾时期和施钾量对玉米产量形成的影响 [J] . 山东农业科学 (4)：82-83.
史振声，张喜华 . 1994. 钾肥对甜玉米籽粒品质和茎秆含糖量的影响 [J] . 玉米科学，2 (1)：76-80.
宋国华 . 2001. 玉米补钾的增产效果 [J] . 杂粮作物，21 (1)：43-44.
孙克鲜 . 2009. 钾肥施用时期对沙质潮土夏玉米产量、品质及相关生理指标的影响 [D]. 郑州：河南农业大学：21-22.
王贵平，张伟华，张胜，等 . 2000. 钾肥对春玉米光合性能及产量形成影响的研究 [J] . 内蒙古农业大学学报 (自然科学版)，21 (S1)：143-147.
王旭东，于振文，王东 . 2003. 钾对小麦茎和叶鞘碳水化合物含量及籽粒淀粉积累的影响 [J]. 植物营养与肥料学报，9 (1) 57-62.
王宜伦，韩燕来，谭金芳，等 . 2006. 砂薄地夏玉米施钾效应研究 [J] . 中国农学通报，22 (1)：179-181.
王宜伦，韩燕来，谭金芳，等 . 2008. 钾肥对沙质潮土夏玉米产量及土壤钾素平衡的影响 [J] . 玉米科学，16 (4)：163-166.
王宜伦，李潮海，何萍，等 . 2010. 超高产夏玉米养分限制因子及养分吸收积累规律研究 [J] . 植物营养与肥料学报，16 (3)：559-566.
王宜伦，谭金芳，韩燕来，等 . 2009. 不同施钾量对潮土夏玉米产量、钾素积累及钾肥效率的影响 [J] . 西南农业学报，22 (1)：110-113.
魏建林，张英鹏，崔荣宗，等 . 2015. 施钾量对山东褐土夏玉米产量、效益及钾素平衡的影响 [J] . 山东农业大学学报 (自然科学版)，46 (3)：337-340.
谢建昌 . 2000. 钾与中国农业 [M]. 南京：河海大学出版社：191-192.
杨勇. 氮、磷、钾水平对玉米籽粒品质的影响及测定方法比较 [D] . 哈尔滨：东北农业大学，201：8-39.

张立新，李生秀 . 2007. 氮、钾、甜菜碱对分胁迫下夏玉米叶片膜脂过氧化和保护酶活性的影响［J］. 作物学报，33（3）：482-490.
赵利梅，赵继文，高炳德，等 . 2000. 钾肥对春玉米籽粒建成与品质形成影响的研究［J］. 内蒙古农业大学学报（自然科学版），21（S1）：11-15.
郑福丽，刘兆辉，张文君，等 . 2006. 不同钾肥用量对玉米产量和土壤养分的影响［J］. 山东农业科学（6）：50-52.
邹德乙，韩晓日 . 1997. 棕壤连续施用钾肥对玉米籽粒蛋白质及氨基酸影响的研究［J］. 土壤通报（1）：29-31.

第七章
玉米中、微量元素营养及其合理施用技术

在长期的施肥实践过程中，人们更多地关注玉米对氮、磷、钾的需求，而对中量元素钙、镁、硫的吸收利用关注得较少。钙、镁、硫作为植物必需的营养元素，对玉米生长发挥着极其重要的作用，特别是大量元素和微量元素施用量的不断增加，导致元素间不平衡，钙、镁、硫营养失调等症状时有发生。

微量元素肥料（微肥），是指含有植物生长发育所必需的铁、锰、铜、锌、硼、钼和氯元素的肥料。随着作物产量的不断提高，有机肥料在肥料总构成中比例的逐年下降，以及商品性肥料中大量元素的浓度与纯度不断加大，微量元素的肥效也越来越明显。微量元素肥料不仅为农作物生产所必需，而且还涉及畜牧业的需要，同时与调节人的营养以及对生态环境与食物链的影响有很大关系。

第一节　钙素营养及钙肥施用技术

一、钙元素的营养生理功能

1. 钙是植物细胞结构的组成元素

钙能稳定生物膜结构，保持细胞的完整性。其作用机理主要是依靠它把生物膜表面的磷酸盐、磷酸酯与蛋白质的羧基桥接起来。

2. 钙能够维持细胞生理平衡，促进其他营养元素的代谢

钙离子主要分布在中胶层和原生质膜的外侧，一方面可增强细胞壁结构和细胞间的粘连作用；另一方面则对膜的透性和有关的生理生化过程起着调节作用。钙能够促进其他营养元素的代谢，在有液泡的叶细胞内，大部分钙离子存在于液泡中，对液泡内阴阳离子的平衡有重要贡献。

3. 钙能够改善作物品质，增强植物的抗逆性，防止早衰

钙能提高植物组织或细胞的多种抗性，如盐胁迫下钙能降低植株体内脱落酸（ABA）含量，增加赤霉素（GA）、生长素（IAA）、玉米素（ZT）的含量，提高盐胁迫下抗氧化酶活性，降低膜脂过氧化水平。另外，钙能维持细胞质膜的完整性，缓解渗透胁迫对叶绿体和线粒体的伤害；维持低氧胁迫下植株体内质膜、液泡膜和内质网膜 ATPase 活性，抑制植物对重金属的吸收，降低逆境下细胞膜的透性，增加逆境

下脯氨酸含量等。

4. 钙能够促进细胞伸长和根系生长

细胞伸长的前提是细胞壁的松弛。当质膜受吲哚乙酸（IAA）刺激时，H^+ 的分泌作用加强，使 pH 下降，从而细胞壁得以松弛而促进细胞伸长。在无钙离子的介质中，根系的伸长在数小时内就会停止。这是由于缺钙破坏了细胞壁的黏结联系，抑制细胞壁的形成，而且使已有的细胞壁解体所致。

另外，由于钙是细胞分裂所必需的成分，有丝分裂过程中，由微管构成的纺锤体将染色体分开，钙与钙调蛋白形成的复合体影响微管的解聚，缺钙时纺锤体增长受到影响，抑制了细胞分裂。

5. 钙参与第二信使传递，起酶促作用

钙调蛋白是一种低分子多肽，对 Ca^+ 具有很强的亲和力和很高的选择性。当植物遇到环境胁迫时，细胞质中 Ca^{2+} 浓度的变化引起钙调蛋白活性的改变。当某种信号达到细胞时，质膜对 Ca^{2+} 的通透性瞬间增加。当细胞质中 Ca^{2+} 浓度增加到一定阈值时，与钙调蛋白结合，形成 Ca^{2+}-CAM 复合体。这种激活态的钙调蛋白可以进一步激活植物体内多种关键酶，进而使细胞产生与信号相对应的生理反应，如细胞分裂与伸长、细胞运动、植物细胞的信息传递、光合作用等。

崔彦宏等研究了平展型品种沈单 7 号和紧凑型品种掖单 13 两种玉米的钙吸收特点，结果表明，玉米植株相对含钙量在整个生育期中呈现“前高后低”的变化趋势。植株吸收的钙主要分配到叶片和茎秆中。玉米对钙的吸收有 2 个高峰期，平展型品种沈单 7 号分别在拔节至大喇叭口期和籽粒形成期，紧凑型品种掖单 13 则分别在大喇叭口至吐丝期和乳熟末期。每形成百千克籽粒需吸收钙 0.52～0.64 kg。营养体中的钙并不向籽粒进行转移，籽粒中的钙则几乎全部来自于籽粒生育期间土壤钙的供给。

二、玉米缺钙症状

植物发生缺钙一般有两个原因：①土壤本身缺钙，主要发生于酸性土壤黄棕壤与砖红壤，这类土壤在风化过程中遭受强淋溶作用，导致成土母质中的钙大量流失，使得土壤中钙含量低。②生理性缺钙，由于植物体内钙的运输途径主要发生在木质部的长距离运输，其运输的动力是蒸腾作用，钙通过蒸腾水流移动，而幼嫩部位以及果实的蒸腾作用较小，对钙的竞争弱于叶片，加之钙在韧皮部中移动性差，难以再分配和运输到新生部位及果实，因此容易发生缺钙现象。外在因素（如干旱）引起蒸腾向地上部运输受限，施用氮肥过多，大量钙进入叶片，会导致叶片与果实争夺钙，加剧钙缺乏症。

玉米缺钙症状为植株生长不良，心叶不能伸展，叶尖黄化枯死；新展开的功能叶叶尖及叶片前端叶缘焦枯，并出现不规则的齿状缺裂；新根少，根系短，呈黄褐色，缺乏生机。玉米（叶片）丰缺诊断指标为：低于 3.0 g/kg 为缺乏，7.0～8.0 g/kg 为适量。

北方石灰性土壤呈中性或偏碱性，一般不会出现土壤缺钙的现象，玉米出现缺钙的主要原因在于植株的根系对钙的吸收受阻：①近几年玉米的施肥一般用尿素和磷酸二铵等肥料，对于玉米所必需的钙、锌等营养元素的施用没有引起足够的重视，土壤中的钙没有得到及时补充；②大量施用氮、钾肥，提高了土壤溶液的浓度，从而抑制了根系对钙元素的吸收，特别是大量施用铵态氮肥时，尤其如此；③7～8 月正是玉米生长旺盛的时期，也是玉米吸收钙等营养元素的高峰时期，此时遇到高温干旱，也极易诱发缺钙。

三、钙肥施用技术

石灰肥料有生石灰、熟石灰及含钙的工业废渣。在黄淮海地区，多采用氯化钙溶液喷施。

对于玉米缺钙，可采取以下防治措施：①对于已出现缺钙症状的地块，可叶面喷施浓度为 0.3%～0.5%的氯化钙溶液，可连喷 2～3 次，也可喷施其他含钙的多元素叶面肥；②推广玉米秸秆还田技术，增施土杂肥等有机肥，控制化肥的施用量，特别是氮肥的施用量，适当增加过磷酸钙等磷肥的施用量，防止土壤盐分浓度过高，是防治玉米缺钙的基本措施。

第二节　镁素营养及镁肥施用技术

一、镁元素的营养生理功能

1. 镁是叶绿素的组分，在光合作用中有重要作用

镁素是玉米第四大必需矿质元素，在植物代谢方面起着重要作用。叶绿素中的镁占植物体内镁含量的 10%～20%。玉米缺镁可导致叶片叶绿素含量下降、光合速率降低，并可能影响籽粒的发育。有关研究表明，随着 N、P、K 肥的大量施用及玉米的连作，玉米植株对镁的吸收量增加、土壤镁素逐渐耗竭，镁的增产作用亦日趋明显。

植物组织中 Mg 含量一般占干物质的 0.5%，作物年平均吸收 Mg 约 10～25 kg/hm^2。近年来由于施用较多不含 Mg 的 N、P、K 肥及作物产量的不断提高，土壤 Mg 年净减少 10 kg/hm^2左右。英国农业咨询服务机构建议，当土壤代换性 Mg＜25 mg/kg 时，所有作物均需施 Mg；当土壤代换性 Mg ＜50 mg/kg 时敏感作物需施 Mg；当土壤代换性 Mg ＞50 mg/kg 时 K 含量高的作物也需施 Mg。杨利华等研究表明，玉米施 Mg 与 N、P、K 肥料利用率呈曲线关系，适量施 Mg 对玉米吸收 N、P、K 的促进作用极显著。与仅施 N、P、K 肥的对照相比，玉米施用 MgO 66.7 kg/hm^2可分别提高 N、P、K 肥料利用率分别提高 7.8、2.9 和 20.5 个百分点，增产 6.19%；分别提高籽粒蛋白质、赖氨酸和淀粉含量3.40%、7.14%和17.15%，降低脂肪及糖分含量2.59%与10.86%，而过量施用Mg有抑制N、P、K在植株体内积累的趋势，对产量无益。

2. 镁参与RNA和蛋白质的合成

RNA聚合酶活化时需要Mg^{2+}作为催化剂，RNA分子与镁的结合部位是磷酰基团，镁可以稳定核糖体结构，为蛋白质的合成提供场所。

3. 镁参与酶的活化

镁是许多酶的活化剂，有助于促进糖类化合物的代谢和作物的吸收作用，改善作物品质。

4. 镁促进氮、磷等营养元素的代谢

镁能激活谷氨酰胺合成酶，对植物体氮代谢有重要作用。镁是固氮作用所必需的元素，在固氮过程中，铁氧还原蛋白则与Mg-ATP结合，向固氮酶的活性中心提供能量和传递电子。

镁与作物体内磷酸盐的转移有密切关系，镁离子既能激发许多磷酸转移酶的活性，又可促进磷酸盐在作物体内转移。

5. 镁的其他作用

镁能促进脂肪的合成。张桂银等对沈单7号和掖单13两个玉米品种的镁吸收规律进行了研究，结果表明，玉米植株相对含镁量在一生中基本呈现前期高、后期低的变化趋势。植株吸收的镁在吐丝前主要分配到叶片、茎秆和叶鞘中。吐丝后，镁的分配重点则转向籽粒。玉米对镁的吸收有两个高峰期，沈单7号分别在拔节—大喇叭口期和籽粒形成期；掖单13分别在大喇叭口—吐丝期和灌浆始期。每形成100 kg籽粒吸收镁0.382～0.387 kg。籽粒中的镁44.05%～45.60%来自于其他器官镁的再分配。沈单7号向籽粒转移镁最多的器官是叶鞘和叶片，掖单13向籽粒转移镁最多的器官是叶鞘、雄穗和叶片。

二、植物缺镁症状

作物缺镁主要发生在沙质土壤、酸性土壤、钾肥和铵态氮肥过量施用的土壤上。由于镁是叶绿素的组分，而且镁在韧皮部的移动性较强。当植物缺镁时，植株矮小，生长缓慢，中下部叶片失绿，叶绿素减少，如果不及时补充镁肥，就逐渐发展到新叶失绿。植物缺镁症多发生在作物生长的中后期，尤其是籽粒结实后。玉米镁素营养的诊断指标为，0.13%为缺乏，0.23%～0.35%为适量。玉米缺镁会在叶脉间出现黄色链珠状条纹。玉米缺镁的症状，一般先是条纹花叶，而后叶缘出现紫红色。

三、镁肥施用技术

含镁肥料按其溶解度可分为水溶性和微水溶性两类，$MgCl_2$、$Mg(NO_3)_2$及

$MgSO_4$等为水溶性镁肥，可用于叶面喷施。

对于玉米，一般认为以每公顷施硫酸镁150～225 kg为宜。由于镁素营养临界期在生长前期，所以镁肥多作基肥。

第三节　硫素营养及硫肥施用技术

一、硫元素的营养功能及吸收规律

（一）硫元素的营养功能

1. 硫是蛋白质和酶的组分

硫是半胱氨酸和蛋氨酸的组分，也是蛋白质的组分。蛋白质中一般含硫3～22 g/kg。蛋白质中有3种含硫氨基酸，即胱氨酸、半胱氨酸和蛋氨酸，缺硫时，蛋白质中会缺少蛋氨酸，这样就会限制蛋白质的营养价值。

硫还是许多酶的成分，如丙酮酸脱氢酶、磷酸甘油醛脱氢酶、氨基转移酶、脲酶、磷酸化酶等。这些酶不仅参与植物的呼吸作用，而且与碳水化合物、脂肪及氮代谢均有密切关系。

2. 硫参与植物体内氧化还原反应

植物体内的半胱氨酸、谷胱甘肽和铁氧还蛋白等化合物的分子结构中都含有-SH基，能调节体内氧化还原过程。

3. 硫能提高作物的抗逆性

当植物遭遇逆境时，其体内的活性氧代谢失调，会产生大量的氧自由基，导致膜脂过氧化，造成细胞或组织损伤。植物体内的一些含硫化合物及酶（如GSH，GR）可淬灭氧自由基，硫还能调节植物抗氧化保护酶活性，增强作物的抗逆性。

（二）玉米硫吸收规律

据崔彦宏等研究表明，玉米植株相对含硫量在一生中呈前期高后期低的变化趋势。植株硫在吐丝前主要分配到叶片、茎秆和叶鞘中，吐丝后硫的分配重点则转向籽粒。玉米对硫的吸收有两个高峰期，平展型品种分别在拔节至大喇叭口期和籽粒形成期，紧凑型品种则分别在大喇叭口至吐丝期和灌浆盛期。形成100 kg籽粒吸硫0.152～0.156 kg。籽粒中的硫有30.9%～46.52%来自于其他器官硫的再分配，向籽粒转移硫贡献最多的器官是茎秆和叶片。刘存辉等研究了不同施硫量对玉米产量的影响，每公顷基施0（CK）、36.3（S1）、413.85（S2）kg硫时，玉米每公顷产量分别为9 784.5、10 639.5、11 322 kg，处理分别比对照增产8.73%和15.71%，并提高了果穗长度，增加了穗行数、行粒数，但对千粒重影响不大。李孟良、蔡川通过田间试验研究了不同硫肥施用量对玉米生长及产量的影响。结果表明，硫肥对玉米生长发育有促进作用，提高玉米产量，增产幅度可达13.92%～

32.67%。王空军等研究结果表明，夏玉米植株硫的百分含量在一生中呈现前期高、后期低的变化趋势，有两个吸硫高峰期分别为：拔节—大口期、开花—乳熟期，分别占生育期吸收总量的 26.18% 和 25.14%。拔节到大口期吸硫强度最大达 0.439 kg/（hm^2·d），开花后仍保持较高的吸硫强度，为 0.184 kg/（hm^2·d），形成百千克籽粒需硫量为 0.186 kg。植株硫开花前主要分布在叶片、茎秆和叶鞘中，开花后分配转向以籽粒为主，籽粒中的硫有 26.19%来自其他器官的转移，其中对籽粒贡献最大的是叶片，开花后中上部叶片保持较高的含硫量、对硫的转移少，叶片中硫的转移主要是中下部叶片。

二、植物缺硫症状

近年来，随着含硫化肥和有机肥的施用减少及种植集约化、作物单产大幅度提高，从土壤中带走的硫增多，致使土壤中的硫入不敷出。目前已有 70 多个国家发现土壤缺硫，而且仍有不断增加的趋势。与氮、磷、钾相比，对硫的研究相对薄弱，在玉米上更是如此。玉米是需氮量大、有机物生产效率高的作物，氮与硫相互依赖，随玉米产量的提高和土壤施氮量的增加会加剧玉米对硫素的需求。我国北方 11 个省 671 个土样的测定表明，缺硫土壤占总数的 30.3%，潜在缺硫土壤占 22%左右，不缺硫的土壤约为 48%。通常情况下，植物的干物质中含硫量低于 0.2%时，植株容易发生硫营养元素缺乏症状，主要表现为新叶失绿，茎细弱，根系长而不分枝，生育推迟，果实减少。玉米缺硫症状时新叶失绿黄化，脉间组织失绿明显，随后由叶缘开始逐渐转变为淡红色至浅紫红色，老叶仍为绿色。

三、硫肥施用技术

现有硫肥可分为两类：一类为氧化型，如硫酸铵、硫酸钾、硫酸钙等；另一类为还原型，如硫黄、硫包尿素等。农用石膏可分为石膏、熟石膏、磷石膏 3 种。硫肥的合理施用应考虑以下几个因素：

1. 土壤特性

作物施用硫肥是否有效主要取决于土壤中硫的含量。通常认为，土壤有效硫含量小于 10～16 mg/kg 时，施用硫肥有效。对于一些沙质土或有机质含量少的轻质土壤，如果不施用含硫化肥和有机肥，常造成作物缺硫。种植玉米的土壤有效硫的临界值为 8 mg/kg。

2. 降水和灌溉水中的硫

工矿企业和生活燃料排放出的废气含有二氧化硫，可随降水进入土壤。在有灌溉条件的地区，若灌溉水中含硫较多，可适当减少硫肥用量。

3. 根据肥料性质施用

元素硫（硫黄）在碱性、钙质土壤中是一种很有效的硫肥，在这类土壤中其效果优于含 SO_4^{2-} 肥料，其原因是由于土壤高 pH 值对元素硫的氧化作用，元素硫的氧化可导致磷和微量元素有效性的改善，并可减轻作物的失绿症状，增加硫的供给。

不同的硫肥品种对土壤的酸化作用有显著的差异。从现有的硫肥来看，石膏无酸化作用，而硫铵有很强的潜在酸化作用。元素硫通过硫杆菌被氧化成硫酸，有 H^+ 生成。长期施用各种硫肥对 pH 值的影响：硫铵＞元素硫＞石膏。

第四节　铁素营养及铁肥施用技术

一、铁的营养功能

1. 铁是形成叶绿素必不可缺少的元素

尽管铁不是植物体叶绿素的组成成分，但在叶绿素合成过程中必须有铁的参与才能顺利进行。植物缺铁时，体内叶绿素结构被破坏，导致不能有效形成叶绿素。

2. 铁在氮代谢过程中占有极其重要地位

铁可能是一种或多种酶的活化剂。作物体内硝酸还原酶和亚硝酸还原酶都含有大量铁，参与氮的同化代谢。

3. 铁参与植物体内氧化还原反应和电子传递

铁在植物体内主要以两种形态存在：三价铁离子（Fe^{3+}）和二价铁离子（Fe^{2+}）。两种形态的离子在作物体内不断进行转化，维持动态平衡。当两种形态的离子进行转化时，即进行了氧化还原反应和电子传递。

二、玉米缺铁症状

铁在植物体内移动性较差，且是叶绿素合成的必需元素。因此，当植物缺铁时，典型的症状是叶片失绿。

玉米缺铁时，叶片脉间失绿，呈条纹花叶，症状越近心叶越重。严重时主叶不出，甚至不能抽穗。通常以幼叶、成熟叶片中铁浓度作为铁素丰缺指标。其临界指标一般认为低于 50 mg/kg 为缺乏，50～250 mg/kg 为适中，高于 300 mg/kg 为过量。玉米对铁比较敏感，玉米的临界值为 15～20 mg/kg。

三、铁肥施用技术

常用铁肥品种为硫酸亚铁。铁肥可采用基肥、种子包衣和叶面喷施的方式施用。大多数情况下，铁肥作基肥土施效果并不理想，这主要是由于亚铁在土壤中会很快转化成三价铁而失效。所以铁肥采用叶面喷施效果更佳。作为基肥时，采用硫酸亚铁与有机肥按照 1∶10～20 比例混合，对预防缺铁症状效果良好。采用叶面喷施时，一般将硫酸亚铁配成浓度为 0.2％～1.0％的水溶液为宜。

第五节 锰素营养及锰肥施用技术

一、锰的营养作用

1. 锰参与植物光合作用

在光合作用中，水的裂解和氧的释放系统都需要锰。缺锰导致光合速率降低，叶绿体片层结构受损。

2. 锰是某些酶的组分及活化剂

锰作为羟胺还原酶的组分，参与硝态氮的还原过程，可以催化羟胺还原成氨。缺锰时，作物体内硝态氮的还原作用受阻，硝酸盐不能正常转变为铵态氮，造成硝酸盐积累，使氮代谢受阻。锰还是许多非专性金属复合体的活化剂，被锰活化的各种酶可促进氧化还原过程及脱羧、水解或转位等反应。锰能活化 IAA 氧化酶，促进 IAA 氧化，因而有利于体内过多的生长素降解。

3. 调节植物体内的氧化还原过程

锰在植物体内存在着二价和三价的不同化合物形式，能直接影响体内的氧化还原。当锰呈 Mn^{3+} 时，它能使体内 Fe^{2+} 氧化成 Fe^{3+}，或抑制 Fe^{3+} 还原为 Fe^{2+}，减少有效铁的含量。所以植物吸收锰过多，容易引起缺铁失绿症。

4. 锰能促进种子萌发和幼苗生长，加速花粉萌发和花粉管伸长，提高结实率

锰能促进种子萌发和幼苗生长，加速花粉萌发和花粉管伸长，提高结实率，进而提高产量。

二、玉米缺锰症状

锰在植物体内移动性较差，缺锰时病变首先出现在新叶上。玉米缺锰时表现为叶片脉间失绿并伴随有杂色斑点，叶脉仍然维持绿色。谷类作物在平行脉之间失绿，产生黄色条纹，严重时退化成白色。通常采用植株成熟叶片锰含量作为丰缺指标。在成熟叶片中，锰缺乏的临界值为 10～20 mg/kg。不同作物、不同发育阶段含量略有差异。据资料统计，玉米叶片锰缺乏临界值为 15～20 mg/kg。

三、锰肥施用技术

常用锰肥品种为硫酸锰。锰肥可采用基肥、种肥和叶面喷施的方式施用。难溶态锰多作基肥施入土壤。含锰炉渣、废渣等用量一般为 750～1 500 kg/hm^2。在土壤施肥时如与有机肥或酸性肥料配施效果更佳。作种肥时可采用浸种和拌种等方式进行。一般浸种浓度为 0.1％左右，种子与溶液比例为 1∶1。叶面喷施时锰溶液配制浓度一般为 0.1％～0.5％，喷液量为 750～1 000 kg/hm^2。

第六节　铜素营养及铜肥施用技术

一、铜的营养作用

1. 铜参与糖类化合物代谢及氮代谢

铜的供应可能间接影响氮代谢，缺铜植物体内可能伴有游离氨基酸和硝酸盐的积累。施氮会加剧缺铜，在施氮量很高时，为了获得最高产量必须施用铜肥。氮对铜的有效性和移动性有特殊作用。成熟组织中绝大部分铜被氨基酸以及蛋白质的多价螯合物作用结合，致使铜从老叶向新生部位的移动性较低。

2. 铜参与木质化作用

细胞壁木质化受阻是高等植物缺铜所导致的最为典型的解剖学变化。外观上主要表现为幼叶变形，茎和枝条弯曲以及禾谷类作物易出现倒伏。铜对细胞壁的形成及其化学组成有显著影响。缺铜叶片的细胞壁物质占总干物质量的比例下降，同时 a-纤维素比例增加，而木质素含量仅为铜供应充足时的一半。因此，木质化程度可作为判断植物铜营养状况的指标。

3. 铜是某些蛋白和酶的成分

铜离子形成稳定螯合物的能力很强，能与多种有机物质（如氨基酸、钛、蛋白质等）形成配合物。铜也是植物体内多种酶的成分。

4. 铜促进花器官的发育

缺铜明显影响禾本科作物的生殖生长，施入铜肥后，可以明显提高作物产量。

二、玉米缺铜症状

铜在玉米体内移动性较差，缺铜时首先在新叶上出现病变。玉米缺铜主要症状是新叶失绿、坏死、畸形病伴随叶尖部枯死。严重时，韧皮部和木质部分化受阻，茎部的厚壁组织变薄。缺铜常常伴有一个明显特征，即某些花的颜色发生变化。当植物体内铜的含量$<$4 mg/kg 时，就有可能产生缺铜症状。玉米对铜比较敏感。

三、铜肥施用技术

铜肥可采用基肥、种肥和叶面喷施的方式施用。采用带状集中施肥法是土壤铜肥较为经济的施用方法。如采用硫酸铜，一般用量为 20～30 kg/hm^2，每隔 3～5 年施用一次。采用含铜矿渣或难溶性氧化铜、氧化亚铜，矿渣用量一般为 450～750 kg/hm^2，氧化铜或氧化亚铜一般用量为 10～15 kg/hm^2，于播种前或移植前施入，不必连年施用，一般肥效可持续 4 年左右。作种肥浸种时，铜溶液浓度 0.01%～0.05%为宜。铜肥采用叶面喷施时由于肥效持续时间较短，需要连续喷施效果才较为理想，喷施浓度一般为 0.1%～0.4%。为避免药害，喷施时最好加入一定的熟石灰。

第七节　锌素营养及锌肥施用技术

除大量元素氮、磷、钾肥外，锌是玉米较为敏感的微量元素之一。随着复种指数和农作物产量的不断提高，作物从土壤中带走大量的锌，从而加速了土壤养分的消耗。特别是近年来，由于有机肥施用量减少，且锌又不能及时补充，锌的归还量有减无增，形成了土壤锌元素亏损循环的局面，致使土壤中有效锌含量呈逐年下降趋势，有的甚至出现严重不足状态，严重制约了夏玉米产量的进一步提高。而在我国华北石灰性土壤中，缺锌现象十分普遍，避免玉米缺锌，常用的方法就是基施锌肥。

一、锌的营养功能

1. 锌是植物体内酶的组成成分和活化剂

植物体内发现含有锌的酶有多种，许多酶需要锌的参与才能发挥正常功能。因此锌通过活化酶起促进糖类化合物代谢及蛋白质合成的作用。

2. 锌促进色氨酸和吲哚乙酸的合成

植物进行生长代谢过程中需要锌的参与才能顺利进行。

3. 锌参与呼吸作用

锌是植物呼吸作用糖酵解过程中乙醇脱氢酶、磷酸甘油酯脱氢酶、乳酸脱氢酶等的组成成分。此外，锌能够促进细胞色素的合成，在呼吸作用中起电子传递的作用。

4. 锌参与光合作用

植物进行光合作用需要有碳酸酐酶的参与，而锌是碳酸酐酶的组成成分，缺锌导致 CO_2 水合反应受阻，光合效率降低。锌也是植物体内醛缩酶的活化剂，而醛缩酶是光合作用碳代谢过程中的关键酶之一。

5. 锌能促进繁殖器官的发育

植物体生殖器官的发育和受精作用都受到锌的影响。锌是种子中含量比较多的元素，而且多集中在胚中。

6. 磷锌相互作用

在有效锌较低的土壤上施用大量磷肥会导致缺锌现象加剧，并增强植物对锌的需求。锌能够影响根部磷的代谢，并提高根细胞质膜对磷和氯的渗透性。

此外，锌能够增强植物抗逆性，既能提高抗旱性、抗寒性，又能提高抗热性。在水分缺乏和高温条件下，锌能够增强光合作用强度，使光合效率提高。

二、玉米缺锌症状

当植物叶片锌含量＜15～20 mg/kg 时，就有可能产生缺锌症状。通常玉米缺锌临界值为 15 mg/kg 时。单子叶植物如玉米，缺锌时外部形态变化主要为叶肉组织变薄，叶片中脉两侧出现失绿条纹，叶片变白，俗称白苗病。

在河南省偃师、浚县和禹州等地，甘万祥等研究不同土壤类型和生态气候条件下锌肥施用量及方式对夏玉米光合产物及籽粒产量的影响。结果表明，适量的锌肥能增加夏玉米大喇叭口期、吐丝期和灌浆期叶中可溶性糖含量、籽粒淀粉含量和籽粒产量。夏玉米各时期叶中可溶性糖含量最大的土施锌肥适宜用量因地而异。土施＋喷施仅能增加偃师夏玉米大喇叭口期叶中可溶性糖含量。浚县、禹州和偃师夏玉米籽粒淀粉含量分别在土施锌肥15 kg/hm^2、30 kg/hm^2和30 kg/hm^2处理时达到最大值。和土施锌肥相比，土施＋喷施锌肥并不能增加夏玉米籽粒淀粉含量。浚县、禹州和偃师的夏玉米籽粒产量分别在土施＋喷施锌肥30 kg/hm^2、土施锌肥30 kg/hm^2和土施锌肥15 kg/hm^2处理时达到最大值。和浚县比较，土施＋喷施锌肥对禹州和偃师夏玉米的增产作用不明显。王景安和张福锁在水培条件下研究了锌对玉米生长发育和锌吸收的影响，结果表明，营养液中的锌以10^{-6} mol/L对玉米生长最适宜，高锌（10^{-4} mol/L）和缺锌（0 mol/L）均使生长受阻，叶片形成减慢，低锌（10^{-8} mol/L）比缺锌对玉米生长的影响更严重，且使玉米受害乃至枯死。不同基因型的玉米所受的影响程度不同，锌对玉米的这种影响与影响其体内的锌浓度及锌吸收量有关。

石灰性土壤的有效锌供应不足，施用锌肥的增产效果高于其他微量元素肥料。施用锌肥不仅有明显的增产效果，而且能提高人体营养所必需的多种氨基酸的含量。玉米施锌能促进玉米营养器官的生长和根系的发育及吸收能力，加速体内物质的转化和增强酶的活性，并能促进繁殖器官的分化，从而为高产优质奠定了基础。大面积的生产实践表明，玉米施用锌肥应当成为石灰性土壤上普遍推行的技术措施。

李芳贤等研究了不同锌肥用量对夏玉米诸多生育性状及产量的影响。结果表明，增施锌肥能明显提高玉米产量，2年平均增锌区分别比对照增产355.65 kg、811.35 kg、1 094.55 kg、1 227.90 kg、1 383.60 kg、1 639.05 kg；增产率分别为4.31%、9.83%、13.26%、14.87%、16.76%、19.85%。同时，增施锌肥还能有效地增加玉米次生根条数和单株干物重等。

锌肥增产效果受锌肥施用方式、施用量和年代的影响。王孝忠等利用万方数据库、中国知网，查阅了1970—2013年间，我国主要粮食作物水稻、小麦和玉米锌肥施用相关的田间试验文献333篇，采用相关分析、方差分析等统计方法分析。具体结果为：

（1）锌肥施用方式　土壤施用、叶面喷施和种子处理在小麦上的平均增产率分别为11.3%、10.0%和11.1%；在玉米上的平均增产率分别为13.7%、12.7%和12.1%；水稻上的平均增产率分别为15.0%、9.8%和9.7%。与叶面喷施和种子处理相比，无论是小麦、玉米还是水稻，土施锌肥的增产效果最好。

（2）锌肥施用量　小麦、玉米和水稻的增产率随土施锌肥量增加而增加，当施锌量达到一定量后，随施肥用量的进一步增大，增产率有所降低。小麦、玉米和水稻土施锌肥的合适用量分别为15～45 kg/hm^2、20～30 kg/hm^2、20～30 kg/hm^2。小麦增产率与喷施锌肥的浓度关系不明显，叶面喷施浓度在0.4%～0.5% $ZnSO_4 \cdot 7H_2O$时增产效果最佳；而玉米、水稻增产率和叶面喷施锌肥的浓度变化趋势与土施锌肥变化趋势一致。过去 40 年玉米和水稻适宜喷施锌肥浓度分别是 0.1%～0.3%、0.2%～0.4% $ZnSO_4 \cdot 7H_2O$。

（3）施肥年代　随着年代的变化，不同作物施用锌肥的增产幅度不同。随着年代的推进，同一锌肥施用方式在小麦上增产率呈逐渐增高的趋势；锌肥土施和叶面喷施在玉米上的增产率呈下降趋势；锌肥土施在水稻上的增产率呈下降趋势，而叶面喷施在水稻的增产率呈先降低后增加的趋势；种子处理方式在水稻和玉米上的增产率随年代的变化不明显。施用锌肥能有效提高小麦、玉米和水稻的产量，但是其增产效果受锌肥施用方式、施用量、年代的影响。因此，在锌肥施用方面，应根据作物、土壤、环境等条件，选择恰当的施肥方式及锌肥用量，来提高锌肥的增产效果。

三、锌肥施用技术

锌肥可采用土施、浸种、拌种和叶面喷施的方式施用。土施一般与氮磷钾肥料一并施入。采用硫酸锌作种肥时，可与生理酸性肥料混合均匀后施入，一般用量为 15 kg/hm^2。采用硫酸锌浸种，浓度一般以 0.02%～0.05%为宜，浸种 12～14 h，取出晾干即可播种。拌种时用量一般为 4 g/kg（种子）。在移植时，可采用 1%氧化锌悬浊液蘸秧，浸种 30s 即可。采用叶面喷施，硫酸锌溶液浓度一般为 0.05%～0.2%。

第八节　硼素营养及硼肥施用技术

一、硼的营养功能

1. 硼能促进生殖器官的形成和发育

硼对植物受精具有直接和间接双重效应。间接作用主要表现为硼可能促进植物体内花蜜中含糖量增加，致使昆虫对虫媒植物的花更感兴趣；而直接作用表现为硼能刺激花粉的萌发、花粉管的伸长，防止花粉中糖类物质外泄，从而保证雌雄的子体发育完善，正常受精。

2. 硼能促进糖类化合物的运输和代谢

从研究中得知，供硼充足时，糖在体内运输就顺利；缺硼时，植物体内碳水化合物的代谢发生混乱，叶子中形成的碳水化合物运输不出去而大量积累起来，叶片增厚、变脆，甚至畸形。糖运输受阻时，会造成分生组织中糖分明显不足，致使新生组织难以形成，往往表现为植株顶部生长停滞，甚至生长点死亡。

3. 硼参与细胞壁的合成并影响膜透性

硼参与细胞壁的形成，可促进分生组织的迅速生长。植物缺硼，根尖和茎生长点分生组织细胞的生长会受到抑制，严重时生长点萎缩坏死。

4. 硼能调节酚的代谢和木质化作用

缺硼时，由于酚类化合物的积累，多酚氧化酶的活性提高，导致细胞壁中醌的浓度增加，这些物质对原生质膜透性以及膜结合的酶有损害作用。

二、玉米缺硼症状

硼进入植物体内后不易移动，缺硼时首先在新叶或者幼嫩组织出现病变。植物缺硼时主要症状是茎尖生长点生长缓慢或枯死；老叶叶片变厚、脆，出现畸形，节间缩短；新叶皱缩，卷曲失绿，叶柄短缩加粗；茎间缩短，严重时出现裂开和木拴化；根短粗并变成褐色；生殖器官发育受阻，不能完成正常的受精过程，蕾花脱落，植株花的数量明显减少，花粉生活力弱，导致结实率低，果实发育不良、畸形。

硼参与玉米花粉管、花粉粒的形成，土壤中缺乏时会影响玉米授粉和籽粒的形成，影响穗粒数和千粒重，从而影响产量。

三、施硼对玉米生长发育的影响

玉米属中等需硼作物。试验证明，中等肥力基础、土壤中有效硼含量较低的情况下，增施硼砂夏玉米增产效果较明显，增施硼肥后穗粒数、千粒重均增加，籽粒饱满，有利于玉米增产增效。土壤中硼含量较低的情况下，夏玉米施硼砂 7.5 kg/hm^{2}具有明显的增产效果，增产 900 kg/hm^2，达到了增产增收的效果。田间及产量调查结果表明，施用硼肥后，玉米长势优于常规施肥，两个试点每公顷产量分别增加 6.3%、5.6%，增产显著，增收分别为 607 元、503 元，具有一定的经济效益。张平研究结果表明，在氮、磷、钾用量分别为 241.5 kg/hm^2、81.0 kg/hm^2、82.5 kg/hm^{2}的基础上，施用硼肥 7.5 kg/hm^{2}处理比习惯用肥增产 891 kg/hm^2，增产率 9.8%，增效 183.15 元/hm^2，产投比 8∶1。实现玉米氮、磷、钾、硼配方施肥指导生产，可以取得明显的经济效益。

四、硼肥施用技术

硼肥可采用基肥和叶面喷施方式施用。采用硼砂作基肥时，一般用量为 7.5～11.5 kg/hm^2，需与有机肥混合后施用。硼作为基肥具有一定的后效，一般持续 3～5 年。采用硼砂、硼酸等水溶性硼肥叶面喷施时，施用浓度一般为 0.1%～0.2%。为完全防治花而不实，还需要在作物关键时期增加喷施次数。

第九节　钼素营养及钼肥施用技术

一、钼的营养功能

1. 钼是硝酸还原酶的组成成分

钼的营养作用突出表现在氮素代谢方面，它参与酶的金属组分，并发生化合价的变化。在植物体中，钼是硝酸还原酶和固氮酶的成分，这两种酶是氮素代谢过程中不可缺少的。

2. 钼能促进植物体内有机含磷化合物的合成

钼与植物的磷代谢有密切关系。据报道，钼酸盐会影响正磷酸盐和焦磷酸酯一类化合物的水解作用，还会影响植物体内有机态磷和无机态磷的比例。

3. 钼能促进繁殖器官的形成和发育

钼在受精和胚胎发育过程中起着特殊作用，当植物缺钼时，花的数目减少。玉米缺钼时，花粉的形成和活力均受到极明显的影响。

二、玉米缺钼症状

钼进入植物体内后移动性较强，因此，缺钼首先在老叶上出现病变。植物缺钼时主要症状是叶片失绿，出现黄色或橙色大小不一的斑点，有时叶片卷曲成杯状，部分叶片的叶肉脱落或发育不全。

三、施钼对玉米生长发育的影响

杨利华等研究表明，适量施 Mo（施 H_2MoO_4 0.33 kg/hm^2）可以促进玉米对 NPK 的吸收，提高 NPK 肥料利用率（分别增加 23.38%、26.52%和 65.21%），增加单产（增产 4.35%）及改变籽粒品质；过量施用有抑制 NPK 在植株体内积累的趋势，对产量无益。玉米苗期营养体内全糖、可溶性糖和纤维素含量与施 Mo 水平呈正相关，蛋白 N 及叶片叶绿素含量呈负相关。

武陟县谢旗营乡陈堤村试验研究表明，硫酸锌拌种增产 2.5%～7.5%，钼酸铵拌种的增产 8.8%～10.8%，磷酸二氢钾拌种的增产 8.8%；阳城乡原和村试验研究表明，硫酸锌拌种的增产 11.2%～12.7%，钼酸铵拌种的增产 27.9%～30.5%，磷酸二氢钾拌种的增产 8.7%。钼酸铵拌种的穗粒数比硫酸锌、磷酸二氢钾处理的都有明显增加。

钼是豆科作物固氮酶复合体组成的必需元素。我国有较多土壤的有效钼含量低，不少研究已证明施用钼肥可使豆科作物明显增产。国外近期的研究指出，豆科作物固定的氮可被间作的高粱、玉米等作物吸收。周伟等对大豆与玉米间作体系中施用钼肥的研究结果表明，施钼不仅增加了大豆的固氮及产量，而且还增加了玉米对氮的吸收量与产量。

另外，孙君艳等研究结果表明，玉米叶面喷 2%钼肥具有延缓叶片衰老、提高叶片光合特性的作用。

四、钼肥施用技术

钼肥可采用基肥、种肥和叶面喷施的方式施用。采用钼酸盐工业废弃物作基肥时，施用量为 4 kg/hm^2 左右，撒施或条施到土壤中，一般肥效可持续 2～4 年。由于含钼工业废弃物中钼多为难溶态，不利于作物吸收，因此农业生产中更多的是采用叶面喷施。如采用钼酸铵，溶液浓度以 0.1%为宜，对大豆、花生和绿肥等作物可在初花期和盛花期各喷一次。钼作种肥时，通常采用水溶性钼肥。一般用量为每千克种子施入 3 g 钼酸铵。如采用浸种，钼酸铵浓度一般为 0.05%～0.2%。浸种效果远不如拌种，尤其是大豆浸种后种皮容易脱落，不利于播种和全苗，更不适合机械作业；且通过浸种所吸收的钼数量很少，难以满足作物整个生育期的需要。

参　考　文　献

崔彦宏，张桂银，郭景伦，等 . 1993. 高产夏玉米硫的吸收与再分配研究［J］. 玉米科学，1（1）：48-52.

崔彦宏，张桂银 . 1994. 高产夏玉米钙的吸收与再分配研究［J］. 河北农业大学学报，17（4）：31-35.

甘万祥，高巍，刘红恩，等 . 2014. 锌肥施用量及方式对夏玉米籽粒淀粉含量和产量的影响［J］. 华北农学报，29（6）：202-207.

黄云 . 2014. 植物营养学［M］. 第 1 版 . 北京：中国农业出版社 .

李芳贤，王金林，李玉兰，等 . 1999. 锌对夏玉米生长发育及产量影响的研究［J］. 玉米科学，7（1）：72-76.

李惠民，王保莉 . 2008. 玉米硫素营养状况及应用研究进展［J］. 中国农业科技导报，10（4）：16-21.

李孟良，蔡川 . 2003. 硫肥对玉米生长和产量的影响［J］. 安徽技术师范学院学报，17（3）：228-230.

刘存辉，董树亭，胡昌浩 . 2002. 高产夏玉米施用硫肥对矿质元素吸收影响的研究［J］. 玉米科学，10（3）：82-86.

刘梦星，崔彦宏，丁民伟，等 . 2007. 氮磷钾及锌配施对旱薄区夏玉米干物质积累、分配和转移的影响［J］. 河北农业大学学报，30（1）：1-4.

陆景陵 . 2009. 植物营养学（上册）［M］. 第 2 版 . 北京：中国农业大学出版社 .

陆欣，谢英荷 . 2011. 土壤肥料学［M］. 第 2 版 . 北京：中国农业大学出版社：231-231.

孟宪章，李广乐，任长明 . 1984. 钼肥在花生，大豆，玉米生产上的应用效果［J］. 河南农林科技（11）：37-38.

庞琢，张建玲，庞云，等 . 2012. 硼肥在玉米栽培中的肥效试验［J］. 韶关学院学报（4）：58-61.

司庆臣，张秀峰，张莹莹，等 . 2015. 硼肥在夏玉米生产上的应用效果研究［J］. 现代农业科技（4）：16.

苏仲，曹敏建，盛耀辉，等 . 2011. 镁肥对玉米功能叶光系统Ⅱ荧光特性的影响［J］. 浙江大学学报：农业与生命科学版，37（5）：540-544.

孙君艳，张淮，仝胜利 . 2015. 自然干旱条件下叶面喷施锌，钼肥对玉米叶绿素含量及光合特性的影响［J］. 江苏农业科学，43（9）：115-117.

王景安，张福锁 . 1999. 不同锌水平对玉米生长发育和锌吸收的影响［J］. 玉米科学，7（3）：73-76.

王空军，胡昌浩，董树亭 . 2000. 夏玉米硫素吸收与时空分布研究［J］. 作物学报，26（6）：899-904.

王孝忠，田娣，邹春琴 . 2014. 锌肥不同施用方式及施用量对我国主要粮食作物增产效果的影响［J］. 植物营养与肥料学报，20（4）：998-1004.

吴俊兰，陈震 . 1986. 微量元素锌对玉米肥效及机理的研究［J］. 山西农业大学学报，6（1）：5-14.

吴宇，高蕾，曹民杰，等 . 2007. 植物硫营养代谢、调控与生物学功能［J］. 植物学通报，24（6）：735-761.

杨利华，郭丽敏，傅万鑫，等 . 2002. 铜对玉米吸收氮磷钾，籽粒产量和品质及苗期生化指标的影响［J］. 玉米科学，10（2）：87-89.

杨利华，郭丽敏，傅万鑫．2003．玉米施镁对氮磷钾肥料利用率及产量的影响［J］．中国生态农业学报，11（1）：78-80．

张桂银，崔彦宏，郭景伦，等．1994．高产夏玉米镁的吸收与再分配研究［J］．河北农业大学学报（1）：18-23．

张平．2015．夏玉米硼肥施用效果研究［J］．安徽农学通报，21（16）：33，57．

张汝文，刘泉民，王爱军．2009．玉米缺钙的症状和预防措施［J］．农业知识：致富与农资（28）：27．

赵长江，薛盈文．2012．外源钙对盐胁迫下玉米幼苗不同器官离子含量的影响［J］．玉米科学，20（3）：68-72．

周伟，李继云．1993．施钼对大豆与间作玉米增加氮素及产量的效果［J］．生态农业研究，1（1）：77-82．

第八章

玉米配方肥生产与应用

自德国农业化学家李比希提出“矿质营养学说”“养分归还学说”及“最小养分律”以后，化肥工业开始兴起并不断发展。随着农业发展的需求和化肥工业技术的进步，化肥品种越来越多，由单质化肥发展为复混肥料、由常规化肥发展为控释、功能型等新型肥料、由通用型复混肥发展为专用配方肥。世界化肥发展总趋势是浓缩化、复合化、长效化、多功能化和专用化，大力发展高浓度专用复混肥料是实现现代农业高效和机械化施肥的需求。根据土壤理化性质、玉米需肥规律、肥料特性及气候特点等因素生产和应用玉米配方肥，将施肥新技术物化为肥料新产品，对于实现玉米科学施肥、提高玉米产量具有重要意义。

第一节 玉米配方肥概述

一、配方肥的相关概念

1. 复混肥料

成分中含有氮、磷、钾三要素或其中任何两种养分的化学肥料统称为复混肥料。复混肥料是当今化肥发展的方向，其产量和技术已成为衡量一个国家化肥工业发达程度的重要指标，在全世界化肥消费量中，各种复混肥料约占50%，发达国家则占70%以上。化肥中同时含氮磷钾3种养分中的任意两种养分称为二元复混肥料，同时含有氮磷钾3种养分的称为三元复混肥料，除3种养分外同时还含有中微量营养元素的称为多元复混肥料，除养分外还掺有农药或生长素类物质的称为多功能复混肥料。复混肥料配方通常以 $N-P_2O_5-K_2O$ 的含量百分数表示，分别用阿拉伯数字表示，如某复混肥包装袋上标出养分为22-12-10，即表示该肥料中含有效氮（N）22%，有效磷（P_2O_5）12%，有效钾（K_2O）为10%。

复混肥料一般由单质化肥通过二次加工而成，具有养分种类多、含量高，物理性状好、便于施用，副成分少、对土壤无不良影响，节省包装、贮运和施用费用等优点。但具体到某一复混肥料，其养分比例固定，不能完全适用于任何土壤和作物，如选用三元复肥（15-15-15），作物吸收的氮与钾往往比磷高，长期施用会导致土壤中磷素累积，引起微量元素缺乏等一系列生理障碍。另外，复混肥料中各种养分只能采用同一施肥时期、施肥方式和深度，这样不能充分发挥各种营养元素的最佳施肥效果，难以满足不同施肥技术的要求。

2. 配方施肥

配方施肥指综合运用现代农业科技成果，根据作物需肥规律，土壤供肥性能与肥料效应，有机肥与化肥配合，提出氮磷钾肥料及中微量肥适宜的数量和比例、相应的施肥方式和时期的一种施肥技术。配方施肥通常采用地力分级配比法、养分平衡定量法、地力差减法、养分丰缺指标法、田间试验比例法等确定施肥量和配比。配方施肥需要有大量关于作物需肥特性、土壤供肥能力和肥料效应等方面的数据信息，还需要结合灌水、耕作等栽培技术措施。

配方施肥技术考虑了土壤肥力、肥料特性和作物需肥规律，在很大程度上满足了作物养分需求，对于提高作物产量和品质作用明显，具有很大的优越性。但配方施肥技术性强、需要专业技术人员指导参与，存在着先天不足，例如配方的提供者并不是配方所需原料的生产者，肥料的使用者往往手拿配方，却又难以购置到合适、齐全的化肥原料，配方施肥技术只能束之高阁。

配方施肥技术是20世纪80年代我国农业最重要的科学技术之一，为了解决配方施肥技术落实难这个问题，我国土壤肥料专家提出了变“配方施肥”为“施配方肥”这一种重大变革。随后，配方肥逐渐发展和应用，配方施肥技术才有了实施推广的保证。

3. 配方肥的概念

配方肥（formula fertilizer）行业定义（NY/T 1112—2006）为根据作物营养需求、土壤养分含量及供肥特点，以各种化肥为主要原料（养分含量、比例和形态），有针对性的添加适量中、微量元素或有机肥料，采用掺混或造粒等工艺加工而成的，具有作物针对性和地域性的专用肥料。

配方肥实质就是物化了的配方施肥技术，是农业生产与施肥实践的需要；是复合（混）肥料发展的高级产物，是肥料行业发展的必然趋势之一。配方肥将科学施肥技术物化到肥料产品中，使农民一次可以购买到作物所需的各种养分，减少施肥环节，颇受农民欢迎。

4. 玉米配方肥

根据玉米产区土壤肥力状况、玉米需肥规律、原料化肥特性及玉米生长季节气候特点等因素，合理设计氮磷钾肥用量及配比，适当添加玉米敏感的中微量元素，按肥料配方将各基础肥料混合加工而成的玉米专用复混肥料。

当前玉米生产中仍普遍存在重氮肥、轻磷钾肥、盲目选用复混肥料、苗期“一炮轰”等不合理施肥现象，造成施肥成本高、产量和经济效益低。玉米生育期内吸肥能力强，需肥量大，充足的养分供应是玉米高产的关键，而玉米生育后期追肥极为不便，另外，农村劳动力转移，使玉米追肥更为困难，简化栽培技术是今后玉米生产的发展趋势。

针对不同品种和产量水平的玉米需肥特性，研制和推广氮磷钾养分配比合理、养分释放与玉米养分吸收基本同步、价格相对低廉的玉米专用缓释配方肥，实现玉米一次性施肥满足玉米养分需求，是解决劳动力短缺、实现简化栽培的重要技术措施。

二、玉米配方肥特点

1. 养分齐全、配比合理，肥效显著

根据已有研究结果或配方施肥技术指导下生产的玉米配方肥继承了复混肥料养分齐全的优点，更加注意配方的科学性与针对性，其养分含量和比例更加有利于玉米对养分的吸收与利用。玉米配方肥除重视氮磷钾养分含量和比例，还考虑肥料原料的养分形态及其次要成分的作用，使营养元素能被玉米有效利用，增强其抗病虫害能力。玉米配方肥是按玉米生长中缺什么养分就配入什么营养元素，需要多少量就配多少量，喜欢什么形态的养分就配入什么形态的，因而养分利用率更高、增产效果更好。

2. 物理性能好、适于机械化施肥

机械化施肥是玉米生产的必然趋势，玉米配方肥的生产和发展适应了机械化施肥的要求。玉米配方肥颗粒比表面积小，大大减少了结块的可能性；具有良好的流动性，适用于机械化装卸和施肥；养分浓度高，降低了包装、贮存或运输费用；装卸和施肥操作中产生的粉尘量少，改善了环境，减少了肥料损失；在土壤中的养分溶出速率比较慢，减轻或消除了对根部的伤害，减轻了被土壤中铁、铝离子“固定”的机会，同时也减少了氮养分的淋溶损失，从而其肥效较粉状的高。

3. 节省劳动力、简化施肥

过去农户玉米施肥，通常采用单质氮肥或几种基础肥料人工混拌，这些既有粉状又有粒状的物料，既花费劳动力又花费时间，很难混拌均匀，所配制的混拌肥料很难适合玉米生长需求，需要多次追施。随着国家经济发展和农村经济的多元化，农业劳动力不断转移，劳动力资源越来越贵，传统的施肥已经不能适应当前农业生产。选用玉米配方肥实现种肥同播或苗期一次性追肥，既可节省劳动力，又可简化施肥程序，满足玉米生长所需的养分。当前中国农业生产趋势及农村劳动力转移将会极大推动玉米配方肥生产和应用。

4. 效用与功能不断发展

紧密结合农业科研和生产实践，玉米配方肥的效用和功能将不断发展。如包膜氮肥、硝化及脲酶抑制剂的配入，提高了氮肥利用率；在配方肥料中科学地配加除草剂、防病虫害的农药等可有效防治玉米生育期间的病、虫、草害，扩大了玉米配方肥的功能。

玉米配方肥具有诸多优点，可以提高玉米产量、改善玉米品质，在一定程度上降低了农业成本、提高经济效益，肥料利用效率的提高，也降低了施肥对环境的负面影响。因此，玉米配方肥将在玉米生产中发挥着重要作用。

三、玉米配方肥分类

玉米配方肥是配比更合理、效果更好的复合（混）肥料，因此，分类方法和依据也类似于复合（混）肥料。

1. 根据肥料物理性状

玉米配方肥按物理性状可分为液体配方肥和固体配方肥。

液体配方肥是指将玉米所需营养元素作为溶质溶解在水中成为溶液或借助悬浮剂的作用悬浮于水中成为悬浮膏状体的液体肥料。具有养分含量高、易于复合和配方、能直接被农作物吸收、适合滴灌和喷灌施肥等诸多优点，越来越受到关注。玉米水肥一体化可以显著提高玉米产量和肥料利用率。

固体配方肥又分为粒状混合肥料和掺合肥料。

粒状混合肥料是在粉状混合肥料的基础上发展起来的，根据玉米养分需求，通过化肥原料破碎、过筛、称量、混合造粒、干燥、冷却、筛分等加工工艺制得的颗粒状复混肥料。其颗粒中养分分布均匀，物理性状好，施用方便，是我国目前主要的复混肥品种，具有很好的发展前景。掺合肥料是以两种或两种以上粒度相近的不同种肥料颗粒通过机械混合而成的肥料。该种肥料生产设备简单，能源消耗少，加工费用低廉，生产环境好，可散装运输、节省包装费用；可随混随用，能明显地看到氮、磷、钾的肥料颗粒；适合小批量生产，可根据当地的土壤和作物特点，灵活改变配方。但肥料各组分的粒径和比重相差大的话，容易在装卸过程中产生分离现象，导致降低肥效。常用的基础肥料有磷酸一铵、磷酸二铵、重过磷酸钙、聚磷酸盐、尿素、大颗粒氯化钾等。

2. 按肥料来源与成分

按照肥料来源和成分，玉米配方肥可分为无机配方肥和有机无机配方肥两类。

无机配方肥是指基础肥料全部是化学肥料；有机无机配方肥的基础肥料不仅含有化学肥料，同时还含有有机肥料。

有机无机配方肥，亦称有机复肥，以处理好的有机废弃物为原料，按一定的标准配比加入无机化肥，充分混匀并经过造粒等流程生产出来的既含有机质又含有化肥的产品。肥料中的化肥提供速效养分，缓解有机肥前期养分释放较慢的不足；化学氮肥有利于降低有机肥较高的C/N比，使之容易被微生物分解，加速有机肥分解过程中的矿化作用和腐殖化作用；有机肥料中的腐殖质作为一种有力的吸附载体，可以降低化肥的损失，提高化肥利用率。有机无机配方肥养分供应平衡、可改土培肥、活化土壤养分、具有生理调节作用，具有较好效果。

3. 根据营养元素多少

根据玉米所需营养元素多少可分为二元配方肥、三元配方肥和多元配方肥。

玉米配方肥原则上是针对氮磷钾三要素而言的，且国家标准有氮磷钾总含量要求，除氮磷钾之外含有钙镁硫3种中量元素的不能叫多元配方肥，主要是因为钙镁硫多是氮磷钾基础原料的次要成分。多元配方肥多反映在氮磷钾三要素之外，有针对性添加了除氯以外的微量元素，参照复混肥料的国家标准，单个元素含量不能低于4%。

当前，玉米产量较高，从保持养分平衡、维持和提高土壤肥力的角度，玉米配方肥应该含有氮磷钾三要素及其他所需的部分中微量元素肥料，二元配方肥不能满足需求。

四、玉米配方肥的发展与展望

1. 国外配方肥的发展概况

20世纪50年代，造粒工艺开始普遍推广，在美国，基础肥料原料制成粒径大小相匹配的颗粒产品，为颗粒掺合肥料发展奠定了基础。20世纪末，美国有8 000家二次肥料加工厂，掺混肥料已经形成相当完善的生产、流通和利用体系，占化肥消费量的70%以上。20世纪60年代以来，由于重过磷酸钙代替了普通过磷酸钙，尿素或硝酸铵代替了硫酸铵或硝酸钠，高品位氯化钾的使用以及复混肥料配料中大量使用磷酸和氨，使配方肥料有效成分显著提高，配方肥的制备变为采用多种生产工艺、各有特点、技术性强的复杂化工过程。

欧洲和美国化肥生产总趋势是发展包括中量及微量元素的配方肥料。欧洲各国以建立大型磷酸铵和硝酸磷肥为基础的复混肥料为主，有80%～85%P_2O_5、85%～90%K_2O和约35%～45%N制成复混肥料。美国则迅速发展磷酸铵颗粒肥料，并以包括磷酸铵在内的各种颗粒基础肥料配制成以散装装卸、运输为主体的颗粒掺合肥料；美国液体复混肥料占全部复混肥料的15%。

纵观世界先进国家复混肥料的发展，其共同特点是配方科技含量高、产品针对性强，化肥复合化率高，生产技术日益完善，农化服务体系完善，管理规范。如美国在全国各地都建立了农化服务中心和配肥站，根据土壤化验结果，利用大型化肥厂生产的基础肥料，由配肥站进行二次加工，而后直接供应给农场。

2. 中国配方肥料发展概况

中国化肥工业起步晚于欧美发达国家约100年，新中国成立后，化肥工业才得到迅速发展。20世纪50～70年代重点发展的是单质肥料，主要是碳酸氢铵、硫酸铵、硝酸铵和氯化铵。20世纪70年代开始引进建设以尿素为主的大型氮肥装置，主要磷肥品种是普通过磷酸钙和钙镁磷肥。进入70年代，我国开始使用国产的低浓度基础肥料和进口的硫酸钾生产和使用复混肥料，直到80年代，才使用多种基础原料大力开展复混肥料的生产和使用。80年代后期，各种复混肥料广大发展，生产复混肥料考虑了土壤供肥情况和作物需肥规律，具有了配方肥的含义，但生产配方过多的考虑原料性质等内容。随着配方施肥技术推广问题的出现，复混肥料越来越多的转变为专用性肥料，使配方肥生产迅速发展。截至2012年，复混肥料企业4 400多家，年产

30万t以上的仅200家。

我国配方肥生产目前仍存在诸多问题。配方缺乏足够的依据，配方肥生产配方多由化工部门提供，配方科学性差。生产技术不成熟，大型成套生产设备还比较缺乏，许多厂家生产设备简陋，生产工艺不完善，机械化程度低，生产环境差，质量难有保证。管理和约束机制不够健全，对配方的科学性与针对性难以给出准确的判断，市场监管不规范，技术监督、工商、农业等部门都有管理权限，但又都无力进行科学有效的管理。我国配方肥产量低、复合率仅为32%，与发达国家65%～75%相比还有很大差距；配方肥品种少，适应性差，有的厂家只有几个配方肥品种、甚至长期生产单一配比的肥料。

此外，中国农化服务体系不健全、农化服务水平较低，农民科技文化素质不高也是影响配方发展的重要因素。

3. 玉米配方肥展望

目前市场上真正意义上的玉米配方肥并不多，随着土地流转的推进，种粮大户迫切需要玉米科学和简化施肥，玉米配方肥越来越受到重视和推广应用。未来玉米配方肥的发展趋势将是高浓度化、缓/控释化、液体化和多功能化。

高浓度玉米配方肥“一袋子”可以满足玉米养分需求，发挥简化施肥、节省农业劳动力的优点，避免造成养分资源的浪费。根据玉米养分吸收规律研制和应用玉米专用缓/控释配方肥，实现一次性施肥满足玉米整个生育期的养分需求，可以提高产量和肥料利用效率、环境友好。随着灌水技术的提高，液体肥料迎来良好的发展机遇，可以根据土壤养分状况和玉米需肥特性配制任何比例养分，生产成本和施肥费用较低，灌溉和施肥一体化也是玉米施肥发展的重要方向之一。为了节省工时和费用，应该在提高肥效、药效的前提下，混配出“一肥多能”的玉米配方肥，就是把施肥与除草、防治病虫及施用生长调节剂等相结合，集肥料、农药、除草剂或生长激素等于一体，可大大节省田间作业用工和成本，实现集约化生产，效果较好。

总之，随着土地流转、适度规模经营，玉米配方肥将会有较大发展，因地制宜大力研制和推广高浓度化、缓/控释化和多功能化的玉米配方肥将对于提高玉米产量和肥料利用效率，实现减肥增效和环境友好具有重要意义。

第二节　玉米配方肥设计原理与方法

玉米配方肥配方设计考虑因素比较复杂，除遵循矿质营养学说、养分归还学说、最小养分律和报酬递减律等基本施肥原理外，还要遵循生态学、环境科学有关的基本原理，需要考虑土壤性质、玉米营养特性、肥料原料性质、栽培耕作方式以及气候条件等。其基本原则是作物有效性、资源高效利用、环境友好、最低生产成本以及简化施用等。

一、根据土壤性质

1. 土壤养分

设计配方时首先考虑各类土壤全量养分的含量，以基本判断配方中应设计的养分与种类。有效养分较高，但总量养分偏低的土壤，应适当增加某种养分的数量，以防玉米高产或生育后期养分供应不足。土壤有效养分是配方肥配方设计所依据的土壤条件，配方中各种营养成分的数量取决于土壤有效养分含量。

2. 土壤质地与保肥性

土壤质地决定了土壤有效养分含量与土壤保水保肥性。土壤保水保肥性决定了玉米配方肥施入土壤的有效性和去向。轻质土壤保肥性差，一次性施入总量养分，造成较大损失，应考虑配方中养分总量以及相应的施肥指导用量。可以考虑包膜肥及有机配方的必要性。

3. 土壤酸碱及盐渍化程度

土壤酸碱度直接影响土壤有效养分含量，对施入土壤的养分转化及有效性有重要影响。过度酸碱反应影响作物生长发育，可通过配方中某些成分予以改良，如生理酸性肥料可以降低土壤碱性。另外，土壤酸性可以考虑某些难溶性养分资源的可用性。若是盐碱土，配方中考虑改良盐碱的成分，易增加土壤盐分的原料的可用性。

4. 土壤水热状况

土壤水分和温度均影响土壤养分的有效性。土壤水分影响土壤养分扩散、质流以及吸收；影响配方肥的溶解释放、肥效和肥料利用率；影响有机养分的矿质化和腐殖化过程。对于干旱土壤应考虑配方中加入抗旱有关原料使用的必要性。土壤温度影响养分有效性与吸收，可以考虑热性、冷性肥料的针对性。

5. 土壤氧化还原电位

土壤氧化还原电位决定土壤养分的离子价态，影响土壤养分有效性及养分的转化；影响土壤中某些有害物质和肥料中某些成分向有害物质的转化；影响某些养分形态的溶解与释放。配方肥原料选用应针对土壤氧化还原条件，避免选用向有害成分转化或有效性降低的化肥。

6. 土壤有机质含量

有机质含量与土壤肥力呈正相关，有机质含量高，氮磷钾等有效养分一般较高，配方肥设计养分量可以适当降低，反之，应适当增加配方养分量。另外，有机质含量决定有机配方使用的必要性。

二、玉米营养特性

玉米生长发育需要17种必需营养元素，是配方肥配方最基本的依据。配方设计时，要考虑每一个必需营养元素，要了解必需营养元素的同等重要律与不可代替律。

1. 玉米对营养元素种类的要求

玉米吸收营养元素较多的是碳、氢、氧、氮、磷、钾，尤其是对氮、磷、钾养分有特殊需要，玉米是典型的喜 N 作物，吸氮量大、施氮肥增产显著。氮是配方设计时需要重点考虑的养分种类。玉米对锌非常敏感，碱性和石灰性土壤容易缺锌；长期施磷肥土壤，由于磷与锌的拮抗作用，易诱发缺锌，玉米配方肥中加入适量锌肥有较好效果。

2. 玉米对养分形态的要求

氮素不同形态是养分形态选择的重点，玉米可以吸收硝态氮、铵态氮和酰胺态氮，玉米配方肥可以考虑氮肥原料来源和成本灵活选用，但不能长期施用氯化铵做氮源的配方肥。目前市售玉米专用肥多数为高氮复混肥，均是氯化铵做氮源，长期施用会导致土壤酸化。另一方面，玉米不是忌氯作物，可以选用氯化钾做钾源以降低钾肥成本。

3. 肥料三要素的比例

肥料三要素比例是确定玉米配方肥配方一个重要依据，确定三要素比例根据玉米生长周期吸收总量计算得到，一般都以单位经济产量所需 N、P_2O_5 和 K_2O 数量来表示。研究表明，不同玉米产量水平、不同品种单位经济产量需要 N、P_2O_5 和 K_2O 数量和比例有一定差别。

4. 玉米阶段营养特性

玉米对养分的吸收是前期较慢、随着生长加快养分吸收加快，到后期又逐渐减慢。配方肥施入土壤后必须保证营养临界期和最大效率期对养分的需要。玉米磷素营养临界期在三叶期、氮素临界期则比磷稍后，通常在营养生长转向生殖生长的时期。临界期对养分需求并不大，但养分要全面，比例要适宜。大喇叭口期是玉米最大营养效率期，吸收最快最大，期间玉米需要养分的绝对数量和相对数量都最大，肥料的作用最大，此时肥料施用量适宜，玉米增产效果最明显。

5. 玉米抗性对养分的要求

许多养分可以增强作物的抗旱、抗热和抗倒伏等能力，这是配方设计需要考虑的。玉米生长的夏季高温多雨，阴雨寡照、病虫害与大风等农业灾害频发，影响玉米生长发育及产量，造成减产。玉米配方肥适当增加钾肥比例，可以有效提高玉米抗倒及病虫害能力，可以取代化控，防治玉米倒伏。

三、根据肥料原料性质

1. 肥料养分形态

肥料养分形态是配方设计需考虑的一个重要因素，铵态氮可与各种原料配合，但配料环境应保持在微酸性。硝态氮配伍性能很差，一般避免出现在配方中，但它可以和许多原料混合。尿素可以在酸性甚至碱性环境中作为配方原料，磷的溶解度越低，在配方中的工艺性质越好。微量元素原料也要十分注意养分形态，如果在配料中很容易生成难溶性物质，则可使用难溶性原料以降低成本。

2. 肥料养分含量

肥料养分含量主要影响配方肥养分总量以及配制高浓度配方肥时的可用性，另外就是在有机物配方肥配方设计时的可用性。养分含量往往有很大差异，除了配方设计时必须标明一定含量外，还必须做好产前的质量监控。

3. 肥料化学性质

除肥料之间的化学反应外，肥料的化学性质主要考虑热稳定性、酸碱稳定性、湿稳定性。热稳定性低的原料应与可以不用烘干工艺的原料配在一起，注意生产环境的温度。热稳定性是熔融法造粒的重要依据。湿稳定性要注意生产环境的湿度，以及储存包装的要求。酸碱稳定性主要注意配料环境的酸碱性，配料的酸碱性往往影响到化学和物理工艺性质，必要时需对其改性。

4. 肥料的物理性质

首先考虑的是原料的吸湿与结块性能。易吸湿结块的原料最好和那些抗吸湿、或混合时吸湿能力增加不多的原料混合，如干燥的有机原料等。易吸湿结块的原料还要注意选择适当的设备和工艺，注意吸湿潮解引起的有效成分的变化。肥料的溶解性关系到水溶性养分、弱酸溶性养分含量要求，和供应强度与肥效的长短，是设计缓释/控释肥料需要选择的原料。

5. 肥料的酸碱性

肥料的酸碱性首先考虑适宜的土壤条件，应注意酸碱对种子及植物根系的伤害，必要时须搭配那些可中和酸碱的原料。酸碱反应还会对许多原料的溶解性和有效性造成影响。例如，金属微量元素在酸性环境稳定性较高，而碱性环境则容易生成难溶性沉淀。

6. 肥料施入土壤后的转化

肥料在特定土壤中的转化向着有效性提高的方向进行，可考虑减少配方中的数量，反之增加数量。应注意施入土壤后的酸碱变化及解离对肥料中其他养分有效性的影响，不利的反应应尽量避免。要注意施入土壤后的转化对土壤中原有养分有效性的影响。

7. 肥料之间的配伍性能

肥料之间的配伍性能是从工艺角度配方设计需要考虑的最重要的肥料性质，这关系到各种原料间的有利和不利的化学反应，关系到肥料物理性质好坏的变化。肥料之间配伍性能非常复杂，其基本原则是原料的配合允许有化学反应发生但是不能造成养分的明显损失，允许有物理性质的变化但是不能有明显的不良变化发生。

8. 肥料中养分之间的相互作用

从玉米对养分吸收的角度，肥料中养分存在拮抗和协同作用。应尽可能选择那些有相助作用的原料进行配合，尽可能避免拮抗作用的发生。不可避免的拮抗作用，则要调整配方中的用量。配方设计时，大多数金属微量元素都可以和磷发生拮抗作用，配方设计时应给以足够注意。

9. 次要养分的作用

许多肥料原料所含的次要成分也是玉米生长发育所必需的营养元素，如钙、镁和硫等。有些次要成分对土壤性质有改良作用，如过磷酸钙中的石膏是盐碱土结构的改良剂，同时石膏又是造粒过程的一种有效制剂。原料选择好，可以增加肥料施用效果，节约宝贵资源，甚至可以达到事半功倍。当然也应注意某些次要成分对土壤与作物不良的影响，例如氯对某些作物品质的影响。

10. 肥料的价格因素

肥料价格涉及配方的原料成本以及农民经济效益。应尽可能就近选料，必要时可以考虑生产某些原料，以适应所选择的工艺，降低原料成本。为了降低成本，也可考虑可用的一些工农业废弃物进入配方。

四、配方肥配方设计方法

1. 三要素比例法

将植物营养规律和土壤养分含量紧密结合，需要有比较丰富的施肥经验。首先，根据作物需肥规律和土壤供肥性能，确定三要素比例，以作物需要的氮、磷、钾比例为基本依据，根据土壤有效养分含量及丰缺指标以及肥效试验结果等去作适当调整。其次，确定配方的养分总量，养分总量应符合国家标准最低含量标准；根据原料品质确定养分总量，注意发挥高浓度肥料的优势和原料工艺性能对高养分配方的影响。最后，根据三要素比例和养分总量确定肥料分析式。

2. 养分平衡法

其基本原理是采用养分平衡法确定氮肥、磷肥、钾肥的施用量，根据确定的施肥量，再结合工艺要求形成配方。养分平衡法确定施肥量的计算公式：施肥量=（作物需肥量－土壤供肥量）/（肥料养分含量%×肥料利用率%）。要考虑作物目标产量、单位经济产量需肥量、土壤供肥量、肥料养分含量、肥料当季利用率等5个重要参数。

第三节　玉米配方肥原料与生产工艺

一、无机原料

（一）氮肥

1. 尿素

尿素是含氮量较高的氮肥原料，农用N≥46%，缩二脲≤1.8%～1.0%，水分≤1.0%～0.5%。尿素不与酸碱发生反应，可与多种原料配合；溶解度高，是配制高浓度液体肥料的首选原料；不耐高温，温度超过135℃即可大量分解；与某些原料混合有不良反应产生，如与过磷酸钙的加成反应；多为颗粒状，对工艺特性来讲有利有弊；造粒前的脲液适合于特殊工艺，如喷浆造粒。

2. 碳酸氢铵

碳酸氢铵含氮量较低，含氮16.8%～17.5%，水分≤5%；化学性质很不稳定，不稳定性与温度关系甚大，还具有湿不稳定性，只适用于特定的无烘干工艺；价格相对低廉，易吸湿、结块；有一定碱性，但碱性对土壤和植物基本无害，可用来对某些肥料酸性进行改性。

3. 硫酸铵

硫酸铵氮含量低，一般为20.8%～21%，水分0.5%～1.0%；物理性状好，化学性质稳定；常使用的造粒助剂，尤其是有钙存在时，能增强颗粒强度；可以作为硫肥施用。

4. 氯化铵

氮含量不高，物理性状好，化学性质稳定，农用22.5%～24.5%，氯化钠≤2.5%，水分1.5%～8.0%；含水量高的氯化铵结块性也很强。含有大量Cl^-，制碱工业副产品，价格相对低廉。

5. 硝酸铵

硝态氮和铵态氮各一半，结晶状含N 34.5%，游离水0.3%～0.7%；颗粒状含N 34.4%，水分0.6%～1.5%，粒度1.0～2.8 mm≥85%。极易吸湿结块，与其他原料混合临界相对湿度大幅下降；有极高的溶解度，是液体配方重要原料；助燃、易爆，粉碎工艺有很高要求；价格偏贵。

（二）磷肥

1. 过磷酸钙

过磷酸钙养分含量低，相差大，有5级标准，P_2O_5含量12%～20%；易吸湿结块，难以粉碎；呈酸性、有一定腐蚀性，游离酸偏高有危害；易发生退化，碱性使退化加剧；含有石膏，可提供钙、硫营养；石膏有良好的造粒塑性，对造粒有利；价格低廉易得，生产工艺简单。

2. 重过磷酸钙

养分含量高，是生产中高浓度配方肥的重要原料，含磷量（P_2O_5）36%～48%；易吸湿结块，难以粉碎，酸性、腐蚀性均强过普通过磷酸钙；碱性条件可造成磷退化；石膏少，无硫素营养；具有良好的造粒塑性。

3. 钙镁磷肥

养分含量低，有5级标准，P_2O_5含量12%～20%；250 μm标准筛80%以上；不吸湿结块，物理性状好；碱性肥料，pH 10，适宜配比的其他原料少；含有丰富的钙、镁、硅营养；价廉易得；溶解慢、宜用来生产长效肥料。

4. 磷酸铵

磷酸铵为氮磷二元复合肥料，氮少磷多，是高浓度复合肥、配方肥重要原料；是用来调配低浓度原料养分之不足的重要原料；粉状有一定吸湿性，但价格低廉；颗粒状物理性质好，化学物质稳定；颗粒状可直接用于掺混法配方肥生产。磷酸一铵微酸性，水溶液呈弱酸性 pH 4.0～4.2。其基本性质见表 8-1。

表 8-1 磷酸一铵与磷酸二铵性质

名称	水溶解度（25℃，g/g）	溶液 pH	分子分解温度（℃）	养分含量（%）			
				结晶		肥料级	
				N	P_2O_5	N	P_2O_5
磷酸一铵	0.416	4.4	＞130	12.2	61.7	10～12	48～52
磷酸二铵	0.721	7.8	＞70	21.0	53.8	18	46

5. 硝酸磷肥

氮磷二元复合肥料，氮磷比例较适宜，接近大多作物和氮磷养分吸收规律，N 25%～27%、P_2O_5 11%～13.5%、水溶磷占有效磷 40%～70%、水分 0.6%～1.2%。养分含量高，宜生产中、高浓度配方肥料；含有较多 NO_3-N，是硝基复混肥料重要原料；颗粒破碎有较强吸湿性。

6. 磷矿粉

难溶性磷肥，物理性质好、中性、化学性质稳定，可用作缓/控释原料，易作补粉原料。

（三）钾肥

1. 氯化钾

农用氯化钾含量 90%～96%，K_2O 50%～60%，水分＜2.0%。氯化钾物理性状好，化学性质稳定，化学中性与酸碱肥料混合均不引起养分损失；有多种粒径（粉、粗粒、颗粒），可用于不同生产工艺；养分含量高，价格低廉；杂质含量高时有一定吸湿性；Cl 多，忌在盐碱土和忌氯作物上施用。

2. 硫酸钾

养分含量相差较大，K_2O 33%～50%，Cl 1.5%～2.5%，水分 1.0%～5.0%。物理性状好，化学性质稳定，与酸碱原料混合物不引起养分损失；养分含量高，但价格偏高；可做硫肥施用；有含 Ca 原料，易于造粒；是忌氯作物重要钾素原料。

（四）微量元素

微量元素肥料常用铁肥、硼肥、硼酸、锰肥、铜肥、锌肥和钼肥等，其主要成分和性质见表 8-2。

表 8-2　常用微量元素肥料

种类	肥料名称	主要成分	含量（%）	主要性质
铁肥	硫酸亚铁	$FeSO_4 \cdot 7H_2O$	19～20	淡绿色晶体，易溶于水，是常用的铁肥
	硫酸亚铁铵	$(NH_4)_2SO_4 \cdot FeSO_4 \cdot 6H_2O$	14	淡棕色晶体，易溶于水，是常用的铁肥
硼肥	硼砂	$Na_2B_6O_7 \cdot 10H_2O$	11	白色晶体或粉末，在 40℃热水中易溶，是常用硼肥
	硼酸	H_3BO_3	17.5	易溶于水，是常用的硼肥
	硼泥	含硼、镁、钙等元素	0.5～2	硼砂、硼酸工业废渣，呈碱性，应中和后才能施用
锰肥	硫酸锰	$MnSO_4 \cdot 3H_2O$	26～28	粉红色晶体。易溶于水，是常用的锰肥
	氯化锰	$MnCl_2 \cdot 4H_2O$	27	粉红色晶体，易溶于水
铜肥	硫酸铜	$CuSO_4 \cdot 5H_2O$	24～25	蓝色晶体，易溶于水，是常用的铜肥
	含铜矿渣	—	0.3～1	难溶于水，炼铜工业废渣
锌肥	硫酸锌	$ZnSO_4 \cdot 7H_2O$、$ZnSO_4 \cdot H_2O$	23～24	白色或浅橘红色晶体，易溶于水，是常用的锌肥
	氯化锌	$ZnCl_2$	35～50	白色晶体，易溶于水
	氧化锌	ZnO	70～80	白色粉末，难溶于水
钼肥	钼酸铵	$(NH_4)_6Mo_7O_{24} \cdot 4H_2O$	50～54	青白或黄白色晶体，易溶于水，是常用的钼肥
	钼酸钠	$Na_2MoO_4 \cdot 2H_2O$	35～39	青白色晶体，易溶于水

二、有机原料

可用来生产玉米配方肥的有机原料种类很多，这里介绍几种常见原料。

1. 饼肥

饼肥含有丰富有机质，因植物种类不同，其成分相差很大，有机质 75%～85%，氮素含量 3.5%～7.0%、P_2O_5 1%～3%、K_2O 1%～2%；有机肥料中养分总量较高，是生产高养分含量有机配方肥的重要原料；饼粕类质地较疏松，较易粉碎为细粉状；油脂含量高时粉碎较难，与其他物料混合比较困难；该原料价格较高，多用来生产花卉等经济作物的小批量产品。

2. 泥炭

泥炭含有机质 40%～70%，含氮 0.7%～3.5%，磷钾含量少；含一定数量腐殖酸，对作物有良好作用；酸性较强，pH 4.5～5.0；具有很强的吸水性和吸氨能力；易粉碎，质地轻，易飞扬；非常适宜用来解决易吸湿原料的混合。褐煤和风化煤都含有一定数量有机质和腐殖酸，常用来提取腐殖酸和作为生产腐殖酸配方肥料，和泥炭相比，其酸性下降，有机质减少，但仍然有较强吸水保氮作用；较易粉碎，质地致密；可用于挤压造粒工艺和普通滚动造粒。

3. 鸡粪

鸡粪含有某些有机活性物质，属于优质有机肥料。鲜鸡粪含水分50%，有机物25.5%、含氮2%、K_2O 1%左右，P_2O_5 1%～8%。腐熟鸡粪养分含量较高、性质较好，是生产有机配方肥的优质原料之一。

一般来说，有机质多，疏松质地轻，造粒困难，但有利于性质不良原料的调节；有机养分释放慢，可以避免作物奢侈吸收，是发展绿色和有机农业生产的重要肥料资源。

三、主要辅助原料

玉米配方肥料生产主要辅助原料有调理剂、黏结剂和包膜剂等。

1. 调理剂

调理剂又称包裹剂，是添加到化肥中有助于在贮运过程中维持良好物理性能的一种物质。调理剂对于某些高氮产品和氮磷钾复混肥料、配方肥料产品是必不可少的。颗粒肥料产品最有效的调理剂是黏附在颗粒表面上的涂覆介质，可以防止颗粒的粘连，避免结块。调理剂有两类，一类是细粉状固体调理剂，非常细的粉末黏附在颗粒表面上；另一类是液态调理剂，把它喷涂到颗粒表面上，减轻黏结，避免结块。

2. 黏结剂

玉米配方肥在造粒过程中需要有黏结性物质，能减少造粒困难，在干燥后得到比较密实、坚固的肥料产品。这种黏结性物质在团粒法造粒过程中需要与水或蒸汽进行喷雾，在液相存在情况下使混合物料比较容易黏结成粒。磷酸钙、湿法磷酸一铵或二铵母液均具有黏结作用，它们既是配方肥的配料，同时起着黏结剂作用。

3. 包膜剂

包膜剂是用于生产缓/控释肥料的材料，一类为包膜层材料，如多种塑料、树脂聚合物、石蜡、沥青、焦油、硫黄等；另一类为包裹层材料，如钙镁磷肥、脱氟磷肥、酸化磷矿、磷酸铵镁、硫酸钾镁等。价廉高效环境友好是未来选择包膜材料的重要指标。

四、玉米配方肥生产工艺

玉米配方肥生产工艺主要有粉状掺合工艺、颗粒掺合工艺、干粉造粒工艺，料浆造粒工艺，熔融造粒工艺及流体混合工艺等。生产工艺取决于基础原料生产布局和品种结构、运输和贮存条件与设施，农业生产的布局及施肥习惯和机具等。

1. 粉状掺合工艺

将各种天然的及人工的无机及有机原料机械掺混而制成配方肥料。过磷酸钙、重钙、硫铵、氯化钾、硫酸钾、磷酸一铵和磷酸二铵等曾成为粉状掺混肥料的主要配料。为改善土壤物理性质和酸碱度，还添加白云石、磷矿粉、花生壳和硅藻土等作为调理剂。生产过程包括原料的准备（干燥、破碎、筛分、混合预处理等）、计量与混合、散堆稳定（散失堆内空气，减少体积、增加堆密度）、翻堆包装等环节。

粉状掺合工艺对原料种类、细度等要求不严，适合于各种无机原料尤其是鸡粪、垃圾、饼肥等各种有机原料；设备少，工艺简单、生产成本低；无造粒，一般不需烘干，节能减排、节省成本但不降低肥效；配方灵活，适合于农业部门自配自用。但其成品不利于机械化施肥，易发生组织分离现象，给施肥带来不便。

2. 颗粒掺合工艺

颗粒掺合肥料是在粉状掺合的基础上发展起来的，将各种粒状的基础肥料直接混合加工而成，是平衡施肥的物化产品。我国开展的测土配方施肥配方肥（BB肥）的生产主要采用该工艺进行。颗粒掺合工艺所用原料全部是颗粒状，要求颗粒大小、密度基本一致。所用原料可以是单质肥料，也可以是复合肥料，如尿素、氯化铵、硝酸铵、硫酸铵、重过磷酸钙、磷酸一铵和磷酸二铵以及氯化钾等颗粒肥料。掺合肥料关键技术要求是不同粒级基础肥料的颗粒大小一致性，两个或两个以上原料肥料颗粒大小不同容易引起养分不均，肥料在运输中受到振动，装卸过程中肥料的流动以及在施肥时的抛掷都会引起分离，从而影响肥料的有效性。

颗粒掺混工艺简单、设备少、操作容易；投入少，生产成本低；保留原料优良的物理性状，产品有利于机械化施肥；配方灵活，颗粒肥料为颗粒掺混工艺提供了可能。但对原料要求高，我国与之配套的基础肥料较少，有分离现象。随着我国可匹配原料的进一步完善，必将大大推进颗粒掺混工艺的发展与完善。

3. 干粉造粒工艺

干粉造粒工艺是用多种粉料混合造粒的一种造粒工艺。常见的造粒方法有圆盘造粒法、双轴造粒法、转鼓造粒法、挤压造粒法和熔融造粒法几种。

（1）圆盘造粒法　该工艺的核心设备是圆盘造粒机，它利用液体组分或者水的黏结作用，通过物料的滚动过程中的相互揉搓和挤压，逐渐团聚成粒。圆盘造粒法操作直观，随时掌握运转情况；设备要求低，生产流程短，适用范围广，投资少；粒径大小容易控制，成粒率高。但由于造粒主要靠液相的黏结作用，物料湿度大，增加了烘干难度；有时存在返料多，成粒效果差，颗粒强度不高；产量偏低，中小生产厂家广泛采用，越来越多的转向生产包膜肥料。

（2）双轴造粒法　双轴造粒法的工艺流程与圆盘造粒法基本相似，只不过其核心设备变成了双轴造粒机。双轴上反向旋转的桨式搅拌叶片转动时，带动物料产生滚动，同时将加入的物料揉搓、挤压，也有团聚的功能，最后形成颗粒。而造粒所需的液相可通过U形长槽的特制装置淋洒在料层上。双轴造粒工艺核心设备为封闭状态，可根据需要在床底加入气氨或氮溶液，以满足产品配比要求；桨式叶片的搅拌混合使产品成分均匀，颗粒强度也较好；叶片倾角和转速可调，适用原料比较广；同时可用于料浆造粒和融料造粒。其不足在于，设备密闭运行，生产过程中不能及时观察内部运行状况，难以及时发现问题并采取必要措施；动力消耗较大，维修费用偏高；物料的整个翻动和运行，均需设备提供动力；产品外观不甚理想，颗粒不圆滑规整。

（3）转鼓造粒法　转鼓造粒法是复合肥行业的关键技术之一，适用于冷、热造粒以及高、中低浓度复混肥的大规模生产。主要为团粒湿法造粒，物料进入造粒机后，从料层下方适当通入饱和蒸汽，既提高物料温度，又增加物料湿度，物料借助转鼓造粒机旋转时产生的摩擦作用形成一个滚动的料床，滚动产生的挤压力使物料团聚成小的颗粒，再通过黏结形成大的颗粒。

转鼓造粒法通过往转鼓中的料层通蒸汽以提高造粒物料的湿度，使物料中盐类溶解，降低烘干工序的蒸发水量；必要时可往料层通氨气，以改变酸碱度或者获取需要的反应；机筒体采用超高分子量聚乙烯内衬或耐酸不锈钢衬板，实现了自动除疤、脱瘤，杜绝了物料粘壁现象，减轻了工人劳动强度，延长了设备使用寿命；机具有成球强度高、外观质量好、耐腐蚀、耐磨损、能耗低、使用寿命长、操作维修方便等特点，便于观察操作。但转鼓造粒工艺不能自动分级，成粒率较低（40%～60%），返料多；设备复杂，投资较大。

（4）挤压造粒　挤压造粒是利用压力使固体物料进行团聚的干法造粒过程，适合于多种原料，尤其是有机原料，在配方肥生产中广泛应用。传统挤压造粒是物料从料斗均匀加入到两个轧辊的上方，在挤压轧辊连续旋转作用下，粉料被咬入轧辊之间，在强大的压力下被压成板料。在重力和离心力作用下脱落，经带有齿爪的整形轮打击而分开成粒。再进入筛网上，符合要求的颗粒经滚筒磨去锐角即可。

目前常用两种改进造粒工艺，对辊式挤压造粒是在传统工艺上的改进，主要是在双辊表面分布有大量的凹槽，而且两个辊面的凹槽相互对应，物料被对辊挤压时，物料被挤入凹槽，自然成型。经磨去棱角即可，成球率高且比较圆整。该工艺对物料的要求更低，虽产量偏低，但工艺非常紧凑，而且颗粒形状和大小易被控制。辊辗式挤压造粒是混合后的物料由螺旋送料器加入至造粒机的压模中，在压模上转动，产生强大挤压力碾压物料，强制通过模盘的孔板，挤压成圆柱条形，在其排出的同时由割料刀断成颗粒肥料，从出料斗排出。成品为圆柱颗粒，成粒率可达90%以上，无返料。

挤压造粒工艺流程短，设备较少，投资较省；不需要给物料加热和增湿，既节省投资，又节约能耗，能适应含有热敏性物料如碳酸氢铵和某些有机物等配料的造粒；在生产过程无废气外排，不会污染环境；工艺流程短，操作简便，便于实现生产自动化控制，提高生产效率；对原料的性质与粒度分布无特别要求，原料来源宽广；生产较灵活，改变产品方案比较方便，有利于小批量生产专用肥；产品粒度分布均匀，不会产生离析，也不会结块。但挤压造粒产品外形不圆整，运输过程中可能产生粉尘；产品颗粒内配料组分间若继续发生化学反应，将可能导致颗粒崩裂；产量偏低、模盘等器件易损。

4. 料浆造粒工艺

在配方肥料生产中，全部或部分物料以料浆形式进入造粒系统的生产方式，称为料浆造粒法。常见的是磷酸铵和硝酸磷肥生产，尿素生产（脲液）过程中把固体原料加入料浆或直接加到造粒机中，造粒原理主要是料浆的涂布作用，亦有粘结作用。传统料浆造粒法的料浆通常是用磷酸或硫酸（或混合酸）与氨和（有些情况下）磷矿石反应制备的。

目前比较多的采用磷酸铵的料浆，一部分的化学反应可以在造粒中完成。造粒机常用转鼓造粒机，或是某种形式的双轴造粒机或圆筒掺合机。循环的返料通常都加入造粒机，数量要充足，以便把液相减少到造粒需要的程度，提高生产效率。

（1）半料浆法　粉状尿素、磷酸一铵、氯化钾或硫酸钾经过计量、混合、破碎后进入转鼓造粒机，40%的磷酸一铵以料浆的形式喷入转鼓以代替水蒸汽作为造粒液相。最后经烘干、筛分冷却包装即可。半料浆法容易造粒，成粒率高，颗粒强度大。但设备复杂要求高，产品吸湿性强，设备腐蚀性强。

（2）全料浆法　尿素和钾肥计量破碎后与返料一起进入转鼓成粒机，含水25%的磷铵计量后喷入造粒机的物料床，在涂布、粘结作用下成粒。磷酸一铵不需造成粒，可利用湿热（料浆），黏结性好，颗粒强度高。生成的产品其实是料浆包裹型肥料，包裹尿素达到缓释的目的。

（3）喷浆造粒　用压缩空气将硝酸铵和尿素的熔融物喷入造粒机造粒和冷却而成为粒状硝酸铵或尿素。目前多采用内返料、内分级、内破碎技术，许多企业广泛采用尿素熔融喷浆造粒工艺：将尿素快速熔融，经液下泵加压并计量后喷到造粒机内磷、钾组合的粉状物料上，喷出的脲液遇冷凝固成半液态、半固态、具有黏性的成球源，在造粒机的不断滚动和喷嘴的连续喷涂下快速成球。喷浆造粒工艺实现了多种工艺过程的有机融合，喷浆、造粒、返料、分级、破碎于一体；成球速度快，颗粒均匀，成品率高，颗粒圆整，表面光滑；高浓度，高氮，单一氮元素可以配到28%以上；颗粒强度高，不易粉化；利用反应热达到造粒与烘干效果，减少能源消耗。缺点是溶液易结晶堵塞管道，尿素在高温下易生成缩二脲。

5. 熔融造粒工艺

熔融造粒法是将熔融并能流动的熔料喷入冷媒（通常采用空气或者熔料不能溶解的液体如矿物油），物料冷却时因表面张力而固化形成球形颗粒。熔融的尿素或硝酸铵可以和磷酸铵、钾盐形成低共熔点化合物，可以将粉状磷酸铵、氯化钾预热后加入熔融的尿素或硝酸铵中，形成有悬浮物但具流动性的熔料，熔料经震动喷头或转鼓喷头喷入造粒塔或油槽，熔料经空气或者油冷却后，固化形成粒状复混肥料。

目前高塔熔融造粒是比较热门的生产工艺。高塔熔体造粒工艺技术是利用熔融尿素和磷酸一铵、氯化钾可以形成低共熔点化合物的特点，将粉状磷酸一铵、氯化钾、添加剂等各自加热后，加入熔融尿素中，通过反应生成流动性良好的氮磷钾共熔体，再通过专用喷头喷入复合肥造粒塔，喷头形成的熔融液滴在下落过程中，碰到自下而上的冷空气，在空气中冷却固化成颗粒，获得养分分布均匀，颗粒性状较好的复合肥料。生产流程主要分为原料处理、造粒、冷却处理3个部分。

尿素熔融造粒工艺可直接利用尿素浓溶液，省去了尿素溶液的喷淋造粒过程以及固体尿素破碎操作，简化了生产流程；熔体造粒工艺充分利用原熔融尿素的热能，物料水分含量很低，无需干燥过程，大大节省了能耗；可以生产高氮复合肥产品；合格产品颗粒百分含量很高，一般在90%以上，返料量少；颗粒表面光滑、圆润，不结块，具有较高的市场竞争力；操作环境好，无三废排放，属清洁生产工艺；熔体造粒装置基建投资和操作费用通常比常规的固体配料蒸汽造粒装置要低。

高塔造粒所需混合物必须是能形成可流动的熔体，因此借助尿素和硝铵的优势，只能生产40%浓度以上的高氮产品，由于磷酸一铵与尿素的反应的存在，磷的加入受到限制。一般要求N、P、K的配比为N≥20%，P_2O_5≤10%，钾无特殊限制。产品颗粒大小调节范围较窄，生产颗粒较大的产品有一定的难度，粒径多在1～2 mm；温度、混合时间、配比、颗粒大小的控制要求比较严格；造粒塔必须有一定的高度，最低75 m，普遍在90～95 m，对小型生产装置来说，投资费用并不节省。

6. 流体掺合工艺

流体掺合工艺生产液体配方肥料，液体肥料又称流体肥料，至今问世已有200余年历史，其迅速发展是从20世纪开始的。我国液体复合肥料于20世纪50年代起步，发展相当迅速。

液体配方肥生成时不需要蒸发干燥过程，能耗低，成本低，工艺简单，设备少，投资省；生产、运输和使用过程无烟雾、粉尘污染；彻底消除了产品吸湿、结块问题；配方更为灵活。多功能更易成为现实。甚至可加入硝化抑制剂；不会造成颗粒分离，影响肥效；使用方法灵活，灌溉水、喷灌水、滴灌水、叶面喷、液体施肥机械、飞机喷等。便捷、省工、收效快；储运、装卸费用低。液体配方肥原料要求必须水溶性，并且不产生沉淀，有一定局限性；温度低时有些盐类会出现盐析；需要特殊的储运设备；有效养分量较低。

第四节　玉米配方肥应用效果

一、玉米配方肥设计与加工

1. 玉米配方肥配方设计

设计玉米专用肥配方针对性要强，应根据土壤肥力水平、玉米需肥特性和肥料特性，结合田间试验等加以拟定，选择合理的氮磷钾配方，从而最大限度地发挥施肥效益。所选原料应在肥料市场容易购买、粒径大小基本一致，性质较好，有利于提高肥效和工效，掺混肥比较常用的原料有尿素、磷酸一铵、包膜尿素、大颗粒氯化钾等。

随着社会经济的发展，农村劳动力转移、农业生产逐渐转向机械化、规模化生产，简化施肥是玉米简化生产的重要内容，根据玉米需肥特性，借助新型肥料或新技术，通过一次性施肥实现玉米高产高效和简化生产。与传统施肥技术相比，控释肥可将原来一些由人工操作的技术物化到控释肥新产品中，使技术实施大为简化。这种物化了的技术可操作性强，便于推广。

河南农业大学玉米营养与施肥研究团队十多年来一直从事玉米高效施肥研究工作，取得了一些科研成果。自制夏玉米专用缓释肥（28-10-12）物化了3项技术：玉米养分专家系统推荐施肥优化了氮磷钾肥用量和配比；采用50%包膜尿素，实现了“氮肥后移”，一次性施肥保证后期养分供应；物化“抗倒增产施钾”技术，增施钾肥有效提高夏玉米抗倒性。该夏玉米专用缓释肥每公顷用量750 kg，可以种肥同播，也可以五叶期开沟一次性施入土壤。

2. 玉米配方肥用料计算

生产1 t玉米专用缓释肥（28-10-12，缓释氮素占50%），选用尿素（含N 46%）、包膜尿素（含N 42%）、磷酸一铵（12-48）和大颗粒氯化钾（含 K_2O 60%）为原料。配方肥用料计算如下。

（1）先计算磷肥用量：10%×1 000 kg÷48%＝ 208 kg。

208 kg磷酸一铵含N量：208 kg×12%＝25 kg。

（2）计算包膜尿素量：包膜尿素中的缓释氮素占50%，故总氮量的一半为包膜尿素提供（28%×1 000 kg÷2）÷42%＝ 333 kg。

（3）计算尿素的用量：玉米配方肥中普通氮素占总氮量的一半，由磷酸一铵和尿素提供，故计算尿素用量时应减去磷酸一铵中的氮（28%×1 000 kg÷2－25）÷46%＝ 250 kg。

（4）计算氯化钾用量：12%×1 000 kg÷60%＝ 200 kg。

总量：磷酸一铵208 kg＋包膜尿素333 kg＋尿素250 kg＋氯化钾200 kg＝991 kg。

3. 玉米配方肥加工流程

所选原料都是颗粒肥料，计算好配方肥用量后，可以用搅拌机将各原料按比例机械掺混，再进行包装，制得玉米专用缓释BB肥，成本低，使用方便。

所选原料非颗粒肥料，如果为了施肥方便，进行复合造粒，需要再加入9 kg填充料，补足1 000 kg，除了包膜尿素外，将原料粉碎充分混合，进行造粒，再与包膜尿素掺混包装。

二、玉米配方肥的产量效应

2015年6～10月在河南省鹤壁市淇滨区钜桥镇刘寨村（简称鹤壁）高产粮食示范区和河南省许昌新区河南农业大学许昌校区试验站（简称许昌）进行了夏玉米专用缓释肥（28-10-12）效应研究。

试验共8个处理（表8-3），除夏玉米专用缓释肥（28-10-12）外，氮肥为尿素（N 46%），磷肥为磷酸二铵（N 18%，P_2O_5 46%）和普钙（P_2O_5 12%），钾肥为氯化钾（K_2O 60%），3次重复，随机区组排列。灌溉、病虫草害防治等其他田间管理措施同当地农民习惯一致。

表 8-3 试验处理

处理号	处理名称	$N-P_2O_5-K_2O$ (kg/hm²)	施肥品种	施肥时期
Z1	专用缓释肥	210-75-90	玉米专用缓释肥 (28-10-12)	苗期一次施用
Z2	普通肥料	210-75-90	尿素、磷酸二铵和氯化钾	苗期一次施用
Z3	磷钾配施	0-75-90	普钙、氯化钾	苗期一次施用
Z4	氮钾配施	210-0-90	尿素、氯化钾	苗期一次施用
Z5	氮磷配施	210-75-0	尿素、磷酸二铵	苗期一次施用
Z6	普通肥料	210-75-90	尿素、磷酸二铵和氯化钾	50%五叶期施用，50%大喇叭口期追肥
FP	农户施肥	225-37.5-37.5	复合肥 30-5-5	苗期一次施用
CK	不施任何肥料	—	—	—

表 8-4 表明，鹤壁和许昌两试验点施肥分别显著增产 8.28%～19.10%和 17.08%～32.14%，Z1 处理较 Z2 处理分别增产 5.17%和 5.65%，较 FP 处理分别增产 9.99%和 5.34%，夏玉米施肥有较好的增产效果，专用缓释肥较等养分普通肥料一次施用显著增产，均较农户施肥显著增产，与普通肥料两次施用产量无显著差异。Z1 处理较 Z3、Z4、Z5 处理在鹤壁和许昌分别增产 8.70%、5.93%、5.28%和 12.86%、8.29%、6.26%，表明夏玉米施氮平均增产 10.79%、施磷平均增产 7.11%、施钾平均增产 5.77%。专用缓释肥通过提高夏玉米穗粒数和千粒重实现增产。专用缓释肥一次性施用具有一定的增产效果。

表 8-4 专用缓释肥对夏玉米产量及其构成要素的影响

（张博等，2017）

处理号	鹤壁				许昌			
	穗粒数（个）	千粒重（g）	产量（kg/hm²）	增产率（%）	穗粒数（个）	千粒重（g）	产量（kg/hm²）	增产率（%）
Z1	609.02a	327.37a	11 916.63a	19.10	633.00a	319.59a	11 796.57a	32.14
Z2	571.04ab	325.07ab	11 330.49b	13.24	624.91ab	314.59ab	11 165.46b	25.07
Z3	580.11ab	319.98ab	10 962.73bc	9.56	613.67c	307.61bc	10 452.11c	17.08
Z4	605.44a	318.08ab	11 249.13b	12.42	617.16bc	307.23bc	10 893.96b	22.03
Z5	603.53a	323.33ab	11 318.40b	13.12	624.53ab	302.73cd	11 100.91b	24.35
Z6	589.93a	323.61ab	11 687.51a	16.81	628.00a	315.76ab	11 784.00a	32.01
FP	572.17ab	309.43bc	10 834.70c	8.28	614.80c	292.57 de	11 198.41b	25.44
CK	544.53b	302.28c	10 005.96 d	—	512.67 d	286.37e	8 927.10 d	—

三、玉米配方肥的肥料利用效率

由表8-5可以看出，鹤壁和许昌Z1氮肥利用率较Z2分别提高了7.66和8.69个百分点；磷肥利用率分别提高了5.76和3.86个百分点；钾肥利用率分别提高了15.02和12.06个百分点，Z1氮磷钾肥利用率与Z6无显著差异。专用缓释肥一次施用较等养分普通肥料一次施用提高了氮、磷、钾肥利用率，与两次施肥的肥料利用效率基本相同，实现了简化和高效施肥。

表8-5　夏玉米专用缓释肥的肥料利用效率

（张博等，2017）

处理	鹤壁			许昌		
	N	P_2O_5	K_2O	N	P_2O_5	K_2O
Z1	30.45a	14.95a	47.80a	31.92a	13.12a	47.58a
Z2	22.79b	9.19b	32.78b	23.23b	9.26b	35.42b
Z6	29.51a	13.68a	45.91a	29.99a	12.47a	46.34a

研制玉米专用配方肥要确保氮磷钾用量和配比科学，只有专用肥的养分含量满足玉米的生长发育才能实现高产高效。本试验用专用缓释肥中50%的氮素为包膜尿素提供，施入土壤可以在80 d内缓慢释放，能够在夏玉米生长后期供应氮素营养，进而提高了氮素积累量、产量和氮肥利用率。专用缓释肥（28－10－12，缓释氮素占50%）苗期一次性施用750 kg/hm^2促进了夏玉米对氮、磷、钾养分的吸收利用，增加了穗粒数和千粒重，提高了产量和肥料利用效率，节省了追肥时间和费用，实现了高产高效和简化施肥，可以在豫北和豫中地区推广应用。

参　考　文　献

何萍，金继运．2007. 不同专用肥对玉米养分吸收和产量的影响［J］．玉米科学，15（5）：117-120.
胡霭堂．2004. 植物营养学：下册（第2版）［M］．北京：中国农业大学出版社．
刘娇．2015. 夏玉米专用肥及精准定量施肥技术研究［D］．郑州：河南农业大学．
刘举．2015. 高产夏玉米施钾抗倒增产效应及其机理研究［D］．郑州：河南农业大学．
王宜伦，卢艳丽，苏瑞光，等．2015. 专用缓释肥对夏玉米产量及养分吸收利用的影响［J］．中国土壤与肥料（1）：29-32.
王宜伦，苏瑞光，刘举，等．2014. 养分专家系统推荐施肥对潮土夏玉米产量及肥料效率的影响［J］．作物学报，40（3）：563-569.
杨建堂，王文亮．1998. 配方肥生产原理与施用技术［M］．北京：中国农业科技出版社．
张博，王海标，陶静静，等．2017. 专用缓释肥对夏玉米产量及肥料利用率的影响［J］．河南农业大学学报，51（4）：453-458.
中国农业科学院土壤肥料所．1994. 中国肥料［M］．北京：中国农业出版社．
诸海焘，余廷园，田吉林，等．2009. 玉米专用缓释复合肥对糯玉米产量和品质的影响［J］．上海农业学报，25（2）：45-48.

第九章

玉米新型肥料与应用

第一节　新型肥料概述

当前我国使用的化肥以全溶、速溶、速散的化肥品种为主，其肥效期短，需多次追肥，才能满足作物生育期对养分的需求，不仅费工费力，增加施肥成本，而且追肥表施，造成肥料损失，肥效降低，且流失到环境中的养分还会引起土壤板结、土壤质量退化和农业面源污染等问题，从而影响我国农业的可持续发展，对人类的生存环境构成严重威胁。现代农业以低投入、高产出、高效率和可持续发展为特征。随着经济的发展和传统肥料不足的逐渐显露，发展省力、资源高效性和环境保护性的新型肥料，成为合理施肥的主要措施之一，也是我国21世纪肥料发展的重要方向。

一、新型肥料的特点及开发现状

新型肥料是指选用新材料、采用新方法或新工艺制备的具有新功能的肥料。其产品特点在于：①功能拓展或功效提高，新型肥料除了给作物提供养分外，还具有保水、抗旱、抗寒、杀虫、防病、促根、增蘖、抗倒伏、抗早衰、提高养分利用率，改善土壤理化性质、降解土壤有机无机污染物等功效；②形态多样，使用方便，对环境无污染及对人类没有危害。

新型肥料经历了稳定性肥料、硫包衣、聚合物包膜、微生物菌剂、叶面肥、生物有机肥、增效肥等发展过程。“十一五”期间，在国家科技支撑计划的支持下，我国新型高效肥料研究与技术发展迅速，研发出一批具有较大产业化前景的科研成果，初步形成了以企业为主体，产学研结合的创新体系，为该产业的发展奠定了良好基础，并涌现出一批高速成长、发展潜力巨大的新型肥料企业，目前总计2 000多家，占全国化肥生产企业总数的1/4，新型肥料产业的资产规模约为500亿元，产业总产值每年约为164亿元，新型肥料行业的快速发展为推动我国农业经济发展做出了巨大的贡献。

然而，我国新型肥料行业整体上还处于起步阶段，存在宣传不够，认识不清，市场不规范，产品质量不稳定等问题；因此，距离产业化生产和大规模推广应用还有很长的路要走。推动新型肥料研究和产业化的发展，是一项系统工程，需要国家政策上的支持，更需要科学家和肥料企业的共同努力。《中共中央国务院关于积极发展现代农业扎实推进社会主义新农村建设的若干意见》明确指出，要积极发展新型肥料等新型农业投入品，要优化肥料结构，加快发展适合不同土壤、不同作物特点的专用肥，这是一项增强农业科技自主创新和加快农业科技成果转化应用的具有划时代意义的战略创举，为我国新型肥料行业发展提供了有力的支撑。

二、新型肥料的种类及应用

新型肥料按照组成和性质，主要分为 4 类，分别为缓/控释肥料、微生物肥料、商品有机肥和多功能肥料。

（一）缓/控释肥料

1. 缓/控释肥料的种类

缓/控释肥料主要类别有包膜（裹）型缓/控释肥料、化学抑制剂型缓效肥料、合成型微溶缓释肥料和基质复合与胶粘型缓释/控释肥料。其特点在于通过控释技术，调控养分释放速率，使其与作物生长发育阶段对养分的需求规律相一致，从而促进作物对养分尽可能的吸收，减少氮素在土壤中的损失和磷钾在土壤中的固定，提高其肥料利用效率。2007 年，由国家化肥质量监督检验中心与山东金正大集团共同起草、国家发展改革委批准的《缓/控释肥料》行业标准正式施行，根据该标准的规定，在温度 25℃时，肥料中的有效养分在 24 h 内的释放率不大于 15%；在 28 d 内的养分释放率不超过 75%；在规定时间内，养分释放率不低于 80%。

（1）包膜（裹）型缓/控释肥料　包膜（裹）型缓/控释肥料主要是在肥料颗粒表面包裹一层或数层半透性或难溶性物质，从而达到调节养分释放速率的目的，常用的材料有硫黄、树脂、聚乙烯、石蜡、沥青及钙镁磷肥等。我国对包膜（裹）型缓/控释肥料的研究开始于20 世纪 60 年代。1974 年，中国科学院南京土壤研究所和南京化学工业研究所合作率先以钙镁磷肥、石蜡、沥青包膜碳铵为原料研制成长效包膜碳酸氢铵；1983 年，郑州大学工学院许秀成等利用枸溶性钙镁磷肥包裹尿素，以氮磷泥浆为黏结剂，制得具有适度缓效的包裹型复合肥料，具有良好的肥效，增产显著；1985 年北京市园林科学研究所与北京市化学工业研究所共同开发酚醛树脂包膜颗粒复合肥料；1991 年，孙以中提出了用部分酸化的磷矿粉作为包裹材料的思路；1992 年，北京市农林科学院率先系统开展了树脂包膜尿素的研究，目前已建成年生产能力 3 000 t 以上的树脂包衣尿素生产线，产品分为线型和 S 型释放模型。1993 年，北京化工大学将废旧泡沫塑料溶解在有机苯溶剂中，再加入无机填充物，研制出有机高分子聚合物包膜复合肥料。1995 年，郑州工学院以二价金属磷酸铵钾盐包裹尿素，制成缓/控释肥，商品名为 Luxecote。20 世纪 90 年代末期，沈阳农业大学韩晓日利用聚乙烯醇（PVA）和淀粉为主要成分合成包膜剂，根据作物种类、土壤条件设计膜材料比例和厚度，研制出新型缓/控释氮肥。2005 年，我国又利用天然吸水材料魔芋粉，研制出生物可降解聚氨酯包膜肥料。此外，南京林业大学从造纸厂排出的制浆液中提取木质素，制备出木质素包膜氮肥；浙江大学石伟勇等致力于利用可生物降解壳聚糖开发新型环保缓释肥料；昆明理工大学以桐油为膜材料制备了包膜尿素。比较理想的包膜型缓/控释肥料还有浙江龙游化工厂研制生产的硫铵包膜肥料、原广州氮肥厂生产的涂层尿素等以及金正大集团和北京首创新型肥料制造有限公司的高分子树脂包衣尿素等。

包膜（裹）型缓/控释肥料的养分释放速率主要取决于肥料的平均粒度、包裹层材料及理化特性、比表面积、包裹层厚度、黏结剂性质、制造工艺、水分、温度等多种因素。目前我国已有农业科研部门根据不同农作物的需肥特点，采用可控包衣技术制造出在 30 d、60 d、90 d、120 d、150 d、180 d、270 d 甚至 360 d 等不同时间段内养分释放的可控制性缓释肥料。还有不少农业技术推广部门把肥料的缓/控释技术与配方肥开发应用结合起来，形成综合性、多元化、智能化的缓/控释配方施肥技术新体系。

（2）化学抑制剂型缓效肥料　化学抑制剂型缓效肥料，也称稳定型肥料，是通过添加脲酶抑制剂和硝化抑制剂等，调节土壤微生物的活性，减缓尿素的水解和对铵态氮的硝化-反硝化作用，从而达到肥料氮素缓慢释放和减少损失的目的。其中 HQ（氢醌）、NBPT（N-丁基硫代磷酰三胺）、PPD（邻-苯基磷酰二胺）、TPTA（硫代磷酰三胺）、CHPT（N-磷酸三环己胺）等是筛选研究的重要土壤脲酶抑制剂，其中既具有良好效果，又有农业应用前景的则首推 HQ 和 NBPT，但就价格、抑制效果及应用前景而言，HQ 更为合适。中国科学院沈阳应用生态研究所近年来成功开发了添加 HQ 的长效尿素，正在推广应用。吡啶、嘧啶、硫脲、噻唑、汞等的衍生物，以及叠氮化钾、氯苯异硫氰酸盐、六氯乙烷、五氯酚钠等是自 20 世纪 50 年代以来研究的主要硝化抑制剂。近年来得到推广和应用的只有德国 BASF 公司开发的吡唑类硝化抑制剂 3,4-二甲基吡唑磷酸盐（DMPP）。其原因，一方面由于没有真正确认导致硝化作用发生的靶微生物，另一方面由于抑制剂和肥料施入土壤后两者的迁移、降解行为不一致。

（3）合成型微溶态缓/控释肥料　合成型微溶态缓/控释肥包含两类：一类是微溶于水的合成有机氮化合物，如脲醛肥料、异丁叉二脲、丁烯叉二脲等；另一类是微水溶性或柠檬酸溶性合成无机肥料，如部分酸化磷矿、熔融含镁磷肥（FMP）、二价金属磷酸铵钾盐等。

脲醛肥料是以尿素为主体与适量醛类反应生成的微溶性聚合物，包括脲甲醛、亚甲基脲和亚甲基二脲/二亚甲基三脲，是缓释氮肥中开发最早、应用最多的品种。德国于 1924 年取得了制造脲醛和丁烯叉二脲缓/控释肥料的专利，二者分别于 1955 年和 1962 年投入工业化生产。日本三菱株式会社于 1961—1962 年取得了尿素和异丁醛反应制备异丁叉二脲的专利，1964 年开始生产。我国 1971 年研制出脲甲醛肥料。20 世纪 90 年代初期，世界缓/控释肥料仍以微溶性尿素为主，占到 50%以上。欧洲使用微溶性缓释氮肥的比例占到缓释肥消费量的 70%以上。该类肥料因养分释放速度受土壤水分、pH、微生物等因素的影响较大，且售价高，此类肥料的需求量有下降的趋势。

对磷肥的研究发现，金属磷酸盐 $MNH_4PO_4 \cdot xH_2O$（M＝Mg、Fe、Zn、Cu、Co等）具有缓释性，其中磷酸铵镁最具可调性。将过磷酸盐和钾盐在 SiO_2、Al_2O_3 共存下烧结，能制得具有长效性的缓释性磷钾肥（其中主要成分是聚磷酸钾和偏磷酸钾）。

（4）基质复合与胶黏型缓/控释肥料　基质复合与胶黏型缓/控释肥料，是将肥料养分与可降低其溶解性的物质混合，通过键合、胶结等作用，制成养分缓慢释放的肥料。尤其是有机高分子聚合物、改性纤维素和木质素、改性草炭和风化煤类、有机质等能与化肥键合、胶结，从而改变养分的释放速率，因此可制成缓释肥料。例如，中国科学院生态环境研究中心以碱木质素、磷酸二铵、黏合剂、助剂为原料，按一定的质量比例掺混，在一定温度下，制取木质素控释磷肥，经改性的磷肥可减少磷酸根的化学沉淀和固定作用，提高磷肥利用率。

2. 缓/控释肥的开发应用现状

缓/控释肥料是中国肥料质量代替数量发展的重要产品类型，肥料利用率高，对环境友好，因此在农业领域拥有广阔的发展空间，必将成为未来肥料的主流。我国从20世纪70年代开始，到今天经历了探索起步（20世纪80年代）、初步发展（20世纪90年代）和快速发展（2000年以来）3个缓/控释肥研究阶段（表9-1）。中国农业科学院土壤肥料研究所、中国农业大学、华南农业大学、郑州大学、北京市农林科学院等5家单位在国家“十五”863计划“环境友好型肥料研制与产业化”课题（2001AA246023）的支持下，以控释肥料走向大田作物为目标，目前已获得和申报相关发明专利10余项，研制出产业化、中试、小试不同层面上的产品50多个，并建成可实现生产营养材料包裹、树脂包衣、基质复合等年生产能力超万吨控释肥料生产线3条。目前我国缓释肥料产能达到250万t，年产量70万t，占世界缓释肥料消费量的1/3。产品在东北、北京、山东、河南、新疆、广东等地进行了广泛示范，部分产品已出口美国、日本、新加坡、澳大利亚等。另外，中国农业科学院土壤肥料研究所“国家褐潮土土壤肥力与肥料效益长期监测基地”在国内率先开展了缓释肥料长期定位研究，这是继普通化肥长期肥料试验之后，国内开展的唯一缓释肥料长期定位试验，将对开展缓释肥肥效演化、环境评价等基础研究具有重要价值。但是我国的控释肥料技术总体不及发达国家水平，还普遍存在生产技术薄弱，设备不健全，质量标准空白等关键问题，现有技术主要来自美国、加拿大、日本等国，鲜有独创，致使生产成本居高不下（一般相当于普通化肥价格的2～8倍），难以被农民接受，限制了其在农业生产中大面积推广。2009年70万t消费量约占全国化肥总产量（1.57亿t）的0.5%，尚无法达到全面提高肥料利用率、改善农业生态环境的目的。

表 9-1　我国缓释肥料的研究发展概况

（夏循峰和胡宏，2011）

时间	文献量（篇）	文献量（篇）
1960 年以前	13	尿素-甲醛缩合物缓释肥料包裹膜的初步研究
1961—1970 年	53	①尿素-甲醛缩合物缓释肥料的生产机器性能和应用的研究 ②尿素-甲醛缩合物、石蜡、松香、硫黄、环氧树脂等作为包裹的研究 ③关于缩二脲的应用和危害的研究
1971—1980 年	20	①尿素-甲醛缩合物、虫胶、聚烯类、三氮杂苯等作为包裹肥料膜的研究 ②在肥料中掺杂其他难溶物、添加剂、抑制剂作为产生缓释作用的研究 ③异丁叉二脲和正丁叉二脲缩合物缓释肥料的研究
1981—1990 年	36	①石蜡、硫黄、硅酸盐（酯）、聚乙烯、磷酸三钙、磷酸镁胺［NH_4］$MgPO_4$ · H_2O 作为包裹肥料膜的研究 ②无机、矿物缓释肥料的研究 ③吸附缓释肥料的研究 ④尿素与 C2 - C5 醛类或二醛类缩合缓释肥料的研究 ⑤关于包裹缓释肥料理论模型的研究 ⑥有关缓释肥料的三元体系相平衡的研究
1991—1999 年	44	①有机高分子缩合物包裹膜腐化过程的研究 ②吸附缓释肥料的研究 ③缓释肥料的缓释机理研究 ④尿素-醛类缓释肥料的研究

（二）微生物肥料

微生物肥料是指由单一或多种特定功能菌株，通过发酵工艺生产的能为植物提供有效养分或防治植物病虫害的微生物接种剂，又称生物肥料、菌肥、接种剂。微生物种类繁多、功能多样，根据其功能和肥效大致可分为五类：一是增加土壤氮素和作物氮素营养的菌肥，如根瘤菌菌肥、固氮菌肥、固氮蓝藻等；二是分解土壤有机质的菌肥，如有机磷细菌肥料，综合性细菌等；三是分解土壤难溶性矿物质的菌肥，如无机磷细菌肥料、钾细菌菌肥等；四是刺激植物生长的菌肥，如抗生菌肥料、促生菌肥；五是增加作物根系吸收营养能力的菌肥，如菌根菌肥料。

微生物肥料的特点在于：①肥效持久，能有效提高肥料利用率；②能有效分解土壤废弃物；③对靶标害物具有极高的选择性，可作为杀虫剂；④产生糖类物质，与植物黏液、矿物胚体和有机胶体结合在一起，可改善土壤团粒结构，增强土壤的物理性能，减少土壤颗粒的损失，在一定条件下，还能参与土壤腐殖质的形成。

1. 微生物肥的种类

（1）根瘤菌和固氮菌肥料　根瘤菌肥料是迄今研究最早、生产最多、应用时间最广泛和效果最稳定的微生物肥料之一。它利用根瘤菌与豆科植物共生，植物根毛弯曲而形成根瘤来进行固氮。近年来，从花生、大豆、豆科绿肥以及牧草根瘤菌中培育出许多优良菌种，并已生产出多种根瘤菌肥。实践证明，根瘤菌的固氮作用效果显著，但只与豆科植物结瘤共生，某种根瘤菌一般只能侵染相应的豆科植物根系进行共生固氮作用。这使得根瘤菌肥料在生产实际应用中片面性较大，使作物增产不稳定。

近年来，与根瘤菌具有许多平行点的新型共生关系的非豆科共生固氮菌引起了国内外学者的浓厚兴趣。研究发现，共生固氮效率比自生固氮体系高数十倍，但共生固氮的固氮作用受作物的限制因素较多。自生固氮菌自发现和分离以来就受到科学家的重视，圆褐固氮菌、贝氏固氮菌和巴斯德固氮梭菌等种类已被用作自生固氮菌肥料和联合固氮菌肥料的研究和开发。自生固氮菌不但能固定空气中的氮气为作物提供氮素养料，而且有的还能生成刺激植物生长发育的生长物质，促进其他根际微生物的生长，有利于土壤有机质的矿化作用。一些自生固氮菌在其生活过程中还能溶解磷，但利用自生固氮菌作为微生物肥料的效果不稳定，固氮能力不及共生固氮菌强。

（2）解磷菌和钾细菌肥料　解磷真菌或磷细菌类肥料是利用微生物在繁殖过程产生的一些有机酸和酶等能使土壤中无机磷酸盐溶解、有机磷酸盐矿化或通过固定作用将难溶性磷酸盐类变成可溶性磷供作物吸收利用的一类微生物肥料。磷细菌根据其作用机制不同可分为无机和有机磷细菌。无机磷细菌能溶解土壤中无效的无机磷变为有效的无机磷，而有机磷细菌则通过分解作用将土壤中无效的有机磷变为有效的有机磷。施用磷细菌肥料能增加作物的产量，提高土壤中的有效磷含量。且二者同时施用效果更好。

钾细菌肥料也叫硅酸盐细菌肥料。它能分解土壤中云母长石等含钾的铝硅酸盐及磷灰石，释放出钾、磷与其他灰分等，还能从空气中固定氮素，并有增强作物抗病的能力。在生产实践中，每公顷施用 15 kg 钾细菌肥料与每公顷施 225 kg 硫酸钾（或氯酸钾）、450 kg 磷酸钙，其增产效果相当，而且可培肥地力，对土壤无污染、无副作用。可见，硅酸盐细菌类肥料在挖掘土壤潜在肥力，提高作物产量等方面具有明显的作用。

（3）促生菌肥料　菌根是某些真菌侵染植物根系而形成的菌-根共生体，可分为外生菌根和内生菌根，主要由担子菌、子囊菌和半知菌等真菌类参与形成。试验证明菌根可以使寄主植物更好的摄取移动性弱的养分元素，扩大根的吸收面积，保护根部免受病原菌的侵袭，产生阻抑其他微生物的类似抗生素的物质等。

（4）复合微生物肥料　复合微生物肥料是近年来研究较多的一类肥料，包括菌加菌复合和菌加营养物质复合，有试验证明使用复合微生物肥料的增产效果比使用单一菌肥的效果好。比如，北京绿世纪新技术研究所与中国农业科学院共同研制开发的绿华微生物肥料，由固氮菌、解磷细菌、硅酸盐细菌等组成，该产品具有高效、无公害、无污染的特点，可促进作物增产、提高农作物的抗病、抗倒伏和抗旱能力；并能提高土壤的潜在肥力，改善土壤理化性状和结构、降低硝态氮残留累积、抑制土壤病原菌的滋生。

2. 微生物肥的开发应用现状

微生物肥料在培肥地力，提高化肥利用率，净化和修复土壤，降低农作物病害发生，提高农作物产品品质和食品安全，促进农作物秸秆和城市垃圾的腐熟利用，保护环境等方面表现出不可替代的作用。中国微生物肥料研究起始于20世纪50年代。50年代初，我国从原苏联引进自生固氮菌、磷细菌和硅酸盐细菌剂，称为细菌肥料。60年代推广使用放线菌制成的"5406"抗生菌肥料和固氮蓝绿藻肥。70～80年代中期，开始研究VA菌根，以改善植物磷素营养条件和提高水分利用率。80年代中期至90年代，农业生产中又相继应用联合固氮菌和生物钾肥作为拌种剂。近几年又相继推出联合固氮菌肥、硅酸盐菌剂、光合细菌菌剂、PGPR制剂和有机物料（秸秆）腐熟剂等适应农业发展需求的新品种。目前微生物肥料产业初具规模，已成为我国农业生物产业的重要组成部分。国内现有微生物肥料生产企业800个以上，年产量约为900万t。所生产的肥料产品中有近1 600个获得了农业部颁发的产品临时登记证，其中的近700个产品已转为正式登记（至2012年4月）。所用菌种已达110多种，包括细菌、真菌、放线菌及蓝藻等。菌种的开发直接促进了新型微生物肥料种类的产生。据统计，我国现有的微生物肥料产品主要包括：根瘤菌制剂、自生及联合固氮菌类制剂、溶磷细菌制剂、溶磷真菌制剂、硅酸盐细菌制剂、促生细（真）菌制剂、光合细菌制剂、有机物料腐熟剂、土壤（水体）生物修复剂、放线菌制剂、厌氧菌制剂、微生物种子包衣剂、复合微生物制剂和生物有机（无机）肥料。当前，我国微生物肥料的应用面积在666.7万hm^2以上，占我国耕地面积的5.56%。每年约有450万t应用在国家生态示范区、绿色和有机农产品基地，大田应用相对较少。

（三）商品有机肥

商品有机肥是以畜禽粪便、动植物残体等富含有机质的资源为主要原材料，采用工厂化方式生产并作为商品进入流通的肥料，与农家肥相比，具有养分含量高、质量稳定的特点。按照其产品的组成可以分为：粪便有机肥、秸秆有机肥、腐殖酸有机肥、生活垃圾有机肥、污泥有机肥等。施用商品有机肥料的优势在于：①增加农田土壤有机肥的投入，培肥农田土壤；②减少化肥使用，保护生态环境；③提高农产品质量，增加农民收入；④解决畜禽污染，促进养殖业的健康发展。发展商品有机肥料、推广有机肥料，已成为目前中国肥料发展的必然趋势。我国在2002年分别通过了有机无机复混肥料标准（GB 18877—2002）和有机肥料标准（NY 525—2002），这标志着商品有机肥料正式规范地进入了我国肥料流通领域。

1. 商品有机肥的种类及施用

（1）粪便有机肥　畜禽粪便中含有大量的有机物及丰富的氮、磷、钾等营养物质，是我国有机肥的主要原料之一。其施用不仅能够培肥土壤，而且还能提高土壤抗风化和水侵蚀能力，改变土壤的空气和耕作条件，增加土壤有机质，促进有益微生物的生长。然而过度使用畜禽粪便有机肥会对农作物、土壤、地表水和地下水水质造成危害，比如引起土壤中溶解性盐的积累，氮磷养分流失，有毒金属元素超标等。

（2）秸秆有机肥　农作物秸秆中含有大量的有机质、氮、磷、钾和微量元素，是有机肥料中的重要资源。其施用可增加土壤中有机质，促进土壤团粒结构的生成，提高土壤中氮素含量，活化矿物质元素，从而提高土壤肥力；并能固化重金属，降低植物体内重金属含量，增强抗病虫害能力，从而促进作物生长，提高作物产量和品质。我国的秸秆资源丰富，每年约有 17.7 亿 t，秸秆干物重每年就有 5 亿 t以上，并有可供青贮的茎叶等鲜料约 10 亿 t。按平均含氮 5 g/kg，P_2O_5 2 g/kg，K_2O 15 g/kg 计算，我国每年仅秸秆一项就可提供 250 万 t 氮、100 万 t 磷、750 万 t 钾素。

（3）腐殖酸有机肥　腐殖酸有机肥是以富含腐殖酸的泥炭、褐煤、风化煤为主要原料，经过氨化、硝化、盐化等化学处理，或添加氮、磷、钾、微量元素及其他调制剂制成的一类肥料。该肥料具有以下特点：①含有多种活性功能基团，可增强作物体内过氧化氢酶和多酚氧化酶的活性，刺激生理代谢，促进生长发育，增强其抗病能力；②含有羧基、酚羟基等官能团，有较强的离子交换和吸附能力，能减少铵态氮的损失，提高氮肥利用率，促进中微量元素吸收；③可促进土壤水稳定性团粒结构的形成，改良土壤理化性状，提高保水保肥能力。我国腐殖酸资源丰富，已探明的泥炭储量为 124.96 亿 t、褐煤储量为 1 216.09 亿 t，风化煤的储量也相当丰富。目前主要开发的腐殖酸有机肥产品有腐殖酸铵、腐殖酸钠、腐殖酸钾、硝基腐殖酸盐、黄腐酸等。

（4）生活垃圾有机肥　生活垃圾主要包括日常家庭生活产生瓜果蔬菜的残渣、人粪便及枯枝落叶等。利用生活垃圾制成的肥料，有机、无机营养成分共存，速效、久效兼备，能有效地促进植物生产，发挥理想的增产作用。然而，近几年生活垃圾含有大量塑料、玻璃、金属碎片等不能被发酵利用的物质，预处理分拣工作强度很大，设备投资大，不太适合小型城市；而且生活垃圾含有大量病原菌，处理不慎会威胁人类健康。

（5）活性污泥有机肥　活性污泥中含有丰富的有机营养成分如氮、磷、钾等和植物所需的各种中量元素如 Ca、Mg、Cu、Zn、Fe 等，且肥效高于一般农家肥，也不会使土壤板结，因此施用污泥既可肥田，又有利于土壤质量的改良，并减低农业生产成本。研究表明，施用活性污泥有机肥后，土壤中氮、磷、钾、总有机碳等营养成分，以及田间持水量、土壤团粒结构、土壤空隙度等都随污泥堆肥用量的增加而相应增加，土壤结构得到明显改善。然而，污泥中含有重金属、病原菌微生物及有毒有机物等有害物质。其中重金属是限制污泥大规模利用的最重要因素，性质较稳定，较难除去。各种病原菌和寄生虫等，可通过各种途径传播，危害人畜健康。多环芳烃、多氯联苯等有毒有机物，通过堆肥等处理可在一定程度上将其降解，但很难完全去除。如果消除这些影响，活性污泥有机肥发展前景相当可观。

2. 商品有机肥的开发应用现状

中国是传统有机肥生产和使用大国，随着现代农业的发展和农业内部产业化结构的调整，有机肥料趋于产业化、商品化。目前，部分复混肥料厂家已开始生产商品有机肥，据统计，2008 年全国共有商品有机肥生产企业 3 021 家。其中，年产量大于 10 万 t 的企业 81 家，2 万～10 万 t 的企业 478 家，共占企业总数的 18.5%，绝大多数企业的年产量在 2 万 t 以下。企业规模小直接导致企业资金、技术和管理能力有限，使有机肥生产质量控制不严，更谈不上对有机肥的技术研发和市场推广。致使目前市场上有机肥质量参差不齐，鱼龙混杂，农民难辨其真伪；限制了优良有机肥的大范围推广。整体上而言，我国商品有机肥生产效率较低，生产技术还处于起步阶段，发酵技术、除臭技术、关键设备等还有待完善。

(四) 多功能肥料

营养物质与其他限制作物高产的因素相结合的多功能肥料，是 21 世纪新型肥料发展的重要方向之一。将调理土壤、保水、抗病等功能结合到肥料中去的多功能肥料，对肥料生产工艺提出了新的要求，其技术凝聚了农学、土壤学、植物营养学等领域的相关先进技术。这些多功能肥料主要包括保水型肥料、改善土壤结构的肥料、提高作物抗性的肥料、具有防治杂草功能的肥料等。在这一国际农业高技术竞争的重要领域中，美、日等国处于世界领先地位；我国虽然起步较晚，但在多功能肥料的开发应用方面也取得了长足进展。如，华南农业大学利用高吸水树脂包被尿素和复合肥料，制成保水型控释肥料，产品在新疆干旱地区试验，取得良好效果。新疆汇通旱地龙黄腐植酸系列产品就是以黄腐植酸为主要原料的抗旱保水型功能肥料。山东宝来利来生物工程研究院研制出功能性肥料菌王和氮泵。其他方面的功能肥料研究，也有零星报道，但离产业化要求相差甚远。

(五) 其他新型肥料

1. 液体肥料

液体肥料，又称流体肥料，俗称液肥，是含有一种或一种以上农作物需要的营养元素的液肥产品。它能迅速地溶解于水中，养分更易被作物吸收，且吸收利用率相对较高，可应用于喷施、喷灌、滴灌，实现水肥一体化，省水、省肥、省工。按照肥料组分分类可分为养分类、植物生长调节剂类、天然物质类和混合类。其中混合类是养分与多种功能类物质（植物调节剂、天然活性物质，甚至杀菌、杀虫制剂等）配合使用，强调营养与调节发育进程相结合，具有多种功能，综合效果比较理想，成为众多液体肥料生产者的选择类型。

2. 磁肥

磁肥是电磁学与肥料学相互交叉的产物，具有改良土壤、改善作物品质和增产作用。根据性质分为磁性肥料、磁化肥料和磁混肥三类。其中磁性肥料包括强磁性肥料和顺磁性肥料。磁化肥料包括磁化粉煤灰和多元磁化肥。磁混肥是通过添加磁性物或含磁载体于氮、磷、钾复混肥中，经可变磁场加工而成的一种含磁复肥。其优点是除保持原先氮、磷、钾速效养分外，还增加了新的增产因素——剩磁，两者协助作用可提高肥效。目前，磁肥已在玉米上得到应用，取得了良好的经济和社会效益。磁肥生产的关键主要在于磁化技术，肥料被磁化后持有剩磁，剩磁的强度是磁化肥的一个重要指标，我国目前主要采用的原料是粉煤灰、铁尾矿、硫铁矿渣以及其他矿灰作为磁化物质。

3. 气体肥料

CO_2气肥是植物进行光合作用的重要原料。20 世纪 60 年代中期，欧美、日本等发达国家的设施栽培普遍采用燃烧天然气、白煤油的方法补施 CO_2气肥，现已广泛应用于设施栽培中，近年来，我国农村日光温室对 CO_2气肥技术应用才逐渐得到重视，国内有关单位对此曾进行过研究和探索，但主要侧重以煤为燃料燃烧产生 CO_2气体的方法。实践表明，该方法所需装备一次性投资较大，且要求配备电源，操作复杂，成本高，应用存在一定的局限性。

第二节 缓/控释肥及施用效果

缓/控释肥可根据作物对养分的需要来调控其养分释放速度，在保证作物各生育阶段的养分供应的同时又防止了肥料淋失浪费，对优化玉米生产施肥结构、提高玉米产量、品质和氮肥利用率具有显著作用，可实现玉米生产简化、高产、高效、生态的统一。

一、控释尿素施用量的确定

田间试验于 2006—2010 年在河南省潮土区、褐土区和砂姜黑土区三大土壤类型上进行，以探索控释尿素在夏玉米上的最佳施用量，为合理利用控释肥，促进玉米持续稳产高产、确保增产增收提供科学依据。其中潮土区选择延津县、濮阳市、汤阴县、周口市、商丘市、兰考县；砂姜黑土区选择驻马店市农业科学院农场试验田、遂平县及驿城区水屯镇新坡村；褐土区选择在三门峡市渑池县和洛阳市孟津县。控释尿素选用金正大集团公司生产的包膜尿素（树脂加硫黄双层包膜，含 N 34%）。

（一）砂姜黑土区控释尿素不同用量对玉米的增产效果

试验表明（表 9-2），砂姜黑土区氮素用量相同时，控释尿素处理优于普通尿素。控释尿素 100%处理（N 180 kg/hm^2）的玉米产量比普通尿素 100%处理分别提高 8.1%和 5.5%；控释尿素 70%处理（N 126 kg/hm^2）的玉米产量比普通尿素 70%处理提高 5.1%和 5.9%；控释尿素 50%处理（N 90 kg/hm^2）的玉米产量比普通尿素 50%处理提高 2.7%和 2.9%。此外，普通尿素 100%处理与控释尿素 70%处理相比，普通尿素 70%与控释尿素 50%相比，产量无显著差异。表明控释尿素 70%处理可以代替普通尿素 100%处理，控释尿素 50%处理可以代替普通尿素 70%处理，即控释尿素用量比普通尿素用量减少 1/3 的纯氮量时，不影响夏玉米的产量。

表 9-2 砂姜黑土区控释尿素不同用量对玉米产量的影响

（孙克刚等，2008）

处理	新坡村		和兴农场	
	产量（kg/hm²）	增产率（%）	产量（kg/hm²）	增产率（%）
控释尿素 100%	6 665a	22.9	6 375a	20.1
普通尿素 100%	6 165b	13.6	6 040b	13.7
控释尿素 70%	6 055b	11.6	6 040b	13.7
普通尿素 70%	5 760c	6.2	5 705c	7.4
控释尿素 50%	5 720c	5.4	5 705c	7.4
普通尿素 50%	5 570d	2.7	5 545d	4.4
CK（无氮处理）	5 425e	—	5 310e	—

注：100%、70%、50%处理施氮量分别为 180 kg/hm²、126 kg/hm² 和 90 kg/hm²。同列数值后不同小写字母表示5%水平差异显著。

（二）褐土区控释尿素不同用量对玉米的增产效果

褐土区控释尿素 100%处理玉米产量比普通尿素 100%处理增产 894～935 kg/hm²，提高 12.2%～12.5%；控释尿素 70%处理比普通尿素 70%处理增产 476～388 kg/hm²，提高 5.9%～7.6%。控释尿素 70%处理玉米产量和普通尿素 100%处理无显著性差异。同等施氮条件下，控释尿素处理的氮肥农学效率比普通尿素处理有所提高，其中 100%用量时提高 3.7～3.9 kg/kg，70%用量时提高 2.3～3.0 kg/kg。

（三）潮土区控释尿素不同用量对玉米增产效果

潮土区控释尿素 100%处理比普通尿素 100%处理增产 444～996 kg/hm²，提高 5.7%～11.7%；控释尿素 70%处理比普通尿素 70%处理增产 108～480 kg/hm²，提高 1.4%～6.6%；普通尿素 100%和控释尿素 70%之间差异不显著，说明控释尿素氮素用量比普通尿素氮素用量减少 1/3 时，玉米不减产。同等施氮条件下，控释尿素处理的氮肥农学效率较普通尿素处理也有所提高，其中 100%用量时提高 1.9～4.0 kg/kg；70%用量时提高 0.7～2.8 kg/kg；此外，控释尿素 70%处理氮肥农学效率比普通尿素 100%处理提高 2.8～3.5 kg/kg。

二、控释尿素与普通尿素的掺混施用技术

控释尿素单施效果好于普通尿素单施，控释尿素中掺混一定比例普通尿素能进一步提高作物产量，保证夏玉米前期不缺肥，后期不脱肥，但要注意掺混比例，掺混不当时反而减产。在河南省潮土区、褐土区和砂姜黑土区三大土壤类型上布置试验，探讨控释尿素与普通尿素的最佳配合施用比例，试验共设 6 个处理：T1，100%金正大控释尿素；T2，70%控释尿素＋30%普通尿素；T3，50%控释尿素＋50%普通尿素；T4，30%控释尿素＋70%普通尿素；T5，100%普通尿素；T6，无氮处理。

（一）砂姜黑土区控释尿素和普通尿素掺混效果

新坡村和驻马店市农业科学院的试验结果显示（表 9-3），70%控释尿素＋30%普

通尿素（控释尿素 N 105 kg/hm²，加普通尿素 N 45 kg/hm²）施用效果最好，两地点该处理的玉米产量分别高达 8 699 kg/hm² 和 9 008 kg/hm²，比控释尿素单施（T1，N 150 kg/hm²）分别增产 6.1%和 6.4%，比普通尿素单施（T5，N 150 kg/hm²）分别增产 16.2%和 16.2%，比不施氮处理（T6）分别增产 55.8%和 56.2%。

表 9-3　砂姜黑土区控释尿素与普通尿素掺混对玉米氮肥利用率的影响

（孙克刚等，2013）

年份	处理	氮肥利用率（%）	比普通尿素提高	氮肥利用率（%）	比普通尿素提高
2006		新坡村		和兴农场	
	100%控释尿素	35.9	10.7	38.5	11.7
	70%控释尿素+30%普通尿素	40.5	15.3	44.8	18
	50%控释尿素+50%普通尿素	31.6	6.4	34.6	7.8
	30%控释尿素+70%普通尿素	28.3	3.1	31.3	4.5
	100%普通尿素	25.2	0	26.8	0
2007		新坡村		驻马店农科院	
	100%控释尿素	36.2	11.3	34.6	10.4
	70%控释尿素+30%普通尿素	41.5	16.6	39.1	14.9
	50%控释尿素+50%普通尿素	32.2	7.3	30.6	6.4
	30%控释尿素+70%普通尿素	29.3	4.4	28.3	4.1
	100%普通尿素	24.9	0	24.2	0
2008		驻马店农科院			
	100%控释尿素	35.3	10.2		
	70%控释尿素+30%普通尿素	38.6	13.5		
	50%控释尿素+50%普通尿素	31.3	6.2		
	30%控释尿素+70%普通尿素	27.5	2.4		
	100%普通尿素	25.1	0		

注：100%控释尿素处理（N 150 kg/hm²）；70%控释尿素+30%普通尿素处理（控释尿素 N 105 kg/hm²，加普通尿素 N 45 kg/hm²）；50%控释尿素+50%普通尿素处理（控释尿素 N 75 kg/hm²，加普通尿素 N 75 kg/hm²）；30%控释尿素掺混 70%普通尿素（控释尿素 N 45 kg/hm²，加普通尿素 N 105 kg/hm²）；100%普通尿素（N 150 kg/hm²）。

表 9-3 表明，玉米氮肥利用率也以 70%控释尿素+30%普通尿素处理最高，为 38.6%～44.8%，100%控释尿素处理为 34.6%～38.5%，50%控释尿素+50%普通尿素处理（控释尿素 N 75 kg/hm²，加普通尿素 N 75 kg/hm²）为 30.6%～34.6%，30%控释尿素+70%普通尿素处理（控释尿素 N 45 kg/hm²，加普通尿素 N 105 kg/hm²）为 27.5%～31.3%，100%普通尿素处理为 24.2%～26.8%。与 100%普通尿素处理相比，100%控释尿素处理氮肥利用率提高 10.2～11.7 个百分点，70%控释尿素+30%普通尿素处理提高 13.5～18.0 个百分点，50%控释尿素+50%普通尿素处理提高 6.2～7.8 个百分点，30%控释尿素+70%普通尿素处理提高 2.4～4.5 个百

分点。

（二）褐土区控释尿素和普通尿素掺混效果

褐土区70%控释尿素+30%普通尿素处理可提高玉米产量25.5%左右；50%控释尿素+50%普通尿素处理可提高产量7.1%～8.8%；30%控释尿素+70%普通尿素处理可提高产量1.1%～2.7%。普通尿素合理掺混包膜尿素能提高氮肥农学效率。与普通尿素100%处理比，控释尿素70%+普通尿素30%处理提高7.4～7.5 kg/kg；控释尿素50%+普通尿素50%处理提高2.2～3.1 kg/kg；控释尿素30%+普通尿素70%处理提高0.3～0.7 kg/kg。

（三）潮土区控释尿素和普通尿素掺混效果

表9-4表明，与普通尿素100%处理相比，潮土区控释尿素100%处理玉米增产310～899 kg/hm^2，提高3.9%～11.2%；70%控释尿素+30%普通尿素处理增产716～1 320 kg/hm^2，提高9.0%～16.5%；50%控释尿素+50%普通尿素处理增产236～712 kg/hm^2，提高3.0%～8.9%；30%控释尿素+70%普通尿素处理增产116～547 kg/hm^2，提高1.5%～6.8%。与普通尿素100%处理比，控释尿素70%+普通尿素30%处理氮肥农学效率提高3.4～6.3 kg/kg；控释尿素50%+普通尿素50%处理提高1.1～3.4 kg/kg；控释尿素30%+普通尿素70%处理提高0.6～2.6 kg/kg。

表9-4 潮土区控释尿素和普通尿素掺混对玉米增产效果

（孙克刚等，2013）

处理	产量（kg/hm^2）	增产率（%）	产量（kg/hm^2）	增产率（%）
	延津县		汤阴县	
100%控释尿素	9 198bB	54.5	8 905bB	53.6
70%控释尿素+30%普通尿素	9 506aA	59.7	9 326aA	60.9
50%控释尿素+50%普通尿素	8 908cC	49.6	8 718cC	50.4
30%控释尿素+70%普通尿素	8 742 dD	46.9	8 553 dD	47.6
100%普通尿素	8 310eD	39.6	8 006eD	38.1
无氮处理	5 953fE	0	5 796fE	0
	濮阳县		周口市	
100%控释尿素	9 019bB	78.1	8 249bB	44.1
70%控释尿素+30%普通尿素	9 400aA	85.6	8 655aA	51.2
50%控释尿素+50%普通尿素	8 787cC	73.5	8 175cC	42.8
30%控释尿素+70%普通尿素	8 574dD	69.3	8 104dD	41.6
100%普通尿素	8 166eD	61.3	7 939eD	38.7
无氮处理	5 064fE	0	5 725fE	0

（续）

处理	产量（kg/hm²）	增产率（%）	产量（kg/hm²）	增产率（%）
	商丘市		兰考县	
100%控释尿素	9 025bB	54.0	8 189bB	43.7
70%控释尿素+30%普通尿素	9 356aA	59.6	8 443aA	48.1
50%控释尿素+50%普通尿素	8 768cC	49.6	7 985cC	40.1
30%控释尿素+70%普通尿素	8 408dD	43.4	7 819dD	37.2
100%普通尿素	8 156eD	39.1	7 703eD	35.1
无氮处理	5 862fE	0	5 700fE	0

注：100%控释尿素处理（N 150 kg/hm²）；70%控释尿素+30%普通尿素处理（控释尿素 N 105 kg/hm²，加普通尿素 N 45 kg/hm²）；50%控释尿素+50%普通尿素处理（控释尿素 N 75 kg/hm²，加普通尿素 N 75 kg/hm²）；30%控释尿素掺混 70%普通尿素（控释尿素 N 45 kg/hm²，加普通尿素 N 105 kg/hm²）；100%普通尿素（N 150 kg/hm²）。同列数值后不同大小写字母分别表示 1%和 5%水平差异显著。下同。

三、控释尿素品种的选择

不同品种缓/控释肥养分含量及释放期存在差异，开展不同品种控释尿素对玉米生长影响的对比试验，可为不同土壤类型区寻找更适合的肥料种类提供理论依据。在砂姜黑土区，我们研究了树脂包膜尿素（N 42%）、硫黄加树脂包膜尿素（N 34%）和硫黄包膜尿素（N 34%）在夏玉米上一次性底施的效果。试验结果显示，在施氮量为 150 kg/hm² 水平时，与普通尿素处理相比，各控释尿素处理增产效果显著，其中硫黄加树脂包膜尿素施用效果最好，增产 1 065 kg/hm²，增幅为 13.9%；硫黄包膜尿素处理增产 915 kg/hm²，增幅为 11.9%；树脂包膜尿素处理增产 735 kg/hm²，增幅为 8.8%。施用不同种类肥料，氮肥农学效率也不相同。控释尿素处理的玉米氮肥农学效率比普通尿素处理有所提高，其中硫黄加树脂包膜尿素最高，为 15.8 kg/kg，硫黄包膜尿素为 15.0 kg/kg，树脂包膜尿素为 14.0 kg/kg，普通尿素仅为 9.9 kg/kg。

在延津县潮土区不同肥力土壤上研究了树脂包膜尿素（N 42%）和硫黄加树脂包膜尿素（N 34%）的施用效果（表 9-5）。试验结果表明，低肥力水平下，以硫黄树脂包膜尿素处理（N 180 kg/hm²）的玉米产量最高，为 8 990 kg/hm²，其次为树脂包膜尿素处理（N 180 kg/hm²）达 8 685 kg/hm²，二者分别较无氮处理增产 48.8%和 43.8%，较等氮量普通尿素增产 13.0%和 11.1%，均达到显著性差异。高肥力条件下，同等处理条件下，玉米产量高于低肥力水平处理，但增产率低于低肥力水平处理。4 个处理中，也以硫黄树脂包膜尿素和树脂包膜处理效果最好，产量分别较无氮处理增加 44.8%和 39.5%，较普通尿素处理增加 10.9%和 6.8%。

表 9-5　潮土区不同肥力水平下玉米施用不同包膜控释尿素的增产效果

（孙克刚等，2013）

肥力水平	处理	产量（kg/hm^2）	比无氮处理	
			增产（kg/hm^2）	增产率（%）
低肥力	无氮处理	6 040cC	—	—
	普通尿素	7 950bB	1 910	31.6
	树脂包膜尿素	8 685aA	2 645	43.8
	硫黄树脂包膜尿素	8 990aA	2 950	48.8
高肥力	无氮处理	6 525cC	—	—
	普通尿素	8 525bB	2 000	30.7
	树脂包膜尿素	9 105aA	2 580	39.5
	硫黄树脂包膜尿素	9 450aA	2 925	44.8

注：普通尿素（N 46%）、树脂包膜尿素（N 42%）和硫黄加树脂包膜尿素（N 34%）的施用量均为 180 kg/hm^2。

总之，缓/控释肥具有缓/控释性，能提高肥料利用效率，且相对安全、环保、经济，是当今新型肥料研究的热点领域，也是21世纪肥料发展的重要方向，对维护我国粮食安全，促进农业可持续发展具有重要意义。但是，目前我国缓/控释肥研发和施用技术水平总体上来说仍落后于发达国家，施肥方法还欠科学，追施、撒施、冲施现象严重，肥效不能充分发挥，大面积推广应用也不够，尚无法达到全面提高肥料利用率、改善农业生态环境的目的。推动缓/控释肥产业化，需要国家在政策上的推进，更需要农业科学家和肥料企业的共同努力。

第三节　功能肥料及施用效果

21世纪新型肥料的主要方向之一是研究开发将作物营养与其他限制作物高产的因素相结合的多功能肥料，主要包括保水型肥料、改善土壤结构的肥料、提高作物抗性的肥料、具有防治杂草功能的肥料等。

一、保水功能肥料

保水型缓/控释肥料是将水肥一体化调控技术物化为缓/控释肥，也就是将保水剂和缓/控释肥料融为一体的新型肥料。以超高吸水性树脂为基质研制的保水缓释肥料作基肥施用具有良好的抗旱保水作用，能有效减少肥料淋溶损失，提高肥料的利用率，显著提高玉米出苗率和出苗的整齐度，减少秃顶，最终提高玉米的产量。壳聚糖包膜的氮磷钾复合肥，具有较好的养分释放效果和保水性，且环境友好。利用化学聚合反应在尿素颗粒表面直接成膜制成保水包膜尿素肥料，具有较高的吸水倍率，含氮量在30%以上。以强吸水性树脂制成一种具有超高吸水、保水能力的高分子化合物为基质，辅之以植物调节剂、杀菌剂和微量元素等功能性助剂研制出的具有保水功能的缓/控释微肥，拌种（保水剂：种子＝1：20）或作底肥撒施使用，具有促进种子发芽、抗旱保苗和增强光合功能的作用。

中盐安徽红四方股份有限公司与安徽农业大学合作研制的新型抗旱复合肥料45%（13-17-15 含氯）基施 353.0 kg/hm^2，加尿素 161.1 kg/hm^{2}和氯化钾 36.8 kg/hm^2，追施尿素 261.0 kg/hm^2，可改善玉米的生物性状，增产 12.22%，田间水分生产力增加 0.225 kg/m^3。将海藻接枝保水剂与控失剂相结合，对复混肥进行多次包膜，制成海藻接枝型肥料，在玉米定植后将其撒施于地表，对土壤水分吸收率为70.33%～89.00%，肥料损失率减少 12.22%～22.49%，其作用机制是，海藻接枝型肥料在土壤水分的作用下，保水层开始逐渐吸水并转变为凝胶状态；凝胶中的自由水迁移至控失层，水分子通过控失层的网状结构进入含有氮磷钾的复混肥内核，并溶解肥料；溶解的养分随水分向外释放，一部分养分被控失层网捕，一部分滞留在保水层，在水的交换作用下逐渐释放出来。总之，保水剂型缓释肥料既有保水剂的功能，又能较好地延缓养分释放，已成为节水节肥农业领域中具有研发前景的新型肥料。

二、药肥

药肥是以“肥”为主，“药”“肥”结合的新型化肥品种，它克服了农药使用中与肥料自然相遇相减的影响，将田间两个操作步骤合二为一，既能节省劳力、时间和资源，又能降低生产成本，是农药、肥料研发和应用的一个新方向。田间试验表明，每公顷施 997.5 kg 玉米专用药肥，可一次完成作物的除草和施肥任务，能保持药效的发挥并提高肥效，促进作物生长，其中包膜药肥的施用效果要好于包裹药肥和常规施肥。中国农业大学研制的 25%克福萎种衣剂是一种新型药肥复合型玉米种衣剂，由克百威、福美双、萎锈灵、微量元素等有效成分组成，按 1：40 剂量处理玉米种子，防治地下害虫效果达 73.4%，防治玉米茎基腐病效果达 87.5%，防治玉米丝黑穗病效果达 82.3%，使玉米增产 13.7%。在玉米拔节期、大喇叭口期和抽雄期分别喷益微-有益微生物制剂（中国农业大学）1 000 倍液、101 多功能高效液肥（兰州市农业科学研究所）100 倍液、中草药植物活力剂（中日合资兰雅花卉有限公司）500 倍液，均有显著的增产效果，增幅为 4.0%～17.9%。施用玉米专用复合药肥（300 kg/hm^2）对玉米不仅有明显的增产效果，而且防治地下害虫效果达 100%，防治苗期害虫效果 65%，其根本原因是玉米专用复合药肥不仅含 N、P、K 及微量元素，而且还含有杀虫剂，药效独特，免种子包衣，农民应用省工、省时、省力。

三、海藻肥

海藻肥是以天然海藻为原料，经过物理、化学或生物降解法提取海藻活性物质（包括海洋多糖和低聚糖、酚类多聚化合物、甘露醇、甜菜碱、植物生长调节物质）直接浓缩或与其他氮磷钾或中微量元素科学复配，极大地保留了海藻天然活性成分的新型海洋生物肥料，以其营养全面、功效独特、天然、无公害的特点和极高的性价比在全球范围内快速发展，被誉为继有机肥、化肥、生物肥之后的第四代肥料；具有促进作物根系发育，提高作物光合效率，促进果实早熟的优点。田间试验表明，播种时施纯氮含量为 34.8 kg/hm^{2}的尿素作为底肥，幼苗期第 1 次施肥时将“嘉特”海藻生根剂采用灌根穴施；大喇叭口期第 2 次将“嘉特”海藻肥采用拌土根施；吐丝期第 3 次在叶面喷“嘉特”叶面肥，可显著提高玉米的株高、穗位高、穗长、穗粗、穗行数，行粒数、单穗粒重、千粒重、出籽率和产量。由吡虫啉、海藻酸钠降解液、氨基酸溶液、微量元素、杀菌剂、悬浮剂、着色剂等混合制备而成的海藻型种子包衣药肥（SD-1）与玉米种子质量比在 1/10～1/40 时，SD-1 处理的玉米种子发芽率与清水对照没有差异，SD-1 使用比较安全；当 SD-1 与玉米种子质量比为 1/30～1/40 时，与对照相比，叶片叶绿素（SPAD）值增加了 6.4%，根长增加了 6.1%；SD-1 与玉米种子质量比为 1/40 时，玉米对氮和钾的吸收没有明显增加，但对磷的吸收增加了 18%。水培试验显示，发酵海藻液、普通海藻液和海藻酸钠 3 种类型海藻液均能增加玉米干物质积累，硝酸还原酶活性以发酵海藻液中量最高，海藻酸钠的效果不如发酵海藻液和普通海藻液。在施纯氮 90、180 kg/hm^{2}水平下，海藻酸尿素可显著提高玉米产量和籽粒吸氮量，特别是在 180 kg/hm^{2}水平下，氮肥表观利用率和农学效率，分别较普通尿素提高 2.94 个百分点和 26%。海藻寡糖增效肥料（NPK）可明显提高玉米的肥料利用率及产量，且在海藻寡糖添加量为 0.4%时，玉米的氮肥利用率、磷肥利用率、钾肥利用率，百粒重及产量均达到最大。总之，海藻肥是一种科技含量高、天然、有机、无毒、高效的新型肥料，其大规模推广与应用可充分开发我国丰富的海藻资源，促进我国无公害、绿色、有机食品的生产，提高农产品的质量安全，使农业增产增收，改善和保护生态环境，对增进国民健康具有重要的意义。

四、改土功能肥料

随着化学肥料大量使用，我国农产品产量大幅度提高，但也给土壤带来了诸如板结、有机质下降、微生态失衡等一系列问题。应用具有土壤改良功能的肥料，改善土壤结构，提高土壤肥力，对农业可持续发展具有重要意义。研究与开发集营养、改土、抗重茬为一体的功能性肥料已成为新型肥料发展的重要方向之一。研究显示，玉米田施用改土型专用肥（含 N33.72%、P_2O_5 15.64%、Zn 0.83%，pH 6.50～7.50）1 350 kg/hm^{2}后，物理性质发生了明显的变化，随着改土型专用肥施用量的增加，玉米田总孔隙度、毛管孔隙度、非毛管孔隙度、团聚体增大，而容重降低；玉米植物学性状、经济性状、产量则显著增加。利用牛粪、糠醛渣、复混肥、聚乙烯醇、保水剂研制出的多功能玉米专用肥，每公顷施用 7 042.25 kg 后可使风沙土总孔隙度、毛管孔隙度、非毛管孔隙度、>0.25 mm 团聚体、自然含水率、蓄水量、有机质等理化性状有所提高，使容重、土壤酸碱度有所降低，显著促进玉米幼苗生长。采用聚乙烯醇、保水剂、$(NH_4)_2HPO_4$、$ZnSO_4 \cdot 7H_2O$、$CO(NH_2)_2$和有机质含量高的糠醛渣合成的多功能制种玉米专用肥，每公顷施用 1 113.17 kg/hm^{2}可增加土壤总孔隙度、团聚体、自然含水率、蓄水率和有机质，降低土壤容重和有机质。以聚乙烯醇、抗重茬剂、尿素、磷酸铵为原料研制出的功能性肥料，可有效改善土壤的物理性质和生物学性质，提高了制种玉米的施肥利润和产量，最佳施肥量为 1 350.01 kg/hm^2，施肥方式为 1/3 在玉米播种前作底肥施入 0～20 cm 土层，剩余 2/3 分别在玉米大喇叭口期结合灌水作追肥穴施。以聚乙烯醇、玉米专用肥、牛粪为原料研制的玉米有机生态肥产品，不但具备了营养作用，还具备了改土作用，最佳施肥量为 31.96 t/hm^2，可有效改善土壤的理化性质，促进玉米生长发育，提高玉米的产量和经济效益。

五、其他功能肥料

前苏联高尔基市科学家还研究出一种新型缓/控释肥料——聚合电解质肥料，该肥料可通过离子交换方式向作物逐渐提供微量元素，同时生成的聚甲基丙烯酸还可改良土壤结构，使农作物增产，该肥料不溶于水，因此不会污染河流和空气，肥效长，一次施用可保持肥力 5 年。

总体而言，多功能肥料的研究开发在我国还只是刚刚起步，当前有些新型功能肥料仍处于试验研究阶段，技术还不成熟，在玉米上的应用效果也不稳定，距离产业化生产和大规模推广应用还有很长的路要走。

参　考　文　献

艾俊国，孟瑶，于琳，等 . 2015. 沼肥与化肥配施对东北春玉米光合生理特性及产量品质的影响 [J] . 中国土壤与肥料 (4)：59-65.

陈勇，马友华，邱宁宁，等 . 2012. 抗旱复合肥料在玉米上的应用效果研究 [J] . 中国农技推广，28 (8)：40-41.

陈贻钊，赵依杰，郭建铭，等 . 2012. 氨基酸液肥对台湾“甜心格”水果玉米的影响初报 [J] . 农业科技通讯 (4)：94-98.

邓兰生，涂攀峰，叶倩倩，等 . 2012. 滴灌液体肥对甜玉米生长、产量及品质的影响 [J] . 玉米科学，20 (1)：119-122，127.

丁汉卿，黄素媛，黄昌庆，等 . 2014. 海藻型种子包衣药肥对苗期玉米和水稻生长的影响 [J] . 磷肥与复肥，29 (6)：70-72.

段淇斌，赵冬青，姚拓，等 . 2015. 施用生物菌肥对饲用玉米生长和土壤微生物数量的影响 [J] . 草原与草坪，35 (2)：54-58.

高德才，刘强，张玉平，等 . 2015. 添加生物黑炭对玉米产量、品质、肥料利用率及氮磷径流损失的影响 [J] . 中国土壤与肥料 (5)：72-76.

郭媚兰，王秀林 . 1993. 太原市污水污泥农业利用研究 [J] . 农业环境保护 (6)：254-262.

郭卓杰，李涛，杨继飞，等 . 2014. 菌肥对铜污染土壤玉米苗期光合特性的影响 [J] . 天津农业科学，20 (8)：25-28.

郭卓杰，李涛，杨继飞，等 . 2014. 施用菌肥对玉米种植下铜污染土壤酶活性的影响 [J] . 天津农业科学，20 (10)：75-78.

郭肖颖，李布青，何传龙，等．2006. 保水缓释肥料在玉米上的应用研究［J］．安徽农业科学，34（15）：3757-3758.

贡婷婷．2010. 种肥同播及缓/控释肥应用技术［J］．现代农村科技（21）：40.

靖凯，邓林军，侯志研，等．2011.“富靠奇”微生物菌肥对玉米生长发育及产量的影响［J］．农业科技与装备（2）：33-37.

贾中涛，王文亮，汤建华，等．2015. 畜禽粪便有机肥与氮肥配施对玉米土壤形状的影响［J］．环境科学与技术，38（6P）：34-39.

蒋太明，秦松，陈旭晖，等．1996. 多元磁肥的增产原因及其在玉米上的增产效果初报［J］．贵州农业科学（4）：16-21.

郝青，梁亚勤，刘二保．2012. 腐植酸复混肥对玉米产量及土壤肥力的影响［J］．山西农业科学，40（8）：853-856.

何绪生，廖宗文，黄培钊．2006. 保水缓/控释肥料的研究进展［J］．农业工程学报，22（5）：184-190.

何绪生，张夫道．2005. 保水剂包膜尿素的特征与性能［J］．植物营养与肥料学报，11（3）：334-339.

胡文河，于飞，谷岩，等．2011. 叶面喷肥对先玉 335 叶片光合特性及产量的影响［J］．玉米科学，19（1）：87-91.

黄永兰，罗奇祥，刘秀梅，等．2008. 包膜型缓/控释肥技术的研究与进展［J］．江西农业学报，20（3）：55-59.

黄雅茹，叶喜文，杨克军，等．1995. 多功能复合液肥在玉米上应用效果的研究［J］．黑龙江八一农垦大学学报，8（1）：37-41.

黄鹂，何甜，杜鹃．2011. 配施生物菌肥及化肥减量对玉米水肥及光能利用效率的影响［J］．中国农学通报，27（3）：76-79.

黄浩，范稚莲，莫良玉．2015. 氨基酸微量元素螯合肥对玉米产量和品质的影响［J］．安徽农业科学，43（12）：104-105，124.

黄清梅，肖植文，管俊娇，等．2015. 海藻肥对玉米产量及农艺性状的影响［J］．西南农业学报，28（3）：1166-1170.

蒋太明，秦松，陈旭晖，等．1996. 多元磁肥的增产原因及其在玉米上的增产效果初报［J］．贵州农业科学（4）：16-21.

李俊，姜昕，李力，等．2006. 微生物肥料的发展与土壤生物肥力的维持［J］．中国土壤与肥料（4）：1-5.

李杰，王志远，刘涛，等．2005. 喷施叶面肥对玉米生长速度及产量的影响［J］．内蒙古农业科技（1）：13，42.

李玲，杨来胜，郭凤琴．1999. 新型无公害药肥在玉米上的应用效果研究［J］．甘肃科技（1）：31.

李代红，傅送保，操斌．2012. 水溶性肥料的应用与发展［J］．现代化工，32（7）：12-15.

李泉．2010. 不同肥源有机肥的特点及利用［J］．种业导刊（11）：30-32.

刘秀梅，刘光荣，冯兆滨，等．2006. 新型肥料研制技术与产业化发展［J］．江西农学学报，18（2）：87-92.

刘鹏，刘训理．2013. 中国微生物肥料的研究现状及前景展望［J］．农学学报，3（3）：26-31.

龙章富，黄泽林，淳泽．2003. 有机络合液肥对水稻、玉米的增产和品质改进效应［J］．西南农业学报，16（1）：98-101.

马世军，闫治斌，秦嘉海，等．2013. 功能性肥料对制种玉米田物理性质和微生物数量的影响及最佳施肥量的研究［J］．土壤，45（6）：1076-7081.

马宗海，闫志斌，李玉军，等．2015. 有机生态肥对制种玉米田理化性质和吉祥一号玉米经济效益的影响［J］．中国种业（4）：43-45.
孟瑶，徐凤花，孟庆有，等．2008. 中国微生物肥料研究及应用进展［J］．中国农学通报，24（6）：276-283.
苗林．2014. 沼肥不同施用方式对玉米农艺性状及产量的影响［J］．贵州农业科学，42（11）：76-78.
聂继云，董雅凤．1998. 磁肥及其对土壤和农作物的影响［J］．中国农学通报，14（4）：28-30.
宁作斌，王宏霞，周世新，等．2001. 高效营养保水剂的研究与应用［J］．北方园艺（4）：11-12.
任瑞兰，王克功，王卫东，等．2013. 苗期施用EM菌肥对玉米生长发育及产量的影响［J］．中国农学通报，29（15）：108-111.
任伟，赵鑫，黄收兵，等．2014. 不同密度下增施有机肥对夏玉米物质生产及产量构成的影响［J］．中国生态农业学报，22（10）：1147-1155.
荣良燕，姚拓，刘清海，等．2012. 复合菌肥代替部分化肥对玉米生长的影响［J］．草原与草坪，32（3）：65-69.
阮兴文．2008. 积极发展新型肥料的背景、意义和举措［J］．科技和产业，8（3）：28-31，54.
石清琢，吴玉群，郝楠．2006. 植物氨基酸液肥对鲜食糯玉米产量及品质的影响［J］．辽宁农业科学（3）：37-38.
石清琢，吴玉群，郝楠，等．2006. 植物氨基酸液肥对鲜食糯玉米生长发育及生理指标的影响［J］．杂粮作物，26（2）：85-87.
史云峰，武志杰，张丽莉，等．2011. 新型高效肥料创制的意义、现状及发展趋势［J］．磷肥与复肥，26（6）：1-5.
史滟溟，张志武．2004. 新型药肥复合剂玉米种衣剂25%克福莠的田间推广应用研究［J］．天津农林科技，6（3）：4-6.
施俭，包十忠，郭栋．2011. 玉米专用缓释肥应用技术研究［J］．浙江农业科学（4）：835-838.
宋克超，华怀峰，李建中．2013. 含虾肽氨基酸生物有机肥对玉米的影响试验研究［J］．农业与技术，33（8）：1-2.
宿庆瑞．1998. 玉米秸秆肥对土壤肥力及作物产量的影响［J］．黑龙江农业科学（3）：30-33.
索全义，孙智，白光哲．2001. 新型肥料的发展与展望［J］．内蒙古农业科技（S3）：1-5.
孙先良．2005. 盲目过量施肥的危害及新型肥料的开发［J］．中氮肥（6）：1-4.
孙克刚，李丙奇，李潮海，等．2010. 树脂包膜尿素与普通尿素配施及树脂包膜BB肥在玉米上增产效果研究［J］．河南化工，27（23）：26-29.
孙克刚，和爱玲，李丙奇，等．2008. 控释尿素和普通尿素在夏玉米上的应用效果比较［J］．河南农业科学，12：61-63.
孙克刚，和爱玲，胡颖，等．2010. 小麦-玉米轮作制下的控释肥肥料试验研究［J］．土壤通报，41（5）：1125-1129.
孙克刚，和爱玲，李丙奇．2009. 控释尿素与普通尿素掺混不同比例对夏玉米产量及经济性状的影响［J］. 河南农业大学学报，43（6）：606-609.
孙克刚，和爱玲，李丙奇，等．2008. 控释尿素与普通尿素掺混对玉米产量影响的试验研究［J］．河南科学，26（11）：1366-1368.
孙克刚，李丙奇，李潮海，等．2010. 控释尿素与普通尿素配合施用对夏玉米的增产效果研究［J］．广东化工，37（10）：27-28.
孙克刚，和爱玲，李潮海，等．2011. 两种不同包膜材料控释肥料在玉米上的增产效果［J］．磷肥与复肥，26（1）：66-67.
孙克刚，和爱玲，李丙奇，等.2009. 小麦-玉米周年轮作制下的控释肥及控释 BB 肥肥效试验研究［J］. 中国农学通报，25（12）：150-154
孙克刚，胡颖，和爱玲，等.2009. 控释尿素和控释 BB 肥对夏玉米的增产效果研究［J］. 化肥工业，36（5）：23-29.
孙克刚，李丙奇，李潮海，等.2010. 控释 BB 肥及控释尿素在夏玉米上的增产效果试验研究［J］. 河南科学，28（6）：693-696.
孙克刚，和爱玲，李丙奇.2010. 控释尿素与普通尿素掺混对小麦和玉米轮作产量及氮肥利用率的影响研究［J］. 化肥工业，37（5）：14-18.
孙克刚.2013. 缓/控释肥料高效施用技术研究与应用［D］. 郑州：河南省农业科学院.
孙克刚，郭良进，和爱玲，等.2014. 黄腐酸有机肥不同用量对夏玉米的增产效果研究［J］. 腐植酸（4）：40-44.
孙善余，李春金，苏君伟.2000. 玉米专用复合药肥对玉米产量及防治地下害虫效果的影响［J］. 杂粮作物，20（2）：51-52.
田亚龙.2013. 高效腐植酸活性叶面肥在玉米上应用效果试验总结［J］. 农民致富之友（5）：122.
王鑫，徐秋明，曹兵，等.2005. 包膜控释尿素对保护地菜地土壤肥力及酶活性的影响［J］. 水土保持学报，19（5）：77-80.
王国基，张玉霞，姚拓，等.2014. 玉米专用菌肥研制及其部分替代化肥施用对玉米生长的影响［J］. 草原与草坪，34（4）：1-7.
王楠，王帅，李新江.2012. 造纸污泥有机无机复混肥在玉米上的施用效果研究［J］. 中国农学通报，28（27）：141-145.
王守红，郭加登，张家宏.2001. 国内外除草药肥的研究及产业化开发应用［J］. 安徽农业科学，29（1）：43-44.
王小明，谢迎新，张亚楠，等.2009. 新型肥料施用对玉米季土壤硝态氮累积的影响［J］. 水土保持学报，23（5）：232-236，231.
王小利，周建斌，郑险峰，等.2003. 控释氮肥养分控释效果及合理施用研究［J］. 植物营养与肥料学报，9（4）：390-395.
王小雪，王艳群，薛世川，等.2011. 腐植酸专用肥分层异位同播技术对玉米生长的影响［J］. 河北农业大学学报，34（3）：7-11.
文静，杨丹丹，林启美，等.2015. 生物质炭复混肥对土壤肥力与玉米和大豆生物量的影响［J］. 中国土壤与肥料（3）：74-78.
温延臣，袁亮，林治安，等.2012. 海藻液对玉米苗期生长的影响［J］. 中国农学通报，28（30）：36-39.
问清江，慕娟，党永，等.2013. 核酸叶面肥对玉米幼苗生理生化特性的影响［J］. 陕西农业科学（3）：39-41，267.
吴玉群，史振声，李荣华，等.2006. 植物氨基酸液肥对爆裂玉米产量及生理指标的影响［J］. 种子，25（4）：73-75.
夏循峰，胡宏.2011. 我国肥料的使用现状及新型肥料的发展［J］. 化工技术与开发，40（11）：45-48.
谢延年，刘小虎，韩晓日，等.2008. 玉米专用除草药肥的药效及对产量影响的研究［J］. 杂粮作物，28（3）：192-195.
徐金华，王帅，王楠，等.2010. 施用商品有机肥料的必然性及其优势［J］. 现代农业科技（7）：324，327.

徐星凯．1997. 稀土肥料在农业可持续发展中的作用［J］．资源肥料在农业可持续发展中的应用，8（3）：23-26.
闫芳，张春梅，秦嘉海，等．2013. 多功能玉米专用肥筛选及改土培肥效果研究［J］．甘肃农业科技（11）：10-14.
闫治斌，秦嘉海，王爱勤，等．2012. 改土型专用肥对玉米田物理性质和玉米经济性状及效益的影响［J］. 水土保持通报，32（5）：281-285，269.
杨帆，李荣，崔勇，等．2010. 我国有机肥料资源利用现状与发展建议［J］．中国土壤与肥料（4）：77-82.
于晓莉，祁帅，黄素媛，等．2015. 海藻接枝型肥料的保水控失及肥效［J］．生态学杂志，34（7）：2071-2076.
袁红玲，刘锐杰，顾朝辉．2013. 新型功能性肥料产业的发展．河南化工，30（4）：25-26，41.
赵斌，董树亭，张吉旺，等．2012. 不同控释肥对夏玉米籽粒品质的影响［J］．山东农业科学，44（8）：69-72.
赵秉强，张福锁，廖宗文，等．2004. 我国新型肥料发展战略研究［J］．植物营养与肥料学报，10（5）：536-545.
赵英，金琳．2015. 新型玉米酵素专用肥对玉米生长发育的影响［J］．黑龙江农业科学（4）：19-21.
赵占辉，张丛志，蔡太义，等．2015. 不同稳定性有机物料对砂姜黑土细化性质及玉米产量的影响［J］．中国生态农业学报，23（10）：1228-1235.
张朝霞，许加超，盛泰，等．2013. 海藻寡糖增效肥料（NPK）对玉米生长的影响［J］．农产品加工（21）：63-66，62.
张定华，李杰．2015. 绿叶磁肥与粪肥配施对玉米产量及土壤的影响［J］．土壤肥料（17）：84-89.
张春梅，秦嘉海，王爱勤，等．2013. 多功能专用肥对土壤理化性质和制种玉米增产效果的影响［J］．草业科学，30（4）：610-615.
周勇明，商照聪，宝德俊，等．2014. 海藻酸尿素对夏玉米产量和氮肥利用率的影响［J］．中国土壤与肥料（3）：23-26.
Wu L，Liu M Z. 2008. Preparation and properties of chitosan-coated NPK compound fertilizer with controlled-release and water-retention［J］. Carbohydrate Polymers，72（2）：240-247.
Zhu Q，Zhang M，Ma Q. 2012. Copper-based folier fertilizer and controlled release urea improved soil chemical properties，plant growth and yield of tomato［J］. Scientia Horticulture，143：109-114.

第十章 玉米高效施肥新技术

第一节 土壤养分系统研究法（ASI）推荐施肥

一、ASI推荐施肥概述

1. ASI推荐施肥原理

土壤养分状况系统研究法（以下简称ASI法），是由美国国际农化服务公司Dr. Hunter提出，通过中国-加拿大钾肥合作项目引进我国，并在20世纪90年代初，以该方法为基础在中国农业科学院土壤肥料研究所建立了中加合作土壤植物测试实验室，为全国中加合作项目提供测试分析和施肥推荐服务。

土壤养分状况系统研究法主要分为四个步骤，即化学分析、吸附试验、盆栽试验和田间校验研究。其中化学分析就是对土壤养分进行测定，掌握土壤养分状况，吸附试验是针对不同土壤测定其对养分的吸附固定状况（吸附能力强的土壤其养分的有效性低），紧接着进行盆栽试验观测推荐施肥效应，最后进行田间试验校准确定合理肥料用量。

ASI推荐施肥法研究土壤的养分状况及其限制因子，制定平衡施肥方案进行施肥，并进一步对施肥后的土壤进行土壤养分状况的研究与评价，以探明该地土壤的养分状况及其限制因子，从而制定合理的施肥措施，明确平衡施肥对土壤养分状况的影响。

2. ASI推荐施肥方法

ASI法推荐施肥即全面考虑土壤大、中、微量元素状况及主要营养元素在土壤中的吸附固定特点，测定时采用了联合浸提剂和系列化配套设施，快速、高效和准确测定15个土壤肥力指标，实现高效的土壤养分测定系列化操作，从而提供施肥模式。ASI方法在作物上的施肥指标体系，为我国施肥指标体系的建立提供有力的数据支持，并为推动测土配方施肥项目的发展提供有力支持（图10-1，图10-2）。

3. ASI推荐施肥主要特点

ASI推荐施肥采用了联体杯色标技术和数据自动采集技术，使整个测定过程基本上不再记录数据；由于联体杯不能分离，所以整个测定过程中的样品次序不会发生错乱，基本实现了数据记录无纸化。ASI法的另一个特点是用单位体积土壤进行计量土

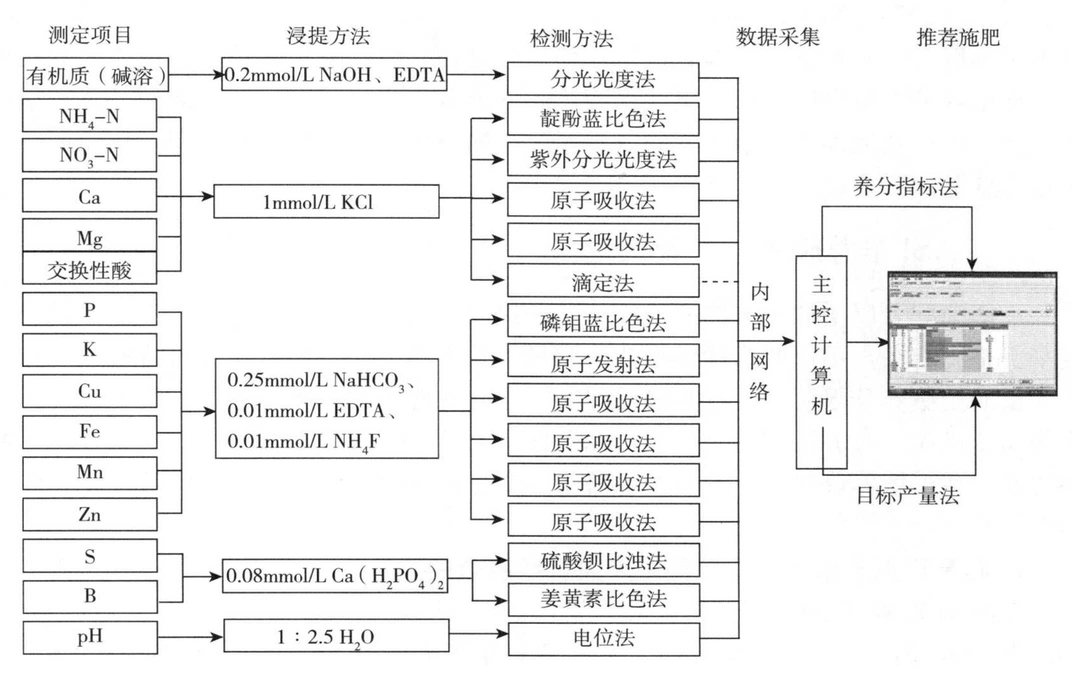

图 10-1　ASI 推荐施肥流程

No.	实验室编号	样品编号	取样时间	省市(县)乡	村	经度	纬度	土壤类型	质地	当季作物	目标产量(千克/亩)	取样深度(cm)	前茬作物	产量水平(千克/亩)
1	CAF|R|01	HNAU201106-8	2011-05-17	河南鹤壁市淇滨区钜桥镇刘寨		114.29874°E	35.67221°N	潮土	壤土	夏玉米	850	0-20	小麦	550

推荐施肥结果：

项目	土壤测试结果			养分水平			推荐施肥	
				低	中	高	单位：	千克/亩
有机质	OM	0.89	%					
铵态氮	NH_4-N	7.9	mg/L	***********				
硝态氮	NO_3-N	5.3	mg/L	********			氮	18
磷	P	26.8	mg/L	**************	**************	*	磷(P_2O_5)	4
钾	K	86.7	mg/L	**************	**		钾(K_2O)	6
钙	Ca	2 797.9	mg/L	**************	**************	******	钙($CaCO_3$)	0
镁	Mg	327.2	mg/L	**************	**************		镁($MgCO_3$)	0
硫	S	19.8	mg/L	**************	**********		硫	2
铁	Fe	10.0	mg/L	**************			铁	4
铜	Cu	2.2	mg/L	**************	**************	***	铜	0.3
锰	Mn	10.7	mg/L	**************	*********		锰	0
锌	Zn	2.1	mg/L	**************	*		锌	0.3
硼	B	0.35	mg/L	**************	*****		硼	0.1
酸碱度	pH	8.22						
交换性酸	AA	0.0	cmol/L					
钙镁比	Ca/Mg	8.6					石灰	0

图 10-2　ASI 推荐施肥结果

壤养分含量的测定结果，即在土壤分析过程中采用量样器量取一定体积的土壤样品，而不是称取一定重量的土壤样品进行各种化学处理。植物根系生长在一定体积的土壤中，土壤养分含量以体积计算更能代表田间的养分的实际状况；另一方面，体积量样速度快，可有效地加快土壤样品的分析速度，缩短土壤养分分析的周期，从而适应测土推荐施肥的需要。

二、ASI 推荐施肥的产量效应

平衡施肥可以增加土壤的有效成分，是提高作物产量和质量的一项有效途径。制定平衡施肥方案，不仅要明确作物的需肥规律及土壤的供肥性质，还要清楚影响产量和质量的土壤养分限制因子及其缺乏程度，同时在施肥时应统筹考虑土壤中各营养元素的均衡供应。有关研究结果表明，ASI 方法的 P、K 测定值与作物产量具有良好的相关性，在土壤养分状况综合评价和平衡施肥技术的应用推广方面起了积极有效的作用。

1. 超高产夏玉米 ASI 推荐施肥产量及经济效益

在河南省夏玉米高产区研究了 OPT（ASI 法推荐施肥，270.0 kg/hm^2 N，90.0 kg/hm^2 P_2O_5，120.0 kg/hm^2 K_2O，磷肥作基肥一次施入，而氮肥和钾肥 50%作苗肥，50%大喇叭口期追肥）、FHN（河南超高产攻关田施肥量，450 kg/hm^2 N，225 kg/hm^2 P_2O_5，225 kg/hm^2 K_2O，磷、钾肥料苗肥一次施入，氮肥 50%作苗肥，50%大喇叭口期追肥）、FP（农民习惯施肥，345 kg/hm^2 N，氮肥 60%作基肥，40%大喇叭口期作追肥）和 CK（不施任何肥料）的施肥效果。

试验结果表明（表 10-1），夏玉米施肥均显著增产 9.50%～18.84%。OPT、FHN 比 FP 分别增产 6.62%和 8.53%，差异均达到显著水平，说明氮磷钾肥料配施比农民习惯单施氮肥具有显著的增产效果，FHN 比 OPT 产量增加 1.79%，差异未达到显著水平，而 FHN 施肥量远大于 OPT，表明推荐施肥比超高产攻关田经验施肥能节肥增效。

表 10-1　施肥对夏玉米产量及其构成因子的影响

（常建智等，2011）

处理号	穗粒数（No.）	百粒重（g）	平均产量（kg/hm^2）	增产率（%）
OPT	580.46a	33.39a	13 356.3a	16.75
FHN	581.32a	33.50a	13 595.7a	18.84
FP	566.99a	32.75ab	12 527.0b	9.50
CK	483.57b	32.02b	11 440.0c	—

注：同列不同字母表示差异 5%显著水平。

表 10-2 表明，超高产夏玉米不同施肥方案施肥效益有较大差异，OPT 纯收益和产投比均最高，FP 次之，FHN 玉米收益和施肥效益虽较高，但因肥料投入大而纯收

益和产投比最低，说明ASI法推荐施肥较农民习惯施肥对超高产夏玉米有较好的增产增收效应，超高产田经验施肥虽取得较高产量，但经济效益很低，高产不高效。

表10-2　超高产夏玉米ASI推荐施肥的经济效益

（常建智等，2011）

处理号	化肥投入（元/hm^2）	玉米收益（元/hm^2）	纯收益（元/hm^2）	施肥效益（元/hm^2）	产投比
OPT	2 175	26 713	24 538	3 833	1.76
FHN	4 163	27 191	23 029	4 311	1.04
FP	1 380	25 054	23 674	2 174	1.58

注：夏玉米籽粒价格为2.0元/kg，N价格为4.0元/kg，P_2O_5价格为5.5元/kg，K_2O价格为5元/kg。

2. 不同质地土壤ASI推荐施肥产量效应及经济效益

在河南省不同质地土壤上研究了OPT（Nutrient Expert推荐施肥量）、OPT_S（ASI法推荐施肥量）和FP（农民习惯施肥）施肥效应，试验结果（表10-3）表明，各处理产量均表现为黏壤>中壤>沙壤，OPT_S产量均最高，比FP显著增产，但与OPT产量无显著差异。OPT与FP相比增产率表现为黏壤（11.32%）>沙壤（7.22%）>中壤（3.84%），OPT_S与FP相比增产率表现为沙壤（13.44%）>黏壤（11.20%）>中壤（10.60%）。说明两种推荐施肥方案在不同质地土壤上均有较好增产效果，在黏壤上OPT增产效果最好，而在沙壤上OPT_S增产效果较优。

表10-3　不同质地潮土夏玉米ASI推荐施肥产量效应

（王宜伦等，2012）

处理号	沙壤		中壤		黏壤	
	产量（kg/hm^2）	增产率（%）	产量（kg/hm^2）	增产率（%）	产量（kg/hm^2）	增产率（%）
OPT	8 370.40ab	26.51	9 325.55ab	37.21	11 704.50a	25.87
OPT_S	8 855.35a	33.84	9 932.49a	46.14	11 692.45a	25.74
FP	7 806.40bc	17.98	8 980.65bc	32.14	10 514.40b	13.08
CK	6 616.60 d	—	6 796.55e	—	9 298.55c	—

表10-4所示，OPT和OPT_S的玉米收益、增产收益和纯收益均表现为黏壤>中壤>沙壤。OPT推荐施肥在黏壤上纯收益比沙壤和中壤分别增加42.17%和27.56%，OPT_S推荐施肥在黏壤上纯收益比沙壤和中壤分别增加37.02%和17.95%。OPT比FP增收表现为黏壤（16.22%）>沙壤（9.85%）>中壤（5.73%），OPT_S比FP增收表现为黏壤（13.55%）>中壤（11.72%）>沙壤（11.36%）。在3种质地土壤中，沙壤和中壤都以OPT_S纯收益最高，而OPT的产投比最高；黏壤上纯收益和产投比均以OPT最高。

表 10-4 ASI 推荐施肥经济效益

（王宜伦等，2012）

土壤质地类型	处理	化肥投入（元/hm^2）	玉米收益（元/hm^2）	纯收益（元/hm^2）	增产收益（元/hm^2）	产投比
沙壤	OPT	1 082	16 741	15 659	3 508	3.24
	OPT_S	1 836	17 711	15 875	4 478	2.44
	FP	1 358	15 613	14 255	2 380	1.75
中壤	OPT	1 198	18 651	17 453	5 058	4.22
	OPT_S	1 673	20 115	18 442	6 522	3.90
	FP	1 454	17 961	16 507	4 368	3.00
黏壤	OPT	1 146	23 409	22 263	4 812	4.20
	OPT_S	1 633	23 385	21 752	4 788	2.93
	FP	1 873	21 029	19 156	2 432	1.30

注：玉米价格为 2 元/kg；N、P_2O_5和 K_2O 价格分别为 3.9、5.6 和 5.0 元/kg。

近年来化肥的施用量越来越多，在养分投入中所占比重由建国初期的 0.1%增至现在的 69.7%，我国化肥消费总量自 90 年代以来一直居世界首位，单位面积化肥用量也远远高于世界平均水平。过量施用化肥导致作物不能完全吸收利用，极易造成肥料挥发或者淋溶损失。大量研究表明我国的化肥利用率较低，当季利用率氮肥为30%～35%、磷肥为 10%～20%、钾肥为 40%～50%，化肥利用率平均为 35%左右，远低于世界平均水平。

调查研究表明，在玉米生产中，氮肥过量施用，磷钾肥及微肥的使用较少，其他肥料施用不足，有机肥少甚至不施等情况突出，养分不平衡，配比不合理，造成资源的严重浪费。ASI 法推荐施肥立足于土壤养分状况及目标产量，优化了施肥用量，从源头上限制了肥料的浪费。

第二节 玉米养分专家系统（NE）推荐施肥

一、NE 推荐施肥概述

1. NE 推荐施肥原理

国际植物营养研究所开展了基于作物产量反应和农学效率的玉米养分管理和推荐施肥研究，主要原理是基于改进的 SSNM（site-specific nutrient management）养分管理方法和基于 QUEFTS（quantitative evaluation of the fertility of tropical soils）模型的作物养分需求、土壤基础养分供应、作物产量反应和农学效率等，应用计算机软件技术发展为养分专家系统（Nutrient Expert for maize），用于区域和田块尺度推荐施肥。

玉米养分专家系统根据多年多点玉米田间试验产量和养分吸收量进行模拟和矫正，得出玉米种植区一定目标产量下的养分最佳吸收曲线，形成系统数据库。养分专家系统推荐施肥通过氮肥农学效率和估测氮肥响应计算施氮量，从上季磷钾肥施用量和秸秆还田量考虑磷钾素平衡的角度推荐磷钾肥用量（图 10-3，图 10-4）。

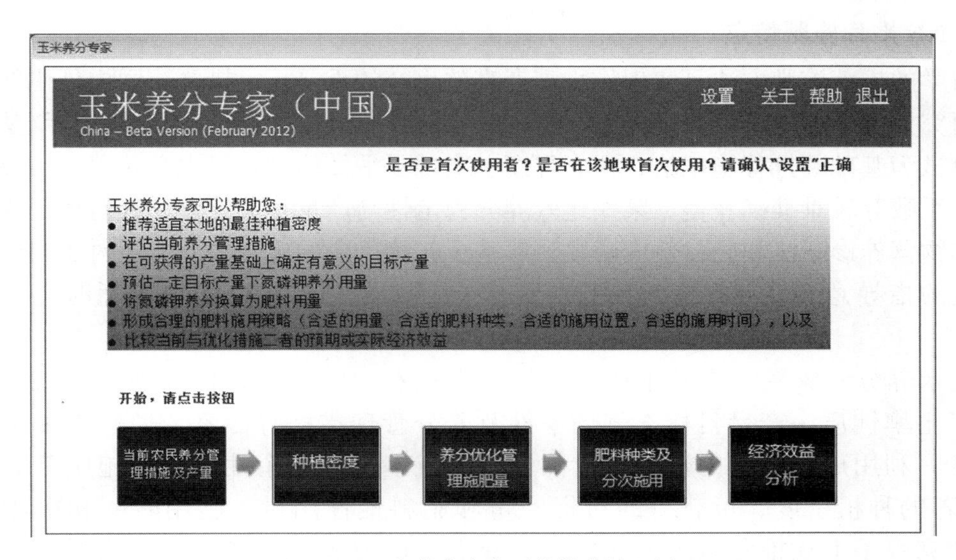

图 10-3　玉米养分专家系统推荐施肥界面

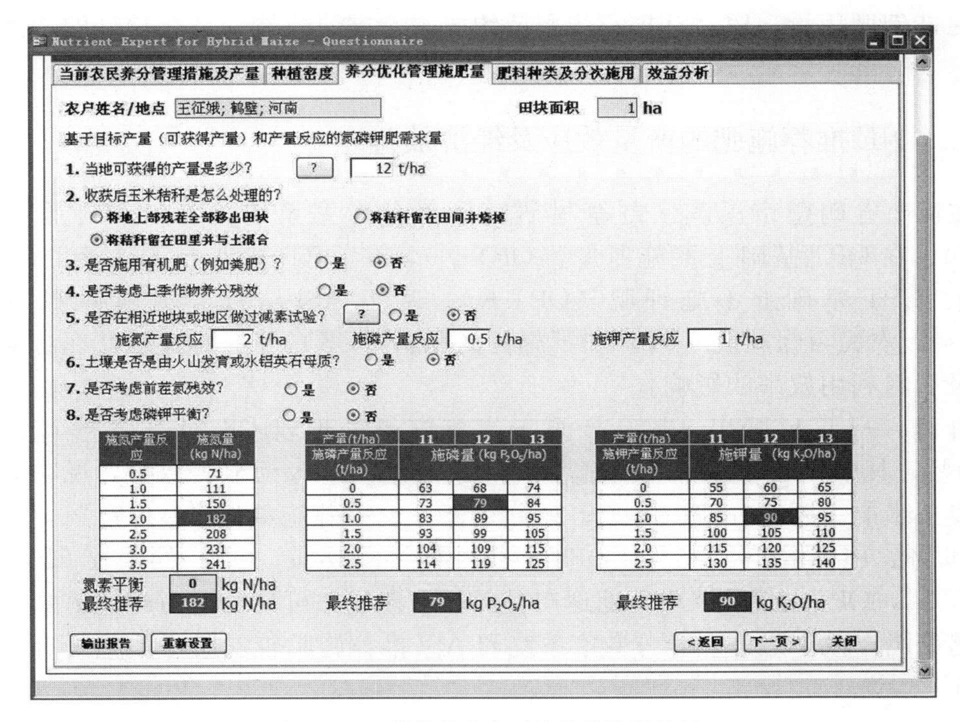

图 10-4　玉米养分专家系统推荐施肥结果

2. NE 推荐施肥方法

玉米养分专家系统结合农户生产情况，根据玉米产量水平、养分管理措施、土壤质地性状等信息，可快速推荐基于不同农户个性信息的施肥方案（如可获得的目标产量、施肥量、施肥时期和次数等）。

3. NE 推荐施肥特点

科学的推荐施肥方法是实现作物高产高效生产的重要技术措施，国内外围绕科学施肥研究提出了不少推荐施肥方法。目标产量法、养分丰缺指标法和地力分级法等以土壤测试为基础的推荐施肥法，很大程度上实现了平衡施肥，但也存在着土壤测试值和校正系数等较难准确获得、某些速效养分稳定性与产量相关性差、针对性不强等问题。作物营养诊断法和肥料效应函数法等基于作物反应的施肥推荐方法对于科学施肥有一定的指导意义，亦存在诊断营养元素单一、施肥指导迟滞以及耗时耗力的局限性。

玉米养分专家系统是基于作物产量反应和农学效率的新推荐施肥方法，综合考虑了土壤性质、产量目标、气候条件及养分管理措施等因素，通过玉米生产相关信息，利用后台已有的数据库，能快速生成基于农户个性信息的施肥营养套餐（如推荐的种植密度、可获得的目标产量和肥料最佳用量、施用时间和次数等），较好地克服了上述推荐施肥方法的一些缺点。研究表明玉米养分专家系统推荐施肥与 ASI 法推荐施肥产量无显著差异，效益较好。玉米养分专家系统推荐施肥优化了氮磷钾肥用量，较 ASI 推荐施肥节约成本、方便快捷，具有较好的增产增收效果。

二、NE 推荐施肥的产量效应及经济效益

在河南省鹤壁市淇滨区刘寨村研究了养分专家系统推荐氮磷钾肥施用量（OPT）、在 OPT 基础上不施氮肥（OPT-N）、在 OPT 基础上不施磷肥（OPT-P）、在 OPT 基础上不施钾肥（OPT-K）、基于 ASI 法推荐氮磷钾肥施用量（OPTs）、农民习惯施肥（FP）和不施任何肥料（CK）等不同施肥处理对夏玉米产量及肥料利用效率的影响。

由表 10-5 可以看出，超高产夏玉米各施氮处理较 CK 显著增产 7.29%～15.80%，其中 OPT 处理产量最高，OPT-N 处理与 CK 无显著差异，说明氮是超高产夏玉米的主要养分增产因子。养分专家系统推荐施氮增产 11.71%，施磷增产 7.94%，施钾增产 6.43%。OPT 较 FP 增产 5.28%，OPT_S处理较 FP 处理增产 4.50%，OPT 处理与 OPT_S处理产量无显著差异。可见，超高产夏玉米氮磷钾平衡施肥增产效果最好，养分专家系统和 ASI 推荐施肥较农民习惯施肥有显著的增产作用。

表 10-5　不同处理对夏玉米产量及其构成因素的影响

（王宜伦等，2014）

处理	千粒重（g）	穗粒数（个）	产量（kg/hm^2）
OPT	356.8 a	575.9 a	13 427.5 a
OPT-N	341.5 ab	527.9 b	12 020.0 cd
OPT-P	348.5 ab	561.8 a	12 440.0 bc
OPT-K	345.7 ab	563.6 a	12 616.7 b
OPTs	353.1 a	577.2 a	13 327.5 a
FP	347.4 ab	564.5 a	12 754.2 b
CK	336.3 b	530.8 b	11 595.0 d

表 10-6 表明，超高产夏玉米施肥收益较高，达到 24 268～26 441 元/hm^2，其中 OPT 处理收益最高，其次是 OPTs 处理。OPT、OPTs 处理较 FP 处理分别增收 6.71%、6.34%，纯收益分别增加 1 414、1 204 元/hm^2，OPT 处理与 OPT_S处理收益无显著差异。基于养分专家系统推荐施氮肥增收 8.95%、施磷肥增收 6.16%、施钾肥增收 5.04%。OPT 处理与 OPT_S处理产投比均高于 FP 处理，超高产夏玉米养分专家系统推荐施肥较农民习惯施肥有明显的增收效应。

表 10-6　不同施肥处理对超高产夏玉米经济效益的影响

（王宜伦等，2014）

处理	化肥投入（元/hm^2）	玉米收益（元/hm^2）	纯收益（元/hm^2）	产投比
OPT	1 757	26 441 a	3 848 a	2.19
OPT-N	975	24 268 c	892 c	0.92
OPT-P	1 217	24 907 b	1 775 b	1.46
OPT-K	1 323	25 172 a	2 146 ab	1.62
OPTs	1 640	26 348 a	3 638 a	2.22
FP	2 006	24 778 ab	2 434 ab	1.21

注：玉米价格为 2.1 元/kg，N、P_2O_5和 K_2O 价格分别为 4.3、5.5 和 6.0 元/kg。

三、基于 NE 推荐施肥的肥料利用效率

从表 10-7 可知，OPT 处理和 OPTs 处理化肥偏生产力均显著高于 FP 处理，推荐施肥提高了化肥效率。超高产夏玉米养分专家系统推荐施肥下磷肥农学效率最高为 10.39 kg/kg，其次是氮肥、钾肥，分别为 7.73、6.97 kg/kg；肥料利用率钾肥最高，其次是氮肥、磷肥，分别为 43.31%、28.76%、13.15%。

表 10-7　基于养分专家系统推荐施肥的肥料利用效率

（王宜伦等，2014）

处理	化肥偏生产力 (kg/kg)	OPT	农学效率 (kg/kg)	肥料利用率 (%)
OPT	38.25 a	N	7.73	28.76
OPT_S	38.63 a	P_2O_5	12.50	13.15
FP	32.13 b	K_2O	9.01	43.31

提高肥料利用效率是科学施肥的重要目标之一。张福锁等研究表明中国夏玉米氮磷钾的肥料利用率分别是 26.1%、11.0%和 31.9%，农学效率分别为 9.8、7.5 和 5.7 kg/kg；李红莉等报道全国玉米化肥偏生产力平均为 11.5 kg/kg。本试验条件下的肥料利用效率均高于全国平均水平，说明养分专家推荐施肥提高了肥料利用效率。氮磷钾肥优化配比可促进夏玉米对养分的吸收利用，实现增产增收，进而提高肥料利用效率；适当降低肥料用量是提高肥料利用效率的有效措施，玉米养分专家系统根据土壤性状、产量目标及养分管理措施等因子推荐的氮磷钾肥用量相对较低，且优化氮磷钾配比是实现夏玉米高产高效的主要原因。

玉米养分专家系统推荐施氮量 150～182 kg/hm^2，产量和肥料利用效率较高，但在当前土壤高强度利用情况下，养分专家系统推荐施肥能否实现土壤养分平衡或盈余，维持土壤较高肥力以满足粮食增长需求，其长期推荐施肥效应需进一步研究明确。

玉米养分专家系统推荐施肥作为一种增产增收和提高肥料利用效率的方法，操作相对简便易行，亦适合于分散的农户田块，但当前农村劳动力转移，简化生产是今后农业发展的趋势和要求，玉米养分专家系统推荐施肥应与化肥企业结合，针对区域土壤类型、产量目标和养分管理措施等，推荐夏玉米施肥配方，结合肥料缓释技术生产夏玉米专用缓释配方肥，将技术进一步物化和简化，对于实现夏玉米科学施肥具有重要意义。

第三节　玉米一次性简化施肥技术

一、简化施肥技术概述

1. 简化施肥技术概念

简化施肥就是根据作物需肥特性，借助新型肥料或新技术，通过一次性施肥实现作物高产高效和简化生产。与传统施肥技术相比，缓/控释肥可将原来一些由人工操作的技术物化到玉米配方肥新产品中，使技术实施大为简化。这种物化了的技术可操作性强，便于推广。

2. 简化施肥技术关键

肥料施入土壤，其养分由化学物质转变成植物可直接吸收利用的有效形态的过程称为释放。缓释是指化学物质养分释放速率远小于速溶性肥料施入土壤后转变为植物有效态养分的释放速率；控释是指以各种调控机制使养分释放按照设定的释放模式（释放率和释放时间）与作物吸收养分的规律相一致。将那些养分释放速率能与作物需肥规律相匹配、或者说是能够控制养分释放的速度和数量与作物的吸收基本同步的肥料称为控释肥料，即控释肥料是缓释肥料的高级形式（图10-5）。

当前玉米一次性简化施肥技术的载体是缓/控释肥。玉米养分积累特性表明要实现玉米高产，必须满足生育后期养分需求。而夏玉米生育期高温多雨，肥料易损失，后期追肥不便，而农村劳动力转移，迫切需要玉米一次性简化施肥，玉米专用缓/控释配方肥是解决这一问题的途径，也是实现当前玉米简化生产的重要措施。

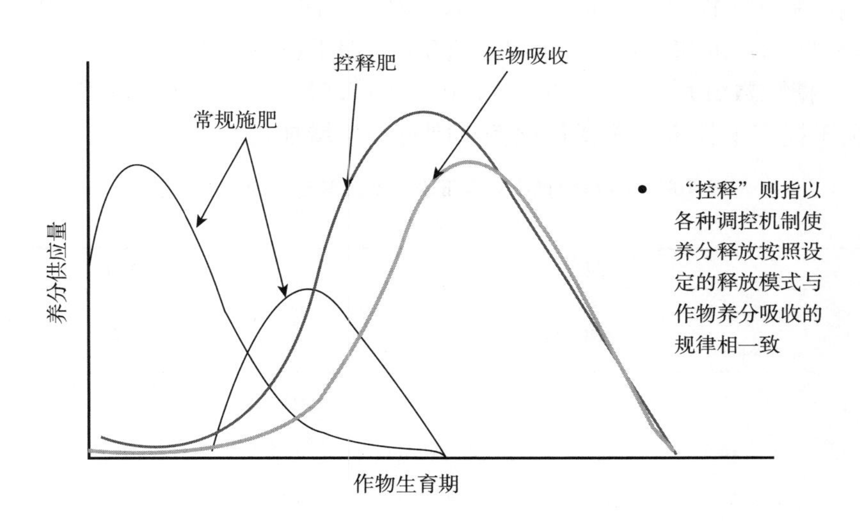

图 10-5　控释肥料养分供应与玉米养分吸收的吻合关系

3. 简化施肥技术特点

玉米专用缓/控释肥根据玉米养分吸收规律基本同步释放养分，降低了因局部肥料浓度过高对作物根系造成伤害的风险，一次施用能够满足玉米整个生长期的要求，有利于玉米对养分的吸收利用，为实现高产奠定了基础；可以提高氮肥利用率，有效避免氮的挥发及流失，减少对土壤以及生态环境的不利影响，环境友好；玉米专用缓/控释肥采用“种肥同播”或苗期一次性施肥，减少了施肥数量和次数，节约了劳动力和成本，实现玉米高产高效和简化施肥。

二、一次性简化施肥的产量效应

1. 不同质地土壤一次性简化施肥产量效应及经济效益

2012 年 6～9 月分别安排在河南省郑州市航空港区华北小麦-玉米科学施肥野外观测站（简称港区）和山东省滨州市阳信县洋湖镇前刘店村（简称滨州）研究了不同专用缓释肥效果。T1：专用缓释肥 1（配方为 27-7-8，缓释氮占 52%，用量为 900 kg/hm²，播种时一次性开沟施用。缓释氮为硫黄、树脂“双膜双控”包膜尿素，土壤中的释放期约 90 d），T2：专用缓释肥 2（配方为 27-7-8 缓释氮占 30%，用量为 900 kg/hm²，播种时一次性施用），T3：农民习惯施肥（港区复混肥配方为 15-15-15 用量 750 kg/hm²；滨州复混肥配方为 24-8-10，用量 750 kg/hm²，播种时一次性开沟施用），T4：空白对照（不施任何肥料）。

从表 10-8 可以看出，夏玉米施肥显著增产，港区增产 34.34%～45.47%，T1 处理产量最高；滨州增产 19.42%～30.93%，T2 处理产量最高。港区 T1、T2 和 T3 较 T4 处理千粒重分别提高 31.06%、26.05% 和 18.76%，穗粒数分别增加 13.20%、14.88% 和 8.66%；滨州 T1、T2 和 T3 较 T4 处理千粒重分别提高 19.12%、17.89% 和 14.14%，穗粒数分别增加 5.76%、7.08% 和 5.08%，说明相同肥料用量的缓释氮比例大有利于提高千粒重，缓释氮比例小则有利于增加穗粒数。

表 10-8　专用缓释肥对夏玉米产量及其成产因子的影响

（王宜伦等，2015）

处理	港区			滨州		
	穗粒数（No.）	千粒重（g）	产量（kg/hm²）	穗粒数（No.）	千粒重（g）	产量（kg/hm²）
T1	472.2a	305.0a	7 810.5a	570.9ab	457.5a	10 032.0a
T2	479.2a	293.3a	7 714.0ab	578.0a	452.8a	10 341.0a
T3	453.3a	276.3a	7 212.5b	567.2ab	438.4a	9 431.5b
T4	417.1b	232.7b	5 369.0c	539.8b	384.1b	7 898.0c

注：同列不同字母表示差异达 5% 显著水平。

表 10-8 还表明，港区 T1、T2 较 T3 处理分别增产 8.28% 和 6.95%，滨州 T1、T2 较 T3 处理分别增产 6.37% 和 9.64%，专用缓释肥在两地均有较好的增产效果，港区沙壤土适宜用缓释氮比例较大的玉米专用缓释肥，滨州中壤土施用缓释氮比例低的玉米专用缓释肥增产效果较好。

由表 10-9 可以看出，港区 T1 处理施肥增收、纯收益和产投比均最大，T1、T2 较 T3 处理施肥增收分别增加 1 315 和 1 103 元/hm²，纯收益分别增加 715 和 593 元/hm²；滨州 T2 处理施肥增收、纯收益和产投比均最大，T1、T2 较 T3 处理施肥增收分别增加 1 321 和 2 000 元/hm²，纯收益分别增加 661 和 1 430 元/hm²。可见，缓释氮比例大的玉米专用缓释肥在沙壤土上经济效益较好，而中壤土施用缓释氮比例低的玉米专用缓释肥收益较高。

表 10-9　夏玉米施肥的经济效益

（王宜伦等，2015）

处理	港区				滨州			
	肥料投入（元/hm^2）	施肥增收（元/hm^2）	纯收益（元/hm^2）	产投比	肥料投入（元/hm^2）	施肥增收（元/hm^2）	纯收益（元/hm^2）	产投比
T1	3 060	5 371	2 311	1.76	3 060	4 695	1 635	1.53
T2	2 970	5 159	2 189	1.74	2 970	5 375	2 405	1.81
T3	2 460	4 056	1 596	1.65	2 400	3 374	974	1.41

注：T1-专用缓释肥 1 价格为 3 400 元/t，T2-专用缓释肥 2 价格为 3 300 元/t，T3-复混肥（15-15-15）价格为 3 280 元/t，T3-复混肥（24-8-10）价格为 3 200 元/t，玉米售价为 2.2 元/kg。

2. 超高产夏玉米一次性施肥效果

在河南省夏玉米产区，通过田间试验研究了 T0（不施氮肥）、T1（一次性施肥，ZP 型夏玉米专用缓/控释复合肥（20-6-8）在五叶期一次性开沟施入），T2（常规尿素两次施肥，氮肥苗肥 50%＋大喇叭口期 50%）和 T3（常规尿素 3 次施肥，氮肥苗肥 30%＋大口喇叭期 30%＋吐丝期 40%）等不同施肥模式产量效果。施肥量由国际植物营养研究所（IPNI）北京办事处对试验田土壤测试后根据目标产量推荐，N 为 300 kg/hm^2，P_2O_5为 90 kg/hm^2，K_2O 为 120 kg/hm^2，T0、T2 和 T3 的磷肥、钾肥全部在五叶期开沟施入土壤，沟深 10 cm 左右，距离播种行 10～15 cm，大喇叭口期和吐丝期追施尿素采用穴施，距离玉米 10～15 cm，穴深 10 cm 左右。

从表 10-10 可以看出，施氮处理比 T0 显著增产，增产幅度为 10%～15%，两年均以 T3 处理产量最高。T1 比 T0 增产 13%～14%，比 T2 增产 3%～4%，比 T3 减产 1%～2%，与 2 次施氮和 3 次施氮产量差异不显著，表明施用缓/控释肥一次性施肥能显著提高夏玉米产量，实现 2 次或 3 次施肥的产量，节省追肥劳动成本。

表 10-10　不同处理对夏玉米产量及产量构成因素的影响

（王宜伦等，2010）

处理	2007				2008			
	穗粒数（No.）	百粒重（g）	平均产量（kg/hm^2）	增产率（%）	穗粒数（No.）	百粒重（g）	平均产量（kg/hm^2）	增产率（%）
T1	579.35a	33.06a	12 132.59a	13.16	505.25ab	34.61a	13 724.03ab	13.76
T2	531.32b	33.17a	11 753.64ab	9.62	494.74b	34.16a	13 246.32b	9.80
T3	594.64a	33.52a	12 322.18a	14.92	513.49a	34.61a	13 894.06a	15.17
T0	500.09c	30.63b	10 721.98c		471.57c	32.48b	12 063.90 c	

三、一次性简化施肥的肥料利用效率

综合两年的试验结果（表 10-11），超高产夏玉米的氮肥农学效率 T3 处理最大，平均为5.72 kg/kg，T1处理次之，平均为5.12 kg/kg，T2处理最小为3.69 kg/kg，T1比T2处理高1.43 kg/kg，差异达到显著水平；T1和T3处理的氮肥利用率平均为21.00%和25.82%，比T2处理分别提高了5%和10%，2008年差异达到显著水平；氮肥偏生产力、1 t经济产量氮素吸收量与氮肥利用率的趋势一致，均为T3＞T1＞T2。可见，夏玉米施用缓/控释氮肥和吐丝期追施氮肥，实现氮肥适当后移，保证灌浆期的氮素供应，可提高氮肥利用效率。

表10-11　超高产夏玉米氮肥利用效率

（王宜伦等，2010）

年份	处理	氮肥农学效率（kg/kg）	氮肥利用率（%）	氮肥偏生产力（kg/kg）	氮素吸收量（kg/t）
2007	T1	4.70a	22.08ab	40.44a	19.03a
	T2	3.44b	17.50b	39.18a	18.48a
	T3	5.33a	25.17a	41.07a	19.49a
2008	T1	5.53a	19.93b	45.75a	17.27b
	T2	3.94b	14.74c	44.15b	16.72b
	T3	6.10a	26.48a	46.31a	18.47a

缓/控释肥已经逐渐被人们所接受，正在成为21世纪肥料工业的主要品种，研究开发作物专用包膜缓/控释肥前景广阔。从降低成本、易于加工和提高肥效等方面考虑，筛选包膜缓/控释材料，进行包膜工艺研究，结合硝化抑制剂和脲酶抑制剂等增效剂，针对不同品种和产量水平的玉米需肥特性，研制和推广氮、磷、钾养分配比合理、养分缓释性能较好、价格相对低廉的玉米专用缓释肥，实现玉米高产、高效和简化施肥将具有良好的社会效益、经济效益和生态效益。

第四节　玉米水肥一体化施肥技术

一、水肥一体化技术概述

1. 水肥一体化概念

玉米水肥一体化是在玉米生产中将水分投入和养分投入有效结合起来，在满足玉米不同生育时期养分水分供应的同时，达到节水增效的目的。它是将灌溉与施肥融为一体的农业新技术，是把固体的速溶肥料溶于水中，并以水带肥进行灌溉。

2. 水肥一体化技术发展

当前，水资源短缺成为粮食生产的限制因素，玉米一体化节水高产栽培技术进入新的发展阶段。国家中长期科学技术发展规划纲要（2006—2020）明确指出，把发展能源、水资源和环境保护技术放在优先位置，开展以有限水资源高效利用为中心的“蓝色革命”以完成“绿色革命”可持续发展，生产出更多的粮食。水肥一体化是发挥水肥耦合效应提高养分效率的重要途径。

在农田生态系统中，水分与养分或水分与肥料中氮、磷、钾等之间的相互作用对作物生长及其利用效率产生的影响，称为水肥耦合效应。利用滴灌或微喷输水管带把水和可溶性 NPK 复合肥混合成营养液，根据作物不同生长时期把水肥一起用在作物的根部，作物在吸收水分的同时吸收养分，特别是玉米生长发育中后期水肥的供给，使玉米的穗数、粒数、千粒重都有所提高，既可显著节水，又可大幅度提高其产量。

3. 水肥一体化的特点

与传统的施肥方法相比，灌溉施肥的显著特点是可以将水肥通过灌溉系统直接输送到作物根区附近，使水分和养分在土壤中均匀分布，以保证养分被根系快速吸收。水肥一体化技术可以定量给作物供给养分和水分，维持土壤适宜的水分和养分浓度，具有灌溉用水效率和肥料利用率高，节省施肥用工，保护环境等特点。能做到适时适量施肥，肥效快，促进植株对养分的吸收，充分发挥肥效。

二、玉米水肥一体化的产量效应

张国桥等在石河子大学农学院实验站进行了水肥一体化施磷对滴灌玉米的效应研究，试验设 4 个处理：CK，不施磷肥；T1，磷酸二铵 60%基施＋ 40%追施；T2，液体磷酸 60%基施＋ 40%追施；T3，液体磷酸 100%追施。

由表 10-12 可知，在滴灌条件下，不同磷肥及其施肥方式对玉米单株成穗数无明显影响。T3 较 CK、T1 穗粒数分别增加了 15.7%和 17.4%，千粒重分别升高了 5.7%和 4.0%，籽粒产量分别提高了 37.1%和 25.2%，说明磷肥分次滴施可满足玉米对磷素营养需求，显著提高玉米穗粒数和千粒重实现玉米增产，液体磷酸效果好于磷酸二铵。

表 10-12　不同处理下玉米产量及其构成因子

（张国桥等，2014）

处理	收获穗数（No. /hm^2）	穗粒数（No. ）	千粒重（g）	籽粒产量（kg/hm^2）	收获指数（%）
CK	102 500 a	631.6 b	350.6 c	15 043 b	49.8 c
T1	103 750 a	622.4 b	357.1 bc	16 475 b	52.0 c
T2	105 000 a	686.2 a	364.5 ab	18 752 a	57.3 ab
T3	106 250 a	730.8 a	371.9 a	20 622 a	61.1 a

注：同列数据后不同字母表示处理间差异达到 5%显著水平。

三、水肥一体化的肥料利用率

液体磷肥 100%以追肥的方式随水滴施，可显著改善玉米生育中后期的磷素营养并提高产量。由表 10-13 可以看出，不同磷肥与施磷方式显著影响了玉米对磷素的吸收利用。T3 磷肥利用率高达 40.6%，显著高于 T1，与 T2 无显著差异。农学效率表现为 T3＞T2＞T1，处理间差异显著，如 T3 处理的磷肥偏生产力分别比 T2 和 T1 提高了 9.9％和 25.1％。可见，磷酸 100％以追肥的方式随水滴施可显著提高石灰性土壤玉米对磷肥的吸收利用效率。水磷一体化可提高磷在土壤中的移动性和有效性，减少磷的固定转化，显著改善玉米磷素营养，并明显提高磷肥利用率。然而，在目前节水滴灌农业生产中，对磷肥滴灌施肥的效应缺乏系统研究。

表 10-13　不同处理下磷肥利用效率参数

（张国桥等，2014）

处理	磷肥利用率（％）	磷肥偏生产力（kg/kg）	磷肥农学效率（kg/kg）	磷肥生理利用率（kg/kg）
T1	16.6 b	122.1 c	7.9 c	39.1 b
T2	32.6 ab	139.0 b	22.7 b	65.5 ab
T3	40.6 a	152.8 a	40.6 a	75.6 a

注：同列数据后不同字母表示处理间差异达到 5％显著水平。

滴灌施肥措施下，合理灌溉可以调节滴灌施肥后养分向下运移至作物根区范围，集中在作物根系密集区便于玉米吸收利用。适宜水分状况有利于肥料养分的转化与吸收，从而提高肥料利用率。水分对作物养分的吸收和转移影响显著，拔节水对玉米前期养分积累、灌浆水对玉米后期养分转运都十分重要，灌水能有效促进玉米穗轴养分向籽粒转移。在实际生产中，既要合理施肥又要适时、适量灌水，以肥调水，以水促肥，达到作物生产中高产高效的目的。

参　考　文　献

常建智，张国合，李彦昌，等 . 2011. 推荐施肥对超高产夏玉米产量及经济效益的影响 [J] . 江西农业学报，23 (7)：105-107.

加拿大钾磷研究所北京办事处 . 1992. 土壤养分状况系统研究法 [M] . 北京：中国农业出版社 .

李广浩，赵斌，董树亭，等 . 2015. 控释尿素水氮耦合对夏玉米产量和光合特性的影响 [J] . 作物学报，41 (9)：1406-1415.

刘永贤，梁海玲，农梦玲，等. 2012. 不同施肥及滴灌方式对糯玉米生长及产量的影响 [J] . 南方农业学报，43 (7)：981-985.

施俭，包士忠，郭栋，等 . 2011. 玉米专用缓释肥应用技术研究 [J] . 浙江农业科学，1 (4)：835-838.

石元亮，王玲莉，刘世彬，等 . 2008. 中国化学肥料发展及其对农业的作用 [J] . 土壤学报，45 (5)：852-864.

孙克刚，和爱玲，李向东，等 . 2013. 潮土区麦田土壤有效磷施肥指标及小麦施磷推荐基于 ASI 法的土壤养分丰缺指标 [J] . 中国土壤与肥料 (2)：72-74.

孙克刚，李丙奇，李潮海，等 . 2010. 砂姜黑土区玉米田土壤有效磷施肥指标及施磷推荐——基于 ASI 法的土壤养分丰缺指标 [J] . 中国农学通报，26 (21)：167-171.

王激清，闫彩云，韩宝文，等 . 2011. 春玉米缓释专 BB 肥的研制及肥效试验 [J] . 河北农业科学，15 (2)：58-61.

王静，叶壮，褚贵新．2015. 水磷一体化对磷素有效性与磷肥利用率的影响［J］．中国生态农业学报，23（11）：1377-1383.

王宜伦，白由路，王磊，等．2015. 基于养分专家系统的小麦-玉米推荐施肥效应研究［J］．中国农业科学，48（22）：4483-4492.

王宜伦，常建智，张守林，等．2011. 缓/控释氮肥对晚收夏玉米产量及氮肥效率的影响［J］．西北农业学报，20（4）：58-61，86.

王宜伦，李潮海，王瑾，等．2009. 缓/控释肥在玉米生产中的应用与展望［J］．中国农学通报，25（24）：254-257.

王宜伦，李慧，张晓佳，等．2012. 不同质地潮土夏玉米推荐施肥方法研究［J］．中国生态农业学报，20（4）：402-407.

王宜伦，卢艳丽，刘举，等．2015. 专用缓释肥对夏玉米产量及养分吸收利用的影响［J］．中国土壤与肥料（1）：29-32.

王玉军．2013. 不同缓释有机复肥对夏玉米产量及氮素利用效率的影响［J］．中国土壤与肥料（2）：42-45.

武继承，杨永辉，潘晓莹．2015. 小麦-玉米周年水肥一体化增产效应［J］．中国水土保持科学，13（3）：124-129.

杨俐苹，金继运，白由路，等．2001. 土壤养分综合评价法和平衡施肥技术及其产业化［J］．磷肥与复肥，16（4）：61-63.

杨俐苹，金继运，梁鸣早，等．2000. ASI 法测定土壤有效 P、K、Zn、Cu、Mn 与我国常规化学方法的相关性研究［J］．土壤通报，31（6）：277-279.

杨友坤．2014. 玉米专用缓释肥应用效果研究［J］．磷肥与复肥，29（6）：79-80.

张国桥，王静，刘涛．2014. 水肥一体化施磷对滴灌玉米产量、磷素营养及磷肥利用效率的影响［J］．植物营养与肥料学报，20（5）：1103-1109.

张运红，孙克刚，和爱玲，等．2015. 缓/控释肥增产机制及其施用技术研究进展［J］．磷肥与复肥，30（4）：47-50.

图书在版编目（CIP）数据

黄淮海玉米营养与施肥 / 赵鹏，王宜伦主编．—北京：中国农业出版社，2017.12
ISBN 978-7-109-23772-8

Ⅰ.①黄… Ⅱ.①赵… ②王 Ⅲ.①黄淮海平原—玉米—施肥 Ⅳ.①S513.062

中国版本图书馆 CIP 数据核字（2017）第 331289 号

中国农业出版社出版
（北京市朝阳区麦子店街 18 号楼）
（邮政编码 100125）
责任编辑 郭银巧

北京通州皇家印刷厂印刷 新华书店北京发行所发行
2017 年 12 月第 1 版 2017 年 12 月北京第 1 次印刷

开本：787mm×1092mm 1/16 印张：12
字数：350 千字
定价：80.00 元